猪病临床诊治彩色图谱

林太明 吴德峰 主编

中国农业出版社

图书在版编目（CIP）数据

猪病临床诊治彩色图谱/林太明，吴德峰主编．—北京：中国农业出版社，2014.3（2018.5 重印）
ISBN 978-7-109-18965-2

Ⅰ.①猪… Ⅱ.①林… ②吴… Ⅲ.①猪病-诊疗-图谱 Ⅳ.①S858.28-64

中国版本图书馆 CIP 数据核字（2014）第 045670 号

中国农业出版社出版
（北京市朝阳区麦子店街 18 号楼）
（邮政编码 100125）
责任编辑 刘 玮

北京通州皇家印刷厂印刷 新华书店北京发行所发行
2014 年 6 月第 1 版 2018 年 5 月北京第 4 次印刷

开本：880mm×1230mm 1/32 印张：6.5 插页：44
字数：172 千字
定价：48.00 元

主　编　林太明　吴德峰

副主编　雷　瑶　谢荔朋　肖天放

编　者（按拼音排序）

雷　瑶　李　和　林太明

汤树生　吴德峰　肖天放

谢荔朋

前 言

近年来，随着规模化、集约化养猪场的日益增多，猪病发生越来越严重，也越来越复杂，一头猪体内存在3种或3种以上病原体，病原体感染呈现多样化，病情表现出复杂化，给诊断和防治工作带来很大的麻烦。疾病问题变得越来越突出，已成为制约养猪生产进一步发展的瓶颈。积极预防和有针对性地开展治疗，从而降低疾病的发生率和死亡率，是我国养猪业健康、稳定、持续发展的迫切需要。

为了便于临床兽医在临诊时分析病情，笔者根据多年的临床经验，从临床拍摄的上万张照片中选取500多张典型病变照片，直观地反映猪病的临床症状和病理变化，并对近年来一些猪病的流行特点、临床症状、病理变化进行总结，并提出诊断意见和防治方法，减少疾病造成的损失。中草药是我国的国粹，千百年来在畜禽疾病防治中起到很重要的作用。对于猪病防治，中兽医的辨证施治能起到意想不到的效果。笔者在编写本书时也对传统中兽医防治猪病的方剂等进行了介绍，以供读者参考。

本书不仅有理论知识的叙述，而且更注重实践经验的介绍，图文并茂，具有较好的实用性和可操作性，适用于养猪场技术人员及基层临床兽医，还可作为教学和科研人员的参考书。

由于时间仓促，书中不妥之处，敬请读者批评指正，以便再版时参考、修订。

编　者

2014年3月

目　录

前言

一、猪瘟 …… 1
二、猪伪狂犬病 …… 6
三、猪繁殖与呼吸综合征 …… 12
四、猪圆环病毒感染 …… 16
五、口蹄疫 …… 21
六、猪流行性感冒 …… 26
七、猪细小病毒病 …… 31
八、流行性乙型脑炎 …… 34
九、猪传染性胃肠炎 …… 38
十、猪流行性腹泻 …… 41
十一、猪轮状病毒感染 …… 44
十二、猪呼吸道综合征 …… 47
十三、猪丹毒 …… 53
十四、猪气喘病 …… 58
十五、钩端螺旋体病 …… 64
十六、猪巴氏杆菌病 …… 68
十七、猪传染性萎缩性鼻炎 …… 74
十八、猪链球菌病 …… 78
十九、猪附红细胞体病 …… 83
二十、猪传染性胸膜肺炎 …… 87
二十一、副猪嗜血杆菌病 …… 90

二十二、猪大肠杆菌病 …… 94
二十三、猪坏死杆菌病 …… 98
二十四、猪痘 …… 101
二十五、魏氏梭菌病 …… 104
二十六、猪痢疾 …… 108
二十七、猪渗出性皮炎 …… 112
二十八、猪副伤寒 …… 115
二十九、破伤风 …… 119
三十、猪增生性肠炎 …… 123
三十一、弓形虫病 …… 127
三十二、猪衣原体病 …… 131
三十三、猪布鲁氏菌病 …… 134
三十四、霉菌毒素中毒 …… 136
三十五、母猪子宫内膜炎 …… 140
三十六、母猪乳房炎 …… 144
三十七、母猪无乳综合征 …… 147
三十八、母猪产后瘫痪 …… 150
三十九、子宫脱 …… 153
四十、仔猪先天性震颤 …… 156
四十一、猪疥螨病 …… 158
四十二、猪蛔虫病 …… 160
四十三、猪毛首线虫病（鞭虫病） …… 163
四十四、猪小袋纤毛虫病 …… 165
四十五、猪细颈囊虫病 …… 168
四十六、猪球虫病 …… 170
四十七、仔猪低糖血症 …… 172
四十八、猪胃溃疡 …… 174
四十九、疝症 …… 177
五十、猪锌缺乏症 …… 178

五十一、猪肢蹄病 …………………………………………………………… 180
五十二、猪高热病 …………………………………………………………… 184
五十三、遗传缺陷疾病 ……………………………………………………… 191
五十四、猪不良的饲养管理 ………………………………………………… 192

附件　规模化猪场疫病控制与净化措施 ………………………………… 194
主要参考文献 ………………………………………………………………… 197

一 猪　瘟

猪瘟又名猪霍乱，俗称烂肠瘟，是由猪瘟病毒引起的一种有高度传染性的急性、热性、接触性传染病。其特征为发病急、高热稽留和细小血管壁变性，引起全身广泛出血点和脾脏出血梗死。猪瘟病毒与同属的牛病毒性腹泻病毒之间有高度同源性，抗原关系密切。

病　原

猪瘟病毒有囊膜，为单股 RNA 病毒，属黄病毒科瘟病毒属。其抗原性和遗传学具有多样性。

流行特点

病猪和带毒猪是最主要的传染源。本病主要通过消化道、呼吸道等途径传染。而空气和精液也会传播猪瘟病毒。妊娠母猪感染，可发生流产、死产等繁殖障碍。猪不分年龄、性别、品种，一年四季均可发生。猪瘟病毒复制主要在扁桃体。病毒完成在猪体内的传播一般不超过 6 天。2%NaOH 是有效的消毒剂。

近年来，由于流行的野毒株与猪瘟兔化弱毒疫苗毒株之间存在基因核苷酸序列同源性的差异，经过免疫的猪群，仍然有可能再发生猪瘟疫情。另外，猪群中存在猪圆环病毒和猪繁殖与呼吸综合征病毒，产生的免疫抑制影响，常造成猪瘟免疫失败。

临床症状

病猪食欲减退，精神不振，呼吸困难，体温升高至 40.5～42 ℃，呈稽留热，眼结膜炎，先便秘后腹泻。病后期猪的鼻端、嘴唇、耳、下颌、四肢内侧、外阴等处出现紫绀或出血变化。小猪有神经症状。公猪包皮积尿。母猪感染后往往不表现临床症状，但可能是带毒者。表现为受孕率下降，产仔数下降，出现死胎、木乃伊胎、流产、先天性畸形及产出弱仔等。母猪怀孕 50～70 天被感染时能导致仔猪持续性病毒血症，一般表现为仔猪出生时表现正常，之后渐进性消瘦或先天性震颤（图 1－1，图 1－2，图 1－3，图 1－4，图 1－5，图 1－6，图 1－7，图 1－8，图 1－9，图 1－10，图 1－11，图 1－12，图 1－13，图 1－14，图 1－15）。

慢性病猪主要症状为食欲时好时坏，体温时高时低，便秘与腹泻交替出现，后期拉黄色、黏性腥臭粪便，精神沉郁，消瘦等。病程可达 30 天以上。

病理变化

淋巴结肿大，出血，切面多汁，外周紫、中心灰白呈大理石样变化（图 1－16，图 1－17，图 1－18，图 1－19，图 1－20，图 1－21，图 1－22，图 1－23）。脾不肿大，有时边缘呈现紫红黑色突起的小块状出血性梗死（图 1－24，图 1－25）。肾苍白有针尖大小出血点，肾盂出血（图 1－26，图 1－27，图 1－28，图 1－29，图 1－30，图 1－31，图 1－32）。在肠浆膜、黏膜有出血点、出血斑，回肠末端、盲肠和结肠黏膜可见有纽扣状溃疡。咽喉、心、肺、膀胱、肝脏、胆囊、扁桃体、胃黏膜、浆膜均可出现出血点或出血斑（图 1－33，图 1－34，图 1－35，图 1－36，图 1－37，图 1－38，图 1－39，图 1－40，图 1－41，图 1－42，图 1－43，图 1－44，图 1－45，图 1－46，图 1－47，图 1－48，图 1－49，图 1－50，图 1－51，图 1－52，图 1－53，图 1－54，图 1－55，图 1－56，图 1－57，图 1－58，图 1－59，图 1－60，图 1－61，图 1－62，图 1－63，图 1－64，图 1－65）。偶见腹壁、肋膜有出血斑（图 1－66，图 1－67，图 1－68，图 1－69，图 1－70），口腔有纽扣状溃疡，上腭、舌部有出血斑（图 1－71，图 1－72，图 1－73，图 1－74）。由于目前非典型性猪瘟时常发生，剖检病变有时不是很明显。

诊　断

根据流行病学、临床症状和病理变化可做出诊断。确诊应进行实验室诊断。可取扁桃体、淋巴结及脾脏等病料做荧光抗体检测病毒抗原或检查特异抗体等。在诊断时应该与猪丹毒、猪肺疫、仔猪副伤寒等病相鉴别。

防治方法

采取以预防注射为主的综合性防疫措施。

1. 做好预防注射　很少有本病发生的地区，可推广常年防疫的方法。即育肥猪在50～60日龄进行一次性预防注射；种公猪、母猪每年进行两次免疫注射。在猪瘟流行不稳定地区，应采取多种办法增强群体免疫水平，以清除亚临床感染。可采用仔猪20～25日龄首免，剂量4头份；60～65日龄二免，剂量5～6头份。发病的猪场，对仔猪可采取超前免疫（亦称乳前免疫或零时免疫），即仔猪出生后立即进行免疫注射，2小时后吃足初乳；采用0、35、70～75日龄三次的免疫程序为宜，即采取按照细胞苗2头份、4头份、6头份的剂量或按照脾（淋）苗1头份、1头份、1.5头份的剂量进行免疫，直到出栏。如果留作后备种猪，无论猪瘟污染场还是非污染场，则在配种前加强免疫一次，以后按种猪的免疫程序进行。由于猪瘟疫苗有多种，在选择猪瘟疫苗时要注意：猪瘟疫苗主要有细胞苗和组织苗，我国现在生产的猪瘟活疫苗标明为猪瘟活疫苗（Ⅰ）的是组织苗，主要有牛体反应苗、大兔脾（淋）苗和乳兔冻干苗等。标明为猪瘟活疫苗（Ⅱ）的是细胞苗，有牛睾丸细胞苗。特点是，细胞苗便于大规模的工厂化生产，成本较低；组织苗毒价高，免疫原性好，其非特异性作用明显有助于免疫力的加强。养殖户在使用之前必须认真阅读疫苗使用说明书，以明确自己使用的产品是属于哪类的。在条件较好的猪场可以使用细胞苗，但在猪瘟发生严重地区，推荐使用猪瘟脾（淋）苗，并且必须是质量好的真空冷冻疫苗，切忌使用脱水、过期、无效疫苗。疫苗稀释后应贮存在带有冰的泡沫箱中。稀释后夏季超过2小时，冬季超过3小时的疫苗应废弃。

2. 疫区应加强猪瘟的诊断工作，带毒种猪是猪瘟持续发生的祸根　带毒种猪可使仔猪在胚胎期或出生前就感染猪瘟病毒而致免疫失败。必须对种猪群进行猪瘟强毒监测，应坚决淘汰隐性感染或潜伏感染的种猪，消除引起仔猪先天感染和免疫耐受的传染源。

3. 紧急免疫接种 由于猪瘟兔化弱毒苗产生免疫力快，故对发病场和受威胁场没有发病的猪只可采取紧急免疫注射，同时可适当增加每头猪的免疫剂量，这样可控制新的病猪出现，缩短流行过程，有效地减少损失。

4. 猪场应贯彻自繁自养的方针 消灭传染源，检疫工作应抓住屠宰场、猪库、生猪交易市场和病猪肉处理等环节。

5. 加强饲养管理工作，加强消毒工作 对病死猪、废弃物和污水应妥善处理。

◆中兽医对猪瘟的辨证施治

中兽医认为猪瘟是一种“时令病”，具有明显的季节性、流行性，每年夏秋之间是该病的高发、流行季节。中兽医称之为“疫病”，病机为火、湿、热三邪夹杂侵袭机体以致邪热内陷营血，导致心包、脾、肺、肾等多个脏腑机能衰竭的一类以发热为主的猪温热类疫病。西兽医研究结果表明，猪瘟系病毒感染引起，临床上较难控制，治疗效果很不理想。对于此类疫病的预防，除了疫苗之外，别无他法。中兽医认为应当采取“以防为主，防治结合”的方针控制该病，防治法则为清热燥湿，凉血解毒。对于疫区或与病猪接触过的猪可用以下几个处方防治。

［**附方1**］ 白花蛇舌草30克，白花鹿茸草30克，菝葜根（炒）30克，铁线蕨根30克，黄栀子根40克，黄芩30克，大黄30克，黄柏30克，银花30克，丹参30克，甘草30克，水煎灌服。本方来源于福建省光泽县农业局王梓榕，在献方者当地广泛用于预防猪瘟，凡对疫区或与猪瘟病猪接触过的猪采用此方，都可以起到很好的预防作用。

［**附方2**］ 明矾90克，雄黄60克，珠砂15克，黄土45克，将诸药共研末用蜂蜜制成1.5克薄片，猪每次用23克。

［**附方3**］ 瘟可康中草药注射液，采用人参、灵芝等名贵中药精制而成，具有高效、广谱抗病毒和增强免疫作用。2004年陈铁桥报道，此方用于临床能治疗多种动物的病毒性疾病，特别对猪有用，对早期猪瘟的治疗效果比较理想，治愈率可达85.71%。

［**附方 4**］　根瘟灵注射液，采用贯众、二花、板蓝根、水牛角等几十味中草药精制而成的注射液，治疗早期、中期疑似猪瘟的疗效分别是 95.4％、50.3％。尽管对猪瘟的治疗有一些效果，但还是以预防为主，一旦发病及时治疗，若不能治愈者，应及早淘汰，以免造成重大损失。

二 猪伪狂犬病

猪伪狂犬病是由伪狂犬病毒引起的一种人兽共患传染病。病猪、带毒猪及带毒鼠类为本病重要传染源。猪感染后其症状因日龄而异，成年猪仅表现增重减慢等温和症状，育肥猪发生严重的呼吸道症状，种猪不育。

病　原

伪狂犬病毒属于疱疹病毒科（Herpesviridae）、猪疱疹病毒属，病毒粒子为圆形，直径150～180纳米，核衣壳直径为105～110纳米。病毒粒子的最外层是病毒囊膜，它是由宿主细胞衍生而来的脂质双层结构。囊膜表面有长8～10纳米、呈放射状排列的纤突。

伪狂犬病毒是疱疹病毒科中抵抗力较强的一种。在37℃下的半衰期为7小时，8℃可存活46天，冻干的病毒可以持续存活2年。病毒在pH4～12的范围内保持稳定。5%石炭酸经2分钟灭活，但0.5%石炭酸处理32天后仍具有感染性。0.5%～1%氢氧化钠迅速使其灭活。对乙醚、氯仿等脂溶剂以及福尔马林和紫外线照射敏感。

伪狂犬病毒只有一个血清型，但不同毒株在毒力和生物学特征等方面存在差异。伪狂犬病毒具有泛嗜性，能在多种组织培养细胞内增殖，其中以兔肾和猪肾细胞（包括原Ⅰ代细胞和传代细胞系）最为敏感，并引起明显的细胞病变，细胞肿胀变圆，开始呈散在的灶状，随后逐渐扩展，直至全部细胞圆缩脱落，同时有大量多核巨细胞形成。细胞病变出现快，当病毒接种量大时，在18～24小时后即能看到典型的细胞病变。

流行特点

猪是伪狂犬病毒的贮存宿主，病猪、带毒猪及带毒的鼠类从鼻液、唾液、奶、阴道分泌物、精液及尿等排毒，经消化道、呼吸道、交配（人工授精）、子宫内及损伤的皮肤黏膜传染。另外，被伪狂犬病毒污染的器具在传播中起着重要的作用。而空气传播则是伪狂犬病毒扩散的最主要途径。伪狂犬病的发生具有一定的季节性，多发生在寒冷的季节，其他季节也有发生。哺乳仔猪日龄越小，发病率和病死率越高。随着日龄增长，发病率和死亡率均下降。

临床症状

母猪感染伪狂犬病毒后可以通过胎盘屏障感染胎儿，导致死胎。妊娠母猪常发生流产，产死胎、弱仔、木乃伊胎（图 2-1）。母猪流产是感染伪狂犬病毒的早期症状，怀孕母猪在妊娠前 3 个月内感染伪狂犬病毒，胚胎会被吸收，母猪重新进入发情期。妊娠第二期或第三期感染伪狂犬病毒，表现流产，产死胎、弱仔。母猪虽很少死亡，但常造成不发情、返情和屡配不孕等繁殖障碍。公猪常出现睾丸肿胀、萎缩，性功能下降，失去种用能力。

乳猪生下时都很健壮，膘情也好。但第 2 天就发现有的乳猪眼眶发红（图 2-2），不会含奶头，闭目昏睡，接着体温升高至 41～41.5 ℃，精神沉郁，口角有大量泡沫或流出唾液，有的病猪呕吐或腹泻，拉黄色黏性粪便，部分猪初始症状只有顽固性腹泻，症状类似仔猪黄痢，但是抗生素治疗效果不佳。乳猪两耳后竖，初期遇到声音刺激，发生兴奋和鸣叫，后期遇到任何强度声音刺激，都叫不出声音。病猪表现四肢僵直（尤其是后肢）、震颤、惊厥等。有的病猪后腿抬起呈“鹅步式”。病猪眼睑和嘴角有水肿，腹部有粟粒大小的紫色斑点（耳根和腹部最后两头乳头处更为多见），有的甚至全身呈紫色。病初站立不稳或步行蹒跚，有的只能向后退行，步态和姿势异常，容易跌倒，进一步发展为四肢麻痹、完全不能站立、头向后仰、四肢划游或出现两肢开张和交叉。几乎所有病猪都有神经症状，初期以神经紊乱为主，后期以麻痹为特征。最常见而又突出的是间歇性抽搐、肌肉痉挛性收缩、癫痫发作、角弓反张和仰头歪颈，一般持续 4～10 分钟，症状缓解后病猪又站起来，盲目行走或转圈。有的则呆立不动，头触地或头抵墙，持续几分钟至10分钟左右才缓解。间歇10～30分钟后，上述症状又重复出现。病程最短4～6小时，最长为5～6天（大多数为2～3天）（图2-3，图2-4，图2-5，图2-6，图2-7，图2-8，图2-9）。出现神经症状的仔猪几乎100%死亡。耐过仔猪往往发育不良或成为僵猪。断奶仔猪发病率为20%～30%，死亡率为10%～20%。断奶仔猪症状：病初高热、腹泻、呕吐、精神不振，随后出现转圈、震颤、鸣叫、角弓反张、昏睡、头歪向一侧等神经症状（图2-10，图2-11，图2-12，图2-13，图2-14）。擦痒往往是其他家畜特有的症状，猪一般不明显，但目前出现痒感的仔猪日益增多，10%的患病猪病程前期呈现擦痒，表明猪伪狂犬病在流行过程中有毒力增强的迹象，应引起注意。育肥猪出现严重呼吸道症状，表现咳嗽、打喷嚏、肺炎等症状，生长迟缓，饲料报酬降低。常并发猪传染性胸膜肺炎、支原体肺炎，若继发或并发感染，也能出现死猪的情况。

病理变化

仔猪可见脑膜炎，表现脑膜充血、出血，脑脊液增量（图2-15），以及坏死性扁桃体炎（图2-16）、咽炎、支气管炎、肺水肿、肺炎（图2-17，图2-18，图2-19）等。肝略肿大、瘀血，表面和实质内有粟粒大小灰白色或黄白色坏死灶（图2-20）。肾皮质有针尖大小出血点（图2-21）。脾稍肿大、色变深，有的表面有粟粒大小的坏死灶（图2-22），有的脾周边见有出血性梗死。病程长者，心包液、胸腹腔液、脑脊液都明显增多，肝表面有大量纤维素渗出。胃底部出血性卡他（图2-23）。新流产的母猪可见子宫内膜炎，子宫壁增厚及水肿。

诊　断

根据临床症状及流行病学资料，可做初步的诊断。要确诊本病，则必须结合病理组织学变化和血清学试验（免疫荧光法、间接血凝抑制试验、补体结合试验、酶联免疫吸附试验、乳胶凝集试验）。

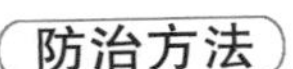

防治方法

1. 平时的预防措施

（1）猪场引进种猪，进行严格的隔离检疫1个月，并采血送实验室检查IgE的水平。最好是在卖方的猪场，引种方就要进行检测，因为转运导致猪群应激，有可能造成潜伏的病毒再激活和排泄。因此，极力推荐新买入的猪群隔离1个月后，在进入生产群前要重新检测IgE的水平。

（2）猪舍地面、墙壁、设施及用具等每周消毒1次，粪尿发酵处理。最好能实行自繁自养。积极开展灭鼠，严防犬、猫及其他家畜、野生动物进场。禁止用污染公猪的精液进行人工授精。种猪场的种猪群应每4～6个月采血监测1次。

（3）本病可采用疫苗进行预防。猪伪狂犬病弱毒苗及基因缺失苗或灭活苗，按说明书使用。受威胁种猪场新生仔猪可进行滴鼻免疫，鼻内接种的优点表现为局部黏膜免疫的建立，在急性感染期可以有效地抑制猪伪狂犬病病毒的复制和排毒过程。猪伪狂犬病毒感染动物后很难从动物体内清除出去。即使多次使用疫苗也不能排净病毒。但疫苗免疫，可缩短病程，减轻病情，缩短病毒产生时间，减少产生的病毒量，减少潜伏感染机会，减少反复感染机会。疫苗免疫可减轻猪的临床症状和降低经济损失。猪伪狂犬基因缺失苗，对于预防猪的伪狂犬病毒野毒株起一定作用。各场猪群使用本病疫苗最好是，生产种猪每年疫苗接种3～4次，每3～4个月免疫一次，1头份/头。后备种猪配种前免疫2次，间隔21天，1头份/头。商品猪定期进行免疫，阳性猪场且猪场商品猪有临床症状的，可在1～3日龄进行滴鼻和50～60日龄再免疫一次，1头份/头；不表现临床症状猪群可在50～60日龄，1头份/头，免疫一次。商品猪的两种免疫策略都能产生充分的免疫保护。同时，基因缺失苗所产生的抗体能与野毒株抗体相区别，因此，运用猪伪狂犬病毒野毒株抗体ELISA诊断试剂盒能准确地检测出野毒株抗体。

2. 流行时的防治措施

（1）感染种猪根除措施　根据种猪场的条件可分别采取3种清

除措施：①不免疫检测-淘汰计划适用于种猪群伪狂犬病毒阳性率小于10%，且商品猪血清学检测为阴性的猪场。种猪场必须每30天检测一次，淘汰、扑杀血清学反应阳性猪。后续监测中，猪群一次或连续两次阴性，即为阴性猪群。②免疫后检测-淘汰计划适用于种猪群伪狂犬病毒阳性率比较高，且商品猪群有感染现象的猪群。猪群种猪用猪伪狂犬病弱毒苗及基因缺失苗免疫，每3个月一次，一年免疫4次。商品猪可在1～3日龄进行滴鼻和50～60日龄再免疫一次。采用此种免疫计划连续3年以上，在免疫计划之初存在的种猪群被循环更换出猪群。之后进行猪群血清学检测，以确定感染水平。如果较低，则可执行不免疫检测-淘汰计划。③全群淘汰更新。适用于高度污染的种猪场，种猪血统且不昂贵的猪群，猪舍的条件不允许采用其他方法清除本病者。

（2）发病肥育猪场的处理方法　为了减少经济损失，可采取全面免疫的方法，除发病乳猪、仔猪予以扑杀外，其余仔猪和母猪一律注射伪狂犬病弱毒苗，乳猪第一次免疫可采用滴鼻方式。本法可以快速控制疫情。

◆中兽医对猪伪狂犬病的辨证施治

中兽医对猪伪狂犬病也是采取以预防注射为主的综合性防疫措施。除了做好预防注射外，对于疫区或与病猪接触过的牲畜均以清热解毒、凉血燥湿、活血通经为治则，采用清瘟败毒饮作为基础方加减，也可用金银花、连翘、黄芩、葛根、龙胆草、丹皮、甘草等药水煎灌服病猪。公畜可配用巴戟天、穿山龙等壮阳补肾的中草药；母畜可配用益母草、当归、艾叶等活血通经的中草药。

据报道，选用人参叶、山楂、艾叶、紫苏叶、青蒿和刺五加6种中草药的13份提取液，在RK和DK细胞上分别进行了抗伪狂犬病病毒和抗狐狸脑炎病毒试验。结果发现，人参叶的水提取液和醇提取液对伪狂犬病病毒和狐狸脑炎病毒均有抗病毒作用，从而为中草药防治猪伪狂犬病提供了一个新的用药途径。

［**附方**］　《清瘟败毒饮》加减：生石膏120克，生地30克，水牛角60克，黄连20克，栀子30克，牡丹皮20克，黄芩25克，

赤芍25克，玄参25克，知母30克，连翘30克，桔梗25克，淡竹叶25克，甘草15克，共为末，一次50～100克，开水冲调，候温灌服。本方适用于伪狂犬病引起的高热综合征。

三 猪繁殖与呼吸综合征

猪繁殖与呼吸综合征是由猪繁殖与呼吸综合征病毒（PRRSV）引起的。本病毒分欧洲型和美洲型，我国流行的主要是美洲型（出现了变异株——高致病性病毒株）。临床主要表现为母猪流产、早产及产死胎、木乃伊胎等严重的繁殖障碍，仔猪与育肥猪出现呼吸道症状。同时本病是一种免疫抑制病，被感染猪容易继发和并发各种病毒、细菌、寄生虫病，使疾病的诊断和防控更为复杂。

流行特点

病猪和带毒猪是本病的主要传染源。病毒主要经接触或垂直传染。禽类也可传播本病。饲养管理和环境卫生条件差、暑热、寒冷、潮湿、饲养密度大、空气污浊等是致病诱因。

临床症状

公猪表现发热、精神沉郁、咳嗽、呼吸困难、食欲不振、性功能降低、精液质量下降、射精量减少。

母猪出现精神委顿、发热、食欲减退或废绝、呼吸困难、流泪等类似流感症状，部分母猪眼眶四周皮肤淡蓝色，几天后流产，产死胎、木乃伊胎及弱仔，母猪胎膜上有黑色血疱，血疱触之有硬感，部分弱仔不会吃奶，数小时或数天内死亡，有的猪分娩后1～3天才恢复食欲，这些母猪表现泌乳量减少，甚至无奶（图3-1，图3-2，图3-3）。此后，母猪不易发情、配种后往往难受孕、返情率高。少数母猪耳部皮肤水肿增厚，耳部、臀部及四肢末端出现红色或蓝紫色出血斑。流产胎儿胎膜上有血疱（图3-4）。

患病乳猪表现步态不稳、后肢麻痹、前肢屈曲、后肢外张或四肢外展呈蛙式卧地，皮肤苍白，肌肉颤抖，个别猪呕吐，眼结膜发

炎水肿，眼球突出，眼眶、四肢皮肤呈淡蓝色。

断奶猪和架子猪表现呼吸困难或腹式呼吸、咳嗽气喘、体温升高至39.5～42℃、一过性厌食或食欲废绝或腹泻，四肢、耳朵、小奶头等部位皮肤发绀或呈现铁锈色小瘀血斑，皮毛粗乱、增重率和饲料效率下降，与同龄猪比较大小有明显差别（图3－5，图3－6，图3－7，图3－8）。

其他猪，倘若单发猪繁殖与呼吸综合征临床症状较轻，但多数本病毒感染后产生免疫抑制，常继发猪圆环病毒2型感染，表现出多系统衰竭综合征，发热、拉稀、呼吸困难、苍白、神经症状，此时出现高的发病率和死亡率或继发副猪嗜血杆菌、链球菌猪、猪瘟病毒、猪附红细胞体、支原体感染等易导致急性死亡。有的猪出现眼眶、吻突、耳朵发绀呈蓝紫色的"三蓝"现象（图3－9，图3－10，图3－11）。有的猪背部皮肤的毛孔有蓝色出血点或紫红色出血斑。

病理变化

主要病变为肺弥漫性间质性肺炎，并伴有细胞浸润和卡他性炎症区。出现肺水肿、肺肿胀，不塌陷，有红褐色斑。死胎及生后不久死亡的弱仔猪，可见颌下、颈下和腋下水肿，呈胶冻样。仔猪和育肥猪体表淋巴结肿胀，仔猪胸腹腔内有暗红色积液。肺尖叶有面积较大的界限清楚的肉变区，肺充血，肺间隔增厚，血管周围轻度水肿，其中混有大量浸润的淋巴细胞和巨噬细胞，肝脏充血、出血，脾炎（图3－12，图3－13，图3－14，图3－15，图3－16，图3－17）。

诊　　断

以下三项指标可用于衡量母猪急性猪繁殖与呼吸综合征：流产和早产超过8%；死胎率超过20%；仔猪出生后第一周死亡率超过25%。总之，要根据病史、临床症状、病理变化、生产纪录分析、血清学试验及病毒检测，特别是聚合酶链反应（PCR）进行全面分析诊断。此外，还应注意本病与猪瘟、猪细小病毒病、猪伪狂犬病、猪附红细胞体病等疾病的鉴别诊断。

防治方法

本病目前没有特效药物。

免疫：目前国内市场上有进口的PRRS灭活疫苗和弱毒疫苗，亦有国产PRRS灭活疫苗和弱毒疫苗。笔者认为，多数猪场PRRS血清学检测阳性率都较高，最好应用弱毒疫苗，从实践的结果看，当猪场发生PRRS以后，应用PRRS弱毒疫苗紧急免疫注射，在短时间内病猪会有明显好转，一年内免疫接种3～4次，可控制疫情。在有PCV2混合感染的情况下，可分别注射PRRS和PCV2单苗或PRRS与PCV2二联疫苗。必要时，发病猪场可采集病料送有关单位做自家组织灭活疫苗对全群猪进行免疫。

做好猪瘟、猪伪狂犬病、猪喘气病、副猪嗜血杆菌病的免疫，对预防本病、减少并发症的发生有一定作用。值得一提的是，发生PRRS时，不能盲目进行猪瘟活疫苗的紧急免疫，否则会大大提高猪的发病率和死亡率。

综合措施：猪场发生本病后，要立即做好隔离消毒工作。对严重的病死猪要淘汰和无害化处理。猪场生物安全方面，尽量减少引种，若需要引种时，也要对当地的疫情进行调查，同时进行必要的检疫、隔离及适应性观察。对已发生该病的患猪可采用对症疗法缓解病情，防止继发感染：①为减少母猪流产，可在肌内注射黄体酮的同时，配合口服阿司匹林每天每头8克。②适当结合抗生素或磺胺类药物，肌内注射或内服，以防患猪发生继发感染。由于猪繁殖与呼吸综合征病毒常与猪圆环病毒2型、副猪嗜血杆菌同时感染，使猪产生免疫抑制，易继发感染多种病毒和细菌性，因此，在治疗时，宜用猪干扰素、猪转移因子或白细胞介素配合黄芪多糖、清开灵和抗菌药物。病初可采用泰美妙，可以很好地控制疫情，减少死亡。主要是由于泰美妙高呼吸道组织浓度能有效控制呼吸道细菌性感染，高肺泡巨噬细胞浓度能抑制猪繁殖与呼吸综合征病毒在肺泡巨噬细胞的复制。③提高饲料中营养成分，如氨基酸、维生素等，以提高猪体抵抗力。④做好猪舍卫生、保持猪舍通风、干燥，促进病猪康复。⑤对病弱仔猪、没有治疗意义的猪，及早淘汰，病死猪

做焚烧或深埋处理，以减少病原的传播。

◆中兽医对猪繁殖与呼吸综合征的辨证施治

中兽医对猪繁殖与呼吸综合征的辨证施治结果认为：该病属于湿热蕴积、热毒入卫气营血所致。邪热为患，炎上，灼肤、灼津、迫血外出，湿热内蕴。一般采取杀菌、消炎、理气、通便、利水、清暑、活血等综合防治措施。最好采取中西医结合治疗效果更佳。一旦确诊为猪繁殖与呼吸综合征，运用黄芪多糖（每头体重约50千克猪需要注射20毫升）、强效阿莫仙中西药结合治疗，见效快，疗效高。中草药常用处方为银翘散、清瘟败毒饮、荆防败毒散等加减防制。近几年来，各地防治猪繁殖与呼吸综合征的中草药处方均在当地发挥了很好的疗效，以下举例几个处方供参考。

［**附方1**］ 银翘散加减：金银花、连翘、柴胡各50克，蒲公英、板蓝根、大青叶各100克，栀子、紫苏、荆芥、防风、苍术各40克，共研磨成粉，在饲料中按2%添加，连续喂服7～10天，可有效地控制此病。此方为体重100千克病猪的用量，其他病猪可根据体重大小适量增减。或按每吨饲料中用3千克银翘散超微粉，若采食量减少，酌情增加中草药添加量，每个疗程5天，对于发热严重、采食量减少者，可饮水使用，即每吨水中添加1.5千克银翘散超微粉，连续5天。

［**附方2**］ 清瘟败毒饮加减：金银花、连翘、黄芩、栀子、柴胡、贯仲、紫苏各20克，石膏、青蒿各50克，白芍、桔梗、浙贝、槟榔各25克，甘草15克。有食欲的病猪在饲料中按1%添加，没有食欲的病猪煎熬灌服，连续喂服7天，对防治此病有一定疗效。

［**附方3**］ 荆防败毒散加减：荆芥、防风各70克，羌活、独活、桑白皮各60克，柴胡、知母、桑叶、枳壳、茯苓、桔梗、川芎、板蓝根、黄芪、金银花各50克，甘草15克，配合氟苯尼考200克、阿奇霉素160克共用，效果更佳。

［**附方4**］ 增液汤加减：玄参500克，麦冬400克，生地300克，水2000毫升，煎服，每天3次，仔猪10毫升，大猪20毫升，不食猪灌服。

四　猪圆环病毒感染

本病是由猪圆环病毒引起猪的一种传染病。猪圆环病毒属于圆环病毒科圆环病毒属。它是动物病毒中最小的一员。猪圆环病毒有2个血清型，即猪圆环病毒1型（PCV1）为非致病性的；猪圆环病毒2型（PCV2）有致病性，口鼻接触是PCV2的主要自然传播途径。该病毒能对各种年龄和品种的猪引起多种类型的传染病。

病　原

猪圆环病毒2型为环状的单股DNA病毒，小而无囊膜、二十面体、共价闭合，病毒粒子直径平均为17纳米，分子量为0.58×10^6。该病毒耐酸，在pH3的环境下仍可存活，耐氯仿，70℃环境中仍可稳定存活15分钟。

流行特点

猪圆环病毒感染主要表现为断奶仔猪多系统衰竭综合征(PMWS)，是造成养猪业经济损失最严重的疫病之一。我国浙江、山东、山西、辽宁、河南、福建等地发病严重。各种年龄猪均可发病，通常以6～16周龄的猪为主。猪舍拥挤、通风不良、卫生条件恶劣、空气质量欠佳、不能彻底消毒、营养不良等都可能加重病情。PCV2和PRRSV、PRV、PPV等有协同致病作用，它们中的两种或三种病毒感染产生严重的病症。混合感染、继发感染影响病死率、淘汰率的高低和病程的长短，以及损失的程度。

病毒随粪便、鼻腔分泌物排出体外，通过消化道而感染。

临床症状

断奶仔猪多系统衰竭综合征：仔猪可在断奶后两三天开始发病，多发生于6～16周龄，最常见于8～12周龄。患猪表现为发热乏力，被毛粗乱，贫血、皮肤苍白。个别猪出现黄疸，采食量减少，生长迟缓或停滞，进行性消瘦。有的猪有咳嗽、打喷嚏、呼吸加快或困难等症状，少数猪腹泻（图 4－1，图 4－2，图 4－3，图 4－4，图 4－5，图 4－6，图 4－7，图 4－8）。触摸患猪腹股沟淋巴结肿大。本病发病率和死亡率相差很大。在急性暴发时，死亡率可高达 20%～40%。在临床实践中，发现患有胸膜肺炎和猪繁殖与呼吸障碍综合征等疾病的仔猪群，也会出现 PMWS 相似症状。由于混合感染、继发感染的程度不同，表现各种各样，给诊断和防治带来困难。

皮炎肾病综合征（PDNS）：在保育和生长育肥猪群，主要是 12～14 周龄猪多见，种猪偶见，经常发现本病型和 PMWS 并发，但也可以单独发生。临床症状是病猪皮肤出现散在斑点状的丘疹，丘疹初呈红色，发展为圆形或不规则的隆起，呈现红色、紫红色的病灶，继由中心部位变黑并逐渐扩展到整个丘疹，常融合成较大的斑块或条带。病变主要发生在背部、臀部和身体两侧，并可延伸至下腹部及前肢，严重的可覆盖全身各处（图 4－9，图 4－10，图 4－11，图 4－12，图 4－13，图 4－14，图 4－15，图 4－16）。轻症者没有全身症状，可以自愈；严重感染猪则有发热、跛行、厌食和体重减轻等症状（图 4－17，图 4－18）。显微镜观察，可见红斑及丘疹区呈现与坏死性脉管炎相关的坏死及出血现象。全身特征性症状表现为坏死性脉管炎。

繁殖障碍性疾病：PCV2 与后期流产及死胎相关，死胎或中途死亡新生仔猪，表现肝充血，心脏肥大、心肌变色。

病理变化

患猪消瘦、苍白，有时黄疸。腹股沟淋巴结、肠系膜淋巴结、下颌淋巴结肿大 3～5 倍，甚至 8 倍（图 4－19，图 4－20，图 4－21，图 4－22，图 4－23）。淋巴结切面为均匀的白色，硬度增大。脾肿大、边缘有丘状突起及出血性梗死灶，有的病程较长的病例脾出血坏死灶被机化而萎缩（图 4－24，图 4－25）。肾肿胀、苍白、斑驳状，常有小出血点或出血性瘀斑（图 4－26，图 4－27，图 4－28，图 4－29）。肺脏呈弥漫性间质性肺炎，质地较硬，似橡皮，肺表面呈灰褐色的斑驳状外观（图 4－30）。非化脓性心肌炎。多伴有支原体肺炎、放线杆菌病、巴氏杆菌病等疾病的病变。个别胰腺出血、坏死（图 4－31）。心肌发育不良，心肌柔软无力（图 4－32）。胃肠道不同程度损伤。胃溃疡，盲肠壁增厚，小肠黏膜充血、出血，变细呈“鸡肠样”（图 4－33，图 4－34，图 4－35）。肝有不同程度变性，质地脆弱，表面时有灰白色散在病灶，胆汁浓稠，内有尘埃样残渣（图 4－36）。淋巴器官的肉芽肿性炎症和不同程度的淋巴细胞缺失是本病特征性显微病变。

诊　断

因混合感染普遍存在，所以单凭临床症状和病理变化难以确诊猪圆环病毒感染。可采取间接荧光抗体法、ELISA 或聚合酶链反应（PCR），或采病死猪血样（分离血清）、淋巴结、肺、肾等病料，送实验室检测 PCV2 抗体，分离病原和电子显微镜检查病原进行确诊。

防治方法

本病没有有效的治疗方法，抗生素对 PMWS、PDNS 患猪无效，但抗生素等药物的使用和良好的饲养管理，有助于控制二重感染。国内外虽已研制出多种疫苗，但临床效果有待进一步观察。

目前，对断奶仔猪多系统衰竭综合征应采取综合性防控措施。

（1）改变饲养方式，做到生产各阶段的全进全出，不要将不同年龄、不同来源的猪混养，从而减少猪群之间 PCV2 的接触感染机会。

（2）实施严格的生物安全措施，将消毒卫生工作贯穿于养猪生产的各个环节。最大限度地减少猪场内污染的病原微生物，降低或杜绝猪群继发感染的概率。由于 PCV2 对一般的消毒剂抵抗力强，因此，在消毒剂的选择上应考虑使用广谱消毒药。

（3）加强猪群的饲养管理，减少猪群的应激因素。很多应激因素都可诱发、促进断奶仔猪多系统衰竭综合征的发生和加重发病猪群的病情，导致死亡率上升，因此，应尽可能地减少环境应激因素，如温度变化、贼风和有害气体等。避免饲喂发霉变质或含有真

菌毒素的饲料，保持猪舍干燥，降低猪群的饲养密度。

（4）提高猪群的营养水平。由于 PCV2 感染可以导致猪群的免疫功能下降，因此，营养是影响断奶仔猪多系统衰竭综合征的一个重要因素。通过提高饲料蛋白质、氨基酸、维生素和微量元素等水平，改善饲料的质量，提高断奶仔猪的采食量，给仔猪饲喂湿料或粥料，保证仔猪充足的饮水，可以在一定程度上降低断奶仔猪多系统衰竭综合征的发生率和造成的损失。

（5）采用完善的药物预防方案，采用药物预防细菌性继发感染，可选用以下药物。

①仔猪用药：在 1、7 日龄和断奶时各注射头孢噻呋（500 毫克/毫升）0.2 毫升；断奶后 15 天，每吨饲料用 80%乐多丁（125 克）＋金霉素或土霉素或强力霉素（150 克）＋阿莫西林（200 克）拌料饲喂，或者每吨饲料添加 20%泰美妙 1.5 千克。继发感染严重的猪场，可在 28、35、42 日龄各注射头孢噻呋 0.2～0.5 毫升/头。

②母猪用药：母猪在产前 1 周和产后 1 周，每吨饲料中添加 80%乐多丁（125 克）＋金霉素或土霉素（300 克），或者每吨饲料添加 20%泰美妙 1 千克。

（6）做好猪场猪瘟、伪狂犬病、猪繁殖与呼吸综合征、猪细小病毒病、气喘病等疫苗的免疫接种。规模化猪场应提倡使用猪气喘病灭活疫苗免疫接种，有利于提高猪群呼吸道免疫力，可减少呼吸道病原体的继发感染。

（7）在做好以上工作的同时，有条件的猪场可以根据自己场情况选择性使用圆环病毒疫苗，可以提高保育猪的成活率及整齐度。

猪场发生疫情时的应急措施：①及时、正确地进行猪场疾病的诊断。②淘汰重病猪和带毒公猪。③使用抗菌药物控制继发感染，但要注意掌握细菌的敏感性、猪场感染类型及给药的途径。④共同感染后的免疫接种，实施合理的免疫程序。⑤有条件的猪场可以应用血清疗法：选本场健康猪特别是健康淘汰种猪，做到无菌采血并分离血清，血清加双抗（青霉素 2 000 国际单位/毫升和链霉素

2 000单位/毫升，0.1%硫柳汞防腐）速冻保存，用时解冻，按每千克体重1毫升注射（腹腔注射或分点肌内注射）。

◆**中兽医对猪圆环病毒感染的辨证施治**

中兽医对猪圆环病毒感染的防治采取以防为主和增强抵抗力的治则。对于未发病的猪群采用能增强免疫力的中草药作为饲料添加剂在饲料中全面添加，一般都采用黄芪多糖。对于出现症状的病猪，则根据传统中兽医理论和实践，一方面选择有清热解毒功效的中草药组成基础方，达到清热燥湿、凉血解毒的功效；另一方面，佐以纳米级中兽药免疫增强剂，迅速提高猪体本身的免疫水平，增强对疾病的抵抗力。

在组方时，可选用黄连解毒汤、普济消毒饮、郁金散等清瘟败毒的方剂进行加减，将传统的扶正祛邪、清热解毒的中兽药合理配伍，达到标本兼治的目的。

［**附方**］ 金银花35克、连翘18克、黄连12克、黄柏18克、黄芩27克、生大黄27克、栀子18克、知母18克、白芍16克、贯众20克、板蓝根18克、厚朴10克、枳壳12克、茯苓18克、生石膏45克、甘草12克，煎汤灌服，每天1剂，分2次，连续3天。

五　口蹄疫

口蹄疫是由口蹄疫病毒（Foot - and - mouth disease virus，FMDV）感染引起的偶蹄动物共患的急性、热性、高度接触性传染病，最易感染的动物是牛、猪、骆驼、羊、鹿等，野猪、野牛等野生动物也易感染此病。本病以牛最易感，羊的感染率较低。口蹄疫在亚洲、非洲和中东及南美均有流行，在非流行区也有散发病例。

病　原

口蹄疫病毒具有多型性、易变的特点。口蹄疫病毒有O、A、C、Asial、SAT1、SAT2、SAT3等7个血清型和60多个亚型。我国主要是O型和Asia 1型。各型引起的临床症状相同，但免疫原性不同，不能产生交叉免疫。

口蹄疫病毒在病猪的水疱皮内和淋巴液中含毒量最高。在发热期间内血液含毒量最多，奶、尿、口涎、泪和粪便中都含有口蹄疫病毒。因为口蹄疫病毒的耐热性差，所以在夏季高温季节很少暴发口蹄疫。病毒对酸敏感，过氧乙酸、乙酸等酸性消毒药效果良好。

流行特点

猪口蹄疫一年四季均可发生，但以冬、春、秋季气候较寒冷时多发。本病传染性极强，特别是在未曾免疫的猪场，常呈跳跃式传播（可随风播散到100千米以外）。病猪和带毒猪是本病的主要传染源。主要传播途径是消化道和呼吸道、损伤的皮肤、黏膜以及完整皮肤（如乳房皮肤）、黏膜（眼结膜）。也可以通过尿、奶、精液和唾液等途径传播。鸟类、鼠类可机械传播本病。病畜的水疱皮和水疱液中含有大量病毒，血液、肉、唾液、乳汁、精液、尿、粪等分泌物和排泄物中都含有病毒。

临床症状

潜伏期为几个小时至7天，少数可达到14天，开始时，病猪发热，可达到41℃，精神不振，食欲减少或废绝，猪蹄底部或蹄冠部皮肤潮红、肿胀，继而出现水疱，行走呈跛行，有明显的痛感，行走发出凄厉的尖叫声，很快蹄壳脱落，蹄不敢着地，病猪跪行或卧地不起，鼻吻突部出现一个或数个水疱，黄豆大或乒乓球大小不等，水疱很快破裂，露出新鲜溃疡面，如无细菌感染，伤口可在1周左右逐渐结痂愈合。母猪乳房和乳头也常见水疱和糜烂，引起疼痛而拒绝哺乳；哺乳仔猪的口蹄疫多表现急性胃肠炎、腹泻及心肌炎而突然死亡。死亡率一般可达60%～80%，部分可达100%。育肥猪发生水疱后若发生继发性细菌感染，可引起败血症导致死亡，一般可在10～15天康复。怀孕母猪感染后可发生流产、产死胎（图5-1，图5-2，图5-3，图5-4，图5-5，图5-6，图5-7，图5-8，图5-9，图5-10，图5-11，图5-12，图5-13，图5-14，图5-15，图5-16，图5-17）。

病理变化

特征是口腔、鼻端、乳房、乳头、蹄冠和蹄叉部上皮出现水疱。仔猪呈现典型的"虎斑心"，心肌外出现黄色条纹斑，心外膜有不同程度的出血点，个别肺有水肿或气肿现象。剖检大猪，见一般特征性病变，少数可见胃肠出血性炎症（图5-18，图5-19）。

诊　断

根据本病的流行特点、临床症状、病理变化，可作出初步诊断。但要确诊，必须对水疱病、水疱疹、水疱性口炎进行实验室鉴别诊断才能确诊。

诊断要点：

1. 本病特征　本病呈急性经过，流行性传播，一般为良性转归。临床症状表现为口腔黏膜、蹄部皮肤、乳房、乳头、鼻端、鼻孔形成水疱和溃疡。

2. 实验室诊断　由于口蹄疫的临床症状与猪水疱病、水疱性口炎、猪水疱疹极为相似，因此，临床症状不能作为确诊的依据，必须采取水疱液或水疱皮进行实验室诊断。

（1）小鼠接种试验　将病料用青、链霉素处理后分别接种1～

2日龄、7～9日龄及成年的小鼠，1～2日龄和7～9日龄乳鼠，都发病死亡，可诊断为口蹄疫，若仅1～2日龄乳鼠发病死亡则为猪水疱病。

（2）血清学试验　血清保护试验、血清中和试验、补体结合试验等方法可用于本病诊断。

防治方法

1. 免疫猪口蹄疫疫苗的目的是预防易感猪发生口蹄疫。要按照合理的免疫程序进行免疫接种，要杜绝外界病原的传入，严格执行隔离与消毒措施，以确保猪场安全。正常生产条件下的猪口蹄疫疫苗免疫程序：种猪（种公猪，种母猪），每年接种高效苗3～4次，每次间隔3～4个月，耳后肌内注射疫苗3毫升/头。种母猪（后备母猪、后备公猪），配种前接种高效苗3毫升/头。断奶仔猪，断奶后10～15天首免，肌内注射高效苗2毫升/头，4周后加强免疫一次，肌内注射高效苗3毫升/头。如有必要（冬、春寒冷季节），可在出栏前25～30天三免，耳后肌内注射高效苗3毫升/头，预防运输途中感染。缅甸98株是近期O型口蹄疫最新流行优势毒株，可关注地区流行情况，酌情选用疫苗进行免疫。

2. 在猪场发生疫情或周边环境出现口蹄疫疫情严重威胁猪场安全的情况下，应采取紧急免疫程序（未曾免疫过疫苗的猪群）：①全场各年龄段猪群紧急接种口蹄疫高效苗，25千克体重以上的猪耳后肌内注射3毫升/头，25千克以下的猪耳后肌内注射2毫升/头。先接种健康猪群，后接种可疑猪舍内的猪群。②第一次接种后间隔15天，各年龄段猪群加强免疫（第二次接种），接种剂量与第一次相同或增加1毫升/头。必要时可改肌内注射为交巢穴注射，以提高免疫效果。

3. 由于目前口蹄疫疫苗在免疫时应激反应较重且经常发生，因此，在进行疫苗接种时要做好疫苗过敏反应的处理。当猪出现局部肿胀时，用热毛巾进行热敷肿胀部位，可转小或消失。当猪出现全身反应时，则进行退热和抗菌消炎，主要肌内注射安胆溶液＋阿莫西林药物，每天1次，连续3天，即可治愈。对怀孕90天以上的母猪，为防止流产，可以在免疫疫苗时结合应用黄体酮等保胎药物进行肌内注射。对于出现严重反应的猪，可肌内注射0.1%盐酸肾上腺素或地塞米松磷酸钠等对症治疗。猪注射口蹄疫疫苗后，因本身体温升高，抵抗力下降，可能诱发其他疾病，要与疫苗反应相区别，以便因病施治。最好的办法可在注射疫苗前3天至后4天，每吨饲料添加80%乐多丁125克+先锋霉素250克+维生素C 300克，可以防止继发感染和应激反应的出现。

4. 综合措施

（1）如发生口蹄疫，应立即向上级有关部门报告疫情，对发病现场进行封锁，按“早、快、严、小”的原则处理。加强消毒工作，严防病原扩散。发病期间，用1：300百菌消带猪消毒，一天一次，空栏及病死猪栏用2%氢氧化钠溶液冲刷浸泡后冲洗，干燥后用1：300百菌消再进行喷雾消毒。

（2）发生口蹄疫后，可适当采取一些治疗措施，多采用对症疗法，以促进创口的愈合：①加强饲养管理和病猪护理，做好病猪隔离、及时治疗，以防止继发感染。发病期间务必做好猪舍内的保温防潮工作，同时注意通风、干燥，减少应激，以利于病猪的康复。为减缓口蹄疫在场内传播速度，要严禁场内职工相互串舍、串岗、互用工具等人为的接触传播行为。②口腔可用食醋或0.1%高锰酸钾冲洗，糜烂面上可涂以1%～2%明矾或碘酊甘油。③蹄部可用3%臭药水或来苏儿洗涤，擦干后涂1%紫药水。④乳房可用肥皂水或2%～3%硼酸溶液清洗，然后涂以青霉素软膏或其他刺激性小的防腐软膏。定期将奶挤出，以防乳房炎。⑤在本病发生早期，要及时对全群加药（由于本病传播快，发病急，往往3天就全场传染，发病猪采食量很快下降，推迟加药往往发病猪已经不采食或采食量下降，而达不到加药的效果，并且目前发病猪场继发感染严重，加药不及时会增加猪的死亡率），可采用每吨饲料添加80%乐多丁150克+先锋霉素300克+维生素C 300克，连续使用7～10天。必要时停药3天，再用5～7天。可以很好地控制继发感染，促进感染猪的恢复。个体发病较严重时要进行个体治疗，但要做到尽量减少注射药物次数，必要时尽量注射一些长效抗生素，以减少应激。⑥由于本病对哺乳仔猪侵害特别严重，造成哺乳仔猪死亡率很高，发病场可尝试采用早期断奶，采用酸奶进行饲喂（采用人用酸奶），可以自由饮服，由于酸奶中含有微生物（如乳酸菌等有益菌），对仔猪胃肠道有很好的作用，且有抗应激作用，在现实中使用可以明显降低哺乳仔猪的死亡率。⑦有条件的发病场，可以在做好以上工作的同时结合采用血清疗法，可选用发病后 30 天痊愈猪的血清，对每头仔猪肌内注射 3～5 毫升，大猪按每千克体重 0.1 毫升肌内注射，1 次/天，连用 2～3 天。此疗法有很好的预防和治疗效果。

5. 口蹄疫具有公共卫生意义，人群受到口蹄疫病毒传染，经过潜伏期后突然发病，表现为体温升高，出现水疱（手指尖、手掌、脚趾），口腔干热等症状，同时伴有头痛、恶心、呕吐或腹泻。患者在数天后痊愈，愈后良好。但有时可并发心肌炎。患者对健康人群基本无传染性，但可把病毒传染给牲畜，再度引起畜间口蹄疫流行。因此，猪场及屠宰场工人特别要做好个人卫生防护工作，以防感染。

◆中兽医对猪口蹄疫的辨证施治

中兽医对猪口蹄疫病也是采取就地深埋或焚烧处理的措施。对于疫区或与病畜接触过的牲畜可用以下处方防治。

［附方 1］ 筋骨草 120 克、蒲公英 120 克、黄花稔 120 克、一点红 120 克，鲜草煎药汤灌服。

［附方 2］ 荆防败毒散加减：荆芥 45 克、防风 60 克、黄连 30 克、银花 60 克、土茯苓 90 克、赤芍 45 克、生地 60 克、黄芪 30 克、当归 30 克、独活 45 克、木通 30 克、甘草 30 克，水煎服。

六 猪流行性感冒

猪流行性感冒（Swine influenza）又称猪流感是由 A 型流感病毒（SIV）引起猪的一种急性、高度接触性传染性的群发呼吸道疾病。其特征为突发、咳嗽、呼吸困难、高热、衰竭、迅速康复或死亡。迄今猪流感已遍及世界各地，我国大部分地区的血清学调查结果显示，猪流感病毒在我国猪群中的感染十分普遍，且时有暴发。

病　原

猪流感病毒（SIV）属正黏病毒科的 A 型流感病毒。病毒粒子多呈球形，直径为 80～120 纳米。病毒初分离时呈长短不一的丝状，传代后会变为球形。病毒有囊膜。囊膜表面上突出的糖蛋白，通常称为纤突，是主要的表面抗原，由血凝素（HA）和神经氨酸酶（NA）组成。血凝素中含有中和抗体所作用的主要表位，并与病毒吸附红细胞的功能有关，还可以诱导病毒囊膜与细胞膜的融合。神经氨酸酶则有助于新的病毒粒子从细胞中释放出来。通过病毒粒子表面的 HA 抗原和 NA 抗原的不同可区分流感病毒的亚型。A 型流感病毒的血清亚型多，目前已有 15 种不同的血凝素抗原（H1～H15）和 9 种不同的神经氨酸酶抗原（N1～N9）。猪群中广泛流行的血清亚型主要有古典型猪 H1N1、类禽型 H1N1、类人型 H3N2。此外，还存在 H1N2、H4N6、H1N7、H3N6。近年来，有猪感染禽流感病毒 H9N2、H5N1 的报道。

猪流感病毒能凝集多种动物及人的红细胞。病毒对干燥和低温有抵抗力，冻存或－70 ℃可保存很长时间。60℃ 20min 即可灭活。病毒对环境抵抗力不强，一般的消毒药都能将其杀死。

流行特点

A 型流感病毒可自然感染猪、禽、人等，常突然发生，迅速传播，呈流行性或大流行性。猪在“禽—猪—人”的种间传播链中，充当着禽、人、猪流感病毒重组和复制的“混合器”作用，也是流感病毒的中间宿主及多重宿主。本病多发于寒冷季节，以深秋、冬、早春为主。猪流感可经下列途径传播：携带病原的人，携带病原的猪，鸟类，尤其是水禽，是流感病毒的保毒宿主，在继发细菌感染、温度波动、应激、垫料或地板潮湿等诱因下，经空气飞沫传播病毒。病毒通过飞沫经呼吸道传播，传播较迅速，2～3天内可波及全群。发病猪群的病程、病情及严重程度与猪流感病毒毒株、猪的年龄与免疫状态、环境因素、继发或并发感染有关。发病率几乎达100%，死亡率低于1%，但猪流感病毒感染常引起呼吸道疾病的继发感染。常见混合感染的病原体有PRRSV、猪呼吸道冠状病毒（PRCV）、胸膜肺炎放线杆菌（APP）、支气管败血波氏杆菌、多杀性巴氏杆菌、副猪嗜血杆菌、猪肺炎支原体、猪链球菌等。猪流感病毒有助于细菌定植，现已证明先感染流感病毒的猪对继发的细菌刺激有协同的应答作用。若有继发或并发感染，则猪群病情复杂化。

临床症状

潜伏期短，突然发病，传播快。病猪体温突然升高至40.3～41.5℃，皮温分布不均，耳尖发热、耳根发冷，咳嗽、呼吸急促，出现结膜炎、眼睑水肿，鼻流黏性分泌物，肌肉和关节疼痛（图6-1，图6-2）。不继发感染，6～7天就恢复，母猪配种后第一个情期内感染流感病毒，此时如果胚胎还没有着床，会造成21天返情；如果胚胎已经在交配后14～16天着床，就会造成妊娠中断，出现延迟的返情。如果母猪在妊娠期前5周感染病毒，会造成胚胎死亡与吸收，母猪会表现为假怀孕或产仔数减少。此后整个妊娠期母猪感染病毒都可能造成流产或分娩时产出木乃伊胎。该病对公猪也会产生影响。病毒感染会造成公猪体温升高，精子质量下降，受精率持续降低4～5周。

在大型猪群中猪流感可演变为地方性疾病，不时造成繁殖方面问题。

病理变化

主要在呼吸器官。黏膜充血、出血，表面有大量泡沫状黏液（图6-3）。肺实变区与正常区域界限分明，紫红色似鲜牛肉样（图6-4，图6-5），坚实，病变常局限于尖叶、心叶、中间叶，一些肺叶间质明显水肿，呼吸道内充满血色、纤维蛋白性渗出物。相连的支气管和纵隔淋巴结肿大。胃、肠有卡他性炎症。组织学病变特点是肺脏上皮坏死和支气管上皮细胞层脱落。

防治方法

因A型流感病毒亚型很多，且相互之间无交叉免疫力，故疫苗往往不能起作用。因此，应采取综合防控措施。

1. 加强护理　猪舍做好避风、保暖工作和提供清洁、干燥、无尘埃的垫草。在发病期内，尽可能减少应激反应。供应充足、新鲜、洁净的饮水。必要时每吨饲料中添加维生素C 300～400克，促进病猪恢复体况。

2. 防止继发感染　每吨饲料中添加20%泰美妙1 000克+强力霉素200克或80%乐多丁125克+氟苯尼考50克，连续使用5～7天，可明显减少猪流感造成的继发感染的损失。

◆中西兽医结合治疗猪流感

中兽医对猪流感的辨证以风热型进行辨证，认为猪流感为疫毒感染，其中风邪为致病的主要因素，风为六淫之首，风邪为百病之长，最易侵犯肺卫而致病，而且临床上常与其他外邪共同致病。因此猪流感除了风寒、风热之外，还有夹湿、夹暑、夹燥等兼证，若夹有疫疠之气，则全身症状严重，并具有强烈的传染性，而目前多以风热型猪流感为主，治则宜辛凉解表，疏风散热。最适宜的方剂为银翘散，如果早期及时用药多能治愈。

［**附方1**］　金银花、连翘、薄荷、牛蒡子、土茯苓各20克，柴胡、陈皮、菊花、生姜、黄芩各15克，甘草10克，煎药水灌服，治愈率高。

［**附方2**］　黄芪多糖注射液20毫升，配环丙沙星注射液20毫升，混合肌内注射，每天2次。在目前对猪流感还没有特效药物的

情况下，黄芪多糖注射液配环丙沙星注射液为首选药。

［**附方 3**］　采取活蟾蜍的毒液制成团粒或片状装瓶备用。在患猪耳的卡耳穴处用利刀割一块皮下来包埋。体重 20～30 千克的猪用绿豆大 1 粒，体重 20 千克以下酌减，体重 30 千克以上用红豆大 1 粒。埋入后用手按一按即可，1～3 天可痊愈。

［**附方 4**］　生姜 5 克，白酒 100 毫升。切碎生姜，混入酒内 1 次灌服。或大麻、葱白各 50 克，共捣碎加水适量灌服，每天服 1 次，连服 2 天。

［**附方 5**］　银花、连翘、桔梗各 20 克，薄荷、荆芥、豆豉、牛蒡子、淡竹叶各 15 克，甘草 10 克，鲜芋根 50 克，水煎服。

［**附方 6**］　野菊花、银花、蒲公英、板蓝根、三桠苦、防风各 90～150 克，薄荷 30 克，加水 2500 毫升，煎汁与饲料混合喂服。

［**附方 7**］　荆芥、防风、柴胡、生地、黄芩、桔梗各 12 克，白芷、知母各 10 克，水煎服。

［**附方 8**］　辣椒、滑石粉等量混合，每头猪 0.6 克，用纸筒吹入鼻内。

［**附方 9**］　银花、连翘、黄芩、柴胡、牛蒡、陈皮、甘草各 15～25克，水煎喂服。

［**附方 10**］　草决明 90 克，茅草根、防风各 30 克，瞿麦、蒲公英、萹蓄、藿香各 20 克，银花、黄芩各 10 克，绿豆 100 克，取汁拌料喂服。

［**附方 11**］　天胡荽 250 克、积雪草 250 克、耳草 250 克、生薄荷 90 克，舂碎绞汁，与适量二次米泔水和 120 克蜂蜜（或用 30 克食盐）混合灌服。或用天胡荽 250 克、积雪草 180 克、马鞭草 250 克、车前草 250 克、扁柏叶 120 克、生橄榄 20 粒，舂碎后，与二次米泔水和 120 克蜂蜜灌服。用药的同时应配合针灸舌底、山根、血印、丹田、百会、交巢、涌泉、滴水等穴。

［**附方 12**］　半边莲、生葛根、天花粉、苦参、水杨柳、蒲公英、紫苏、荆芥、白药子、白花蛇舌草各 60～120 克。煎水喂服，每天 1 剂，连服 2～3 剂，此方为 80～100 千克体重成年猪的剂量。

［附方 13］ 落地生根 60 克、大黄 60 克、胆草 30 克、栀子 30 克、木通 30 克、泽泻 15 克、石膏 60 克、陈皮 15 克、山楂 15 克、麦芽 15 克、咸橄榄 12 粒，水煎，冲芒硝 120 克灌服，此方为 80～100千克体重成年猪的剂量。

(公共卫生)

猪流感具有重要的公共卫生意义，在其发生和流行期间，要注意人员的防护。

七 猪细小病毒病

猪细小病毒病（PP）可引起猪的繁殖障碍，特征为胎儿感染死亡，母猪通常不表现临床症状。此病的发生主要是由于本病阴性母猪在怀孕期经口鼻感染猪细小病毒（PPV），随后经胎盘感染不能产生免疫力的胚胎。有时也可导致公、母猪的不育。

病　原

猪细小病毒病的病原是猪细小病毒，属于细小病毒科（Parvoviridae）、细小病毒属（Parvovirus）的自主型细小病毒，血清型单一。成熟的猪细小病毒完整病毒粒子外观呈六角形或圆形，具有典型的二十面立体对称结构，无囊膜，衣壳由32个壳粒组成，直径为25～28纳米。本病毒对外界理化因素有很强的抵抗力，对热具有强大抵抗力，56℃处理30分钟不影响其感染性和血凝活性；对脂溶剂（如乙醚、氯仿等）、酸、甲醛蒸汽和紫外线均有一定抵抗力；在0.5%漂白粉或氢氧化钠溶液中5分钟可被杀死。

流行特点

PPV在各地的猪群中广泛存在，不同年龄、性别、品种的猪都可感染。特别是在易感猪群初次感染时，呈急性暴发或散发性流行，造成相当数量的头胎母猪流产、产死胎等繁殖障碍。感染猪（经粪便和分泌物等多种途径排毒）及感染精液是主要传染源。经交配、呼吸道、消化道水平传染和经胎盘垂直传染。鼠类可机械性传播本病。近年的研究还发现，PPV可以与猪圆环病毒混合感染，导致经产母猪PP的发生率升高，以及断奶仔猪多系统衰竭综合征的发生。流行新情况：除引起母猪猪繁殖障碍和仔猪死亡外，还出现多个临床表现型，如仔猪皮炎型、仔猪肠炎性腹泻型及呼吸道型。

临床症状

主要表现为初产母猪产死胎、流产、产弱仔、产木乃伊胎及屡配不孕。非妊娠母猪感染不表现症状而耐过。本病对公猪的受精率和性欲没有明显影响，但精液可长期排毒。母猪在不同孕期感染，临床表现有一定的差异。怀孕早期感染时，胚胎、胎儿死亡。死亡胚胎被母体吸收，母猪有可能再度发情；怀孕 30～40 天感染时，主要表现产木乃伊胎，如早期死亡，产出小的黑色枯萎样木乃伊胎，如晚期死亡，则子宫内有较大木乃伊胎；怀孕 50～60 天感染时，主要产死胎；怀孕 70 天感染时，常出现流产；怀孕 70 天之后感染，母猪多能正常生产，但产出的仔猪带毒，有的甚至终身带毒而成为重要的传染源。母猪可见的唯一症状是在怀孕中期或后期胎儿死亡、胎水被吸收、母猪腹围减小（图 7－1，图 7－2）。

病理变化

眼观病变可见母猪子宫内膜有轻度的炎症反应，胎盘部分钙化，胎儿在子宫内有被溶解的现象（图 7－3）。大多数死胎、死仔和弱仔有皮肤及皮下充血、水肿和体腔积液等（图 7－4）。

诊　断

根据流行病学、临床症状和剖检变化可作出初步诊断，最好以灭菌方式采取流产胎儿或母猪血清送实验室分离鉴定病毒或做血凝抑制试验确诊。要注意与猪布鲁氏菌病、猪衣原体病、猪乙型脑炎、猪伪狂犬病、猪繁殖与呼吸综合征及猪瘟等疾病进行区别诊断。

防治方法

对本病尚无有效的治疗方法，主要是采取综合性防治措施。

1. 坚持自繁自养　如果必须引进种猪，应从未发生过本病的猪场引进。引进种猪后应隔离饲养半个月，经过两次血清学检查，HI 效价在 1∶256 以下或为阴性时，才合群饲养。

2. 在本病流行地区，将猪配种时间推迟到 9 月龄后，因为此时大多数母猪已建立主动免疫。若早于 9 月龄时配种需进行 HI 检查，只有具有高滴度抗体的母猪才能进行配种。

3. 自然感染或人工接种　使初产母猪在配种前获得主动免疫。这种方法只能在本病流行地区进行。方法是将血清学阳性母猪放入后备母猪群中，或将后备母猪赶入血清学阳性的母猪群中，从而使后备母猪受到感染获得主动免疫。

4. 免疫接种　免疫接种猪细小病毒病疫苗，阴性场选灭活苗；阳性场弱毒苗和灭活苗都可选用，剂量参考瓶签说明。弱毒苗注射一次；灭活苗接种 2 次，间隔 2 周。以后每年在相宜胎次配种前加强免疫一次。种公猪每半年免疫接种一次。

◆中兽医对猪细小病毒病的辨证施治

中兽医认为猪细小病毒病属于“疫疠”，范围属于六淫致病因素中的“风、湿、火”夹杂侵袭机体以致邪热内陷营血导致心、肺、脾、肾等多个脏腑机能衰竭的一类以发热为主的猪温热类疫病。中兽医对猪猪细小病毒病的治则为清热燥湿、凉血解毒，可用四黄郁金散加减，或用加味葛根芩连汤。

［**附方 1**］　黄连、栀子、郁金、白头翁、地榆、猪苓、泽泻、白芍，各等量水煎，分 2 次灌服，连续 3 天。

［**附方 2**］　大青叶 20 克、肺风草 20 克、百合 15 克、车前子 12 克、金银花 12 克，水煎服，每天 1 剂，此方适用于 30 千克左右的架子猪，小猪减半，连服 2～3 剂。

八 流行性乙型脑炎

流行性乙型脑炎，又叫日本脑炎，是由流行性乙型脑炎病毒引起的一种以中枢神经系统症状为主要特征的人畜共患性疾病。这是一种严重危害人畜健康的蚊媒传染病。在流行性乙型脑炎的流行中蚊虫是重要的传播媒介。猪是流行性乙型脑炎的危害对象，同时猪也是流行性乙型脑炎病毒最重要的自然增殖动物（扩增器）。在猪中该病毒流行环节是猪-蚊-猪或蚊-猪-蚊。猪发生一次本病后当年可以再发，第二年还可再感染，但症状一次比一次轻，最后成为无症状的隐性感染状态。感染公猪的精液也可作为媒介感染其他猪。目前本病多为隐性感染或呈散发性。流行性乙型脑炎病毒在环境中不稳定，易被消毒剂灭活。

病　原

流行性乙型脑炎的病原为日本脑炎病毒（Japanese encephalitis virus，JEV)，所致疾病在日本称日本乙型脑炎（JBE)。1939 年我国也分离到该病毒，之后改名为流行性乙型脑炎病毒，简称乙脑病毒。病毒呈球状，核酸为单链 RNA，外层具包膜，包膜表面有血凝素，在动物、鸡胚及组织培养细胞中均能增殖。

临床症状

猪舍内蚊子多，叮咬猪体皮肤（图 8－1)。公猪有发热（40 ℃以上)、食欲不振或废绝、睾丸水肿瘀血、附睾变硬、性欲减弱的现象，并通过精液排出病毒。发病公猪的精液中，精子总数和有活力的精子数明显减少，且存在大量异常精子。可见两侧性睾丸或单侧性睾丸大小多为正常的 1.5～2 倍，向后方突出下垂，按压有热感和波动性，以后萎缩变硬、性欲减退，精子活力下降，出现大量畸形精子，丧失配种能力，部分公猪可经 2～3 个月恢复性功能，

但出现睾丸萎缩的一般无法恢复性功能（图 8－2，图 8－3）。妊娠母猪感染后，会发生流产，产死胎、木乃伊胎、畸形胎，或初生活仔猪经几分钟、几小时或几天发生神经症状死亡，不死的患病小猪生长发育良好。个别猪兴奋、乱撞及后肢轻度麻痹，也有后肢关节肿胀而跛行。一般母猪流产后迅速恢复健康，并不影响下一次配种；也有母猪流产后症状加重、胎衣滞留、阴道内流出红褐色或灰褐色黏液的现象。

病理变化

肉眼可见脑和脊髓充血、出血、水肿。睾丸有充血、出血和坏死。子宫内膜充血、水肿、黏膜上覆有黏稠的分泌物。胎盘呈炎性浸润，流产或早产的胎儿常见脑水肿、皮下水肿、血性浸润、胸腔积液、腹水增多（图 8－4，图 8－5）。

诊　断

根据流行特点、特征性临床症状及病理变化可以作出初步诊断。但确诊还必须进行病毒分离和血清学检查（血凝抑制试验、酶联免疫吸附试验、乳胶凝集试验）。在诊断中还要注意做好与猪细小病毒病、猪伪狂犬病及猪布鲁氏菌病的鉴别诊断。

防治方法

1. 做好环境卫生，特别是灭蚊工作。做到清除场内的各种杂草，清理养猪场内外的排水渠道、死水，及时清理养殖场内的粪便和污水，以减少蚊子生长的有利环境。定期用灭蚊药对猪场主要场所进行灭蚊。这是控制流行性乙型脑炎流行的一项重要措施。

2. 做好疫苗注射工作。由于在一个猪场中要完全控制蚊子也是很不实际的，因此，在做好以上工作的同时，必须在蚊季来临前对种猪进行猪流行性乙型脑炎活疫苗免疫。按瓶签说明，加入专用稀释液，待完全溶解后，按 1 头份/头，肌内注射。或者每年 3 月份和 9 月份对种猪各进行免疫一次，按 1 头份/头，肌内注射。对猪场后备母猪、种公猪，可在配种前 20～30 天免疫 2 次，两次间隔为 20 天。

3. 对有治疗价值的发病种猪进行治疗时，以给病猪提供充足的营养、防止病猪出现脑水肿、防止并发症和后遗症为原则。对病猪应密切观察病情，细心护理，这对提高疗效具有重要意义。对于病猪（成年种猪）可采用复方氨基比林注射液10毫升＋先锋霉素3～4克＋地塞米松注射液4毫升，混合肌内注射，1次/天，连用3～5天。出现脑水肿的，应配合脱水药物治疗，可用20%甘露醇（每千克体重1～1.5克），静脉滴注，必要时4～6小时重复使用。由于种猪一般比较凶猛，特别是公猪，前期可以通过静脉注射或肌内注射给药，到后期注射较困难时，可改用口服给药，可用复方新诺明片0.5克（8～10片）＋复合维生维B片（10片）＋三磷酸腺苷片剂20毫克（5片）＋雅士勇（ASCOREQUIL）20毫升混合拌料，口服，2次/天，连用5～7天。雅士勇20毫升连用20～30天，可以使患病公猪较快恢复。公猪在发病期间，要停止配种。

◆中兽医对流行性乙型脑炎的辨证施治

中兽医认为猪流行性乙型脑炎为疫毒火热入侵阳明，热在气分，热毒炽盛，逆传心包，下至肾脏，命门之火受损，影响胎元，导致流产或死胎等综合征。治则宜清热泻火、凉血解毒。比较适宜的方剂为白虎汤、清瘟败毒饮和银翘散等，常用的药物有大青叶、板蓝根、黄芩、金银花、连翘、石膏、知母、玄参和淡竹叶等。

［**附方1**］（清心护脑散）黄连15克，玄参15克，板蓝根20克，菊花20克，银花20克，天麻10克，白芷5克，天竺黄10克，贝母10克，牛蒡子15克，麦冬10克，栀子10克，石膏20克，甘草8克，水煎服。

［**附方2**］生石膏120克，元明粉6克，黄芩12克，黑山栀9克，紫草9克，鲜生地60克，黄连3克，板蓝根120克，大青叶60克，生地30克，连翘30克，水煎灌服。大猪60～100毫升，小猪减半。

［**附方3**］大青叶30克，生石膏120克，芒硝60克（冲），黄芩12克，栀子、牡丹皮、紫草各10克，鲜生地60克，黄连3克，加水煎至60～100毫升，候温1次灌服（50千克体重以下的猪减半），每天1剂，连服3～5剂即愈。

［**附方 4**］ 生地 60 克、天竺黄 60 克、郁金 30 克、黄连 45 克、大黄 120 克、栀子 30 克、茯神 45 克、远志 30 克、防风 30 克、柏子仁 90 克、酸枣仁 90 克，煎水服，每天 1 剂，连用 3 天。此方为 80～100 千克体重猪一天用量。

［**附方 5**］ 山甘草 20 克，知母（酒炒）25 克，黄柏（酒炒）25 克，黄芩（酒炒）12 克，黄连（酒炒）8 克，大黄（酒炒）10 克，栀子（酒炒）10 克，苍术 15 克，木香 8 克，香附 12 克，银花 30 克，连翘 15 克，生石膏（捣细）60 克，重楼 10 克，鸡内金 8 克，贯仲 15 克，菖蒲 12 克，远志 8 克，甘草 8 克，万氏牛黄清心丸 2 粒（另烹），每天 1 剂，煎水灌服，连服 3 天。此方为 80～100 千克体重猪一天剂量。

［**附方 6**］ 鲜芦根 60～90 克，生石膏 30～60 克煎水喂服，或代替饮水，连服 2～3 次即愈。此方为 80～100 千克体重猪一天剂量。

公共卫生

由于猪流行性乙型脑炎是人畜共患的传染病，因此，在处理猪流行性乙型脑炎时，相关人员一旦出现症状应及时就医。对病猪污染的猪舍、污染物等要彻底消毒。对无治疗价值的病死猪按规定进行无害化处理。

九 猪传染性胃肠炎

猪传染性胃肠炎是由猪传染性胃肠炎病毒引起猪的一种急性传染病，以各种年龄的猪消化道感染为特征，其中以仔猪的症状最为严重。

病 原

猪传染性胃肠炎病毒（TGEV）属于冠状病毒科冠状病毒属。

流行特点

病猪和带毒猪是本病主要传染源。病毒可经口、鼻、呼吸道传播。各种年龄的猪都可感染。10 日龄以下的哺乳仔猪发病率和死亡率最高。随着日龄的增长，病死率下降。一年四季都可发生，但以深秋、冬季和早春发病最多。

临床症状

乳猪先发生呕吐，频繁水样腹泻，粪便为黄绿色或灰色，有时呈白色，夹有未消化凝乳块，恶臭（图 9－1，图 9－2，图 9－3，图 9－4，图 9－5）。病猪迅速脱水、消瘦、严重口渴，四肢无力，痊愈仔猪发育不良（图 9－6，图 9－7，图 9－8，图 9－9，图 9－10）。架子猪、肥育猪症状轻重不一，一至数日减食拒食，个别猪有呕吐、水样腹泻呈喷射状（图 9－11，图 9－12，图 9－13）。哺乳母猪泌乳减少或停止，有呕吐和腹泻，种公猪采食量下降，腹泻，配种能力下降，病死率低（图 9－14，图 9－15）。

病理变化

死亡的多是 10 日龄内乳猪，尸体消瘦、脱水。肠内充满白色或黄绿色液体。肠壁菲薄而缺乏弹性，肠管扩张呈半透明状，肠系膜充血，淋巴结肿胀（图 9－16，图 9－17，图 9－18）。胃内充满凝乳块，胃底黏膜充血、出血（图 9－19，图 9－20，图 9－21，图

9－22，图 9－23，图 9－24）。将空肠纵向剪开，用生理盐水将肠内容物冲洗干净，放在玻璃平皿内铺平，加入少量生理盐水，在低倍显微镜或放大镜下观察，可见到空肠绒毛萎缩、变短（绒毛长度与腺窝深度之比从正常的 7∶1 下降到 1∶1）。

诊　断

根据流行病学、临床症状和病理变化进行综合判定，可以作出初步诊断。确诊必须进行病毒分离和鉴定、荧光抗体法检查病毒抗原等。要注意与轮状病毒病及仔猪黄痢进行鉴别诊断。

防治方法

对本病尚无特效治疗方法，主要采取保健和免疫预防措施。母猪产前 20 天及 40 天肌内注射和鼻内各接种本病华株弱毒苗 1 毫升；对未免疫接种母猪所产新生仔猪立即口服 1 毫升弱毒苗，隔 1～2小时喂奶。本病灭活苗或二联苗（猪流行性腹泻和传染性胃肠炎二联油剂灭活苗）按说明书使用。结合抗菌、止泻、保温和补液等方法进行对症治疗并防止并发症发生。另外，发病猪场应做好病猪的隔离工作，加强对猪舍、用具等的消毒。

仔猪在出生后 5 天内处理不及时发病，死亡率可达 100%。发病时期哺乳仔猪：出生第 1 天采用卵黄抗体 0.5g/头，1 次/天灌服，连用 2～3 天。发病仔猪：卵黄抗体 0.5g/头，6 小时一次，正露丸 1 粒/头，2 次/天。口服补液盐 10～20 毫升，严重时每 3～4 小时一次，或自由饮用。阿米卡星 1 毫升，维生素 B_1 注射液、胎盘注射液各 0.5 毫升，1 次/天，连用 3 天。母猪：采用葡萄糖 500 毫升＋头孢拉定 3 克、氯化钠 500 毫升＋维生素 B_1 20 毫升＋维生素 C20 毫升，静脉注射，1 次/天，连用 2～3 天。采用此法处理可以明显减少哺乳仔猪死亡率。

◆中兽医对猪传染性胃肠炎的辨证施治

中兽医认为猪传染性胃肠炎是由于湿热疫毒内侵，湿热相搏，里结胃肠，脾阳不振，水湿运化失司，如命门火衰，不能蒸化水湿，水湿下注成泄痢。治则以清热解毒、涩肠止泻为主。若泻粪如水、鼻寒耳冷的寒泄，可选用五苓散加干姜、小茴香治疗；若泻粪糊状、黏腻腥臭、口色红燥，可选用白头翁汤或郁金散加减治疗。

中兽医对猪传染性胃肠炎病毒活性的研究：

［**附方 1**］ 中药板蓝根、败酱草、鱼腥草等复方制剂的作用结果 在复方制剂中，鱼腥草＋败酱草为最佳组合，有明显抗 TGEV 效果，优于板蓝根＋鱼腥草、板蓝根＋败酱草和板蓝根＋鱼腥草＋败酱草，也优于单剂板蓝根、鱼腥草和败酱草。

［**附方 2**］ 单味中药白头翁对猪传染性胃肠炎病毒的作用结果 据庄金秋、刘吉山报道，10 日龄以内仔猪，用单味中药白头翁 50 克煎汤，加适量糖拌入少量饲料喂母猪（待母猪吃完药料，再喂其他饲料），让仔猪从乳汁中获得药物成分，有一定的疗效。

［**附方 3**］ 其他中草药对猪传染性胃肠炎病毒的防治结果 李光灵用藿香正气水结合盐酸山莨菪碱治疗。郑宗赞等用健胃消炎液（藿香、扁豆、黄芩、银花、生姜、白术、凤尾草、甘草水煎）灌服。范绪和用三黄加白汤（黄连、黄芩、黄柏、白头翁、枳壳、猪苓、泽泻、连翘、木香、甘草）治疗 TGE。都具有较好的治疗效果。

［**附方 4**］ 交巢穴注射黄连素注射液，或交巢穴注射穿心莲注射液，每次 10～20 毫升，每天 2 次，连续 2 天。

［**附方 5**］ 马齿苋 6 克、黄芩 3 克、黄连 4 克、芍药 6 克、大黄 3 克、当归 3 克、木香 3 克、肉桂 3 克、槟榔 2 克、秦皮 3 克、甘草 1 克，水煎喂服，此方为 10～15 千克仔猪一天用量。

［**附方 6**］ 泽泻 20 克，葛根 30 克，黄芩 30 克，黄连 30 克，扁豆 30 克，厚朴 20 克，木香 20 克，白芍 20 克，车前子 20 克，滑石粉 20 克，焦山楂 30 克，乌梅 30 克，甘草 20 克。共研细末，开水冲调成糊状，分 3 次灌服，2 次/天。

［**附方 7**］ 苍术 10 克，茯苓 8 克，肉桂 7 克，干姜 8 克，厚朴 7 克，木香 7 克，砂仁 7 克，半夏 7 克，猪苓 7 克，泽泻 7 克，陈皮 8 克，甘草 8 克，生姜 8 克，大枣 10 枚。上药研末，开水冲调，温后灌服，每天 1 剂，连用 3 剂。

十 猪流行性腹泻

猪流行性腹泻是由猪流行性腹泻病毒（PEDV）引起的一种高度接触性疾病。猪不分年龄大小均可感染发病。

病　原

猪流行腹泻病毒属于冠状病毒科冠状病毒属。本病毒对乙醚、氯仿敏感。病毒粒子呈现多形性，倾向圆形，外有囊膜。从患病仔猪的肠液中浓缩和纯化的病毒不能凝集家兔、小鼠、猪、豚鼠、绵羊、牛、马、雏鸡和人的红细胞。

流行特点

病猪和病愈带毒猪通过粪便和鼻液排毒，经消化道和呼吸道传染。病猪痊愈获得的免疫主要是细胞免疫，它对病毒的持续存在影响时间不长，所以痊愈动物可以再次感染。

本病多发生在晚秋、冬季和早春季节，应激因素特别是寒冷、潮湿、不良的卫生条件、饲喂非全价饲料等，对疾病的严重程度和病死率均有较大影响。大小猪对本病都易感，但年龄越小，发病率及病死率越高。本病新传入猪群后传播迅速，数天内可传染全群，经 4～5 周而自然平息。

临床症状

本病的临床症状与典型的传染性胃肠炎非常相似，大猪和小猪均发生急性腹泻，粪便稀薄呈水样，淡黄绿色或灰色。病猪表现呕吐、水泻，肛门周围皮肤发红。1 周龄内仔猪腹泻 2～4 天，常脱水、衰竭而死。断奶仔猪、肥育猪、成年猪发病主要表现精神委顿、厌食、呕吐，经 4～7 天逐渐康复。

病理变化

主要在小肠，特别是空肠，胃一般很空或充满着胆汁样液体。

显微病变可见小肠绒毛与隐窝之比从正常的 7∶1 降低至 3∶1，上皮脱落和绒毛萎缩，脱离的上皮细胞刷状缘消失。

诊　断

一般根据流行病学、临床症状和病理变化只能作出初步诊断。该病与传染性胃肠炎有很多相似处，应根据实验室检查进一步确诊。

防治方法

加强保健与卫生措施，与传染性胃肠炎处理方法相同。

◆中兽医对猪流行性腹泻的辨证施治

中兽医将猪流行性腹泻归纳为肠黄，对湿热性泄泻进行辨证施治，治则以清热解毒、涩肠止泻为主。采用郁金散加减，往往能够起到很好的治疗作用。方剂组成为郁金、诃子、黄芩、大黄、黄连、栀子、白芍和黄柏。如果是在肠黄初期，内有积滞，应重用大黄，加芒硝、枳壳、厚朴，少用或不用诃子、白芍，以防留邪于内；如果热毒盛，应加金银花、连翘；腹痛者加乳香、没药；泄泻不止者，则可重用诃子、白芍，加乌梅、石榴皮，少用或者不用大黄。在应用本方时，如果与白头翁汤同用，效果更显著。据报道，在江苏无锡采用以下方剂也取得很好疗效，明矾 10 克、青黛 10 克、石膏 10 克、五倍子 5 克、滑石粉 5 克，研为末，饮水或拌料服用，用量为每千克体重 0.8 克。

［**附方 1**］　七味白术散：焦白术、党参、茯苓各 30 克，炙甘草 20 克，煨木香、炮姜、藿香 25 克，一剂早晚两煎药，取汁加白糖 200 克，成年猪混于饲料中喂食，每天 1 剂，仔猪减半。

［**附方 2**］　仔猪流行性腹泻：干姜、高良姜各 5 克，小茴香、桂皮各 3.5 克，苍术、茯苓各 4 克，煎水服，每天 1 剂，连服 2～3 剂，此方为 20 千克体重猪的一次量。

［**附方 3**］　铁苋菜 20 克，旱莲草 10 克，龙芽草 10 克，紫珠草 50 克，海金砂 10 克，白茅根 10 克，甘草 10 克，水煎后分两次灌服。

［**附方 4**］　党参 30 克，白术 25 克，茯苓 30 克，砂仁 15 克，

木香15克，槟榔15克，川朴20克，诃子20克，吴茱萸15克，神曲30克，泽泻30克，陈皮20克，枳壳30克，水煎服。

［**附方5**］（仔猪流行性腹泻） 党参45克、白术45克、茯苓45克、炙甘草45克、山药45克、白扁豆60克、莲子肉30克、桔梗30克、薏苡仁30克、砂仁30克共为末，开水冲调，候温灌服，或水煎服。

［**附方6**］ 大蒜100克、黄连20克、黄芪50克、黄柏20克、生姜100克、扁豆50克、甘草30克，上药共研为极细末。使用5%葡萄糖氯化钠注射液500毫升加入乙醇100毫升（连药液共600毫升），再将上药末放入合浸15天即可，按每千克体重一次内服1～2毫升。

［**附方7**］ 党参100克，白术80克，茯苓80克，黄芪80克，炒山药50克，炒扁豆50克，煨豆蔻50克，煨葛根50克，煨木香50克，藿香50克，炮姜50克，泽泻30克，苏叶30克，乌梅30克，花粉30克，炙甘草30克，上药混合，一剂两煎（早晚各一次），取汁一半加黑糖300克，拌精料供仔猪自食；煎汁一半（最后带药渣）供母猪食用，每天1剂。

［**附方8**］ 泽泻80克、党参60克、黄芪60克、茯苓40克、白术30克、炒薏米40克、桔梗20克、山药30克、莲肉30克、砂仁40克、炒扁豆30克、陈皮20克、升麻30克、牵牛35克、甘草15克，共为细末，拌料饲喂，每天1次，经产母猪和种公猪100克，哺乳母猪150克（代仔服用），30千克及40千克育肥猪分别为50克和60克。仔猪每头用量10～15克，加水60毫升，奶粉适量，煮沸5分钟，倒入护仔栏补饲槽内，自由饮用，对个别严重仔猪每天分2～3次灌服药末及奶粉煎剂60毫升，连续用药5天。

十一 猪轮状病毒感染

轮状病毒感染主要是多种年龄动物的一种病毒性腹泻，以精神委顿、厌食、呕吐、腹泻、脱水、体重减轻为特征。

病　原

轮状病毒（PRV）属呼肠孤病毒科轮状病毒属，是引起幼龄仔猪病毒性腹泻的主要病源之一。轮状病毒也是人畜共患腹泻的重要病原之一。在我国，庞其方等于1979年首次从儿童腹泻粪便中检测出轮状病毒。后来我国兽医工作者又先后在仔猪、犊牛粪便中检测出轮状病毒。

流行特点

轮状病毒病可以从一种动物传染另一种动物。感染轮状病毒的人、畜都是重要的传染源。病毒随粪便排到外界环境，污染环境、饲料、饮水等经消化道传染。病畜痊愈获得的免疫主要是细胞免疫，并对病毒的持续存在影响时间不长，因此，即使动物痊愈也可以再次感染。大小猪都可感染，但发病的多是8周龄内的仔猪，日龄越小，发病率越高。本病多发生在晚秋、冬季和早春季节。应激因素特别是寒冷潮湿、不良的卫生条件、饲喂非全价饲料和其他疾病袭击，对疾病的病情和病死率都有很大影响。

临床症状

各种年龄和性别的猪都可感染。在新疫区10日龄内仔猪腹泻，脱水严重，病死率高。在病区大多数成年猪感染耐过而获得免疫力，所以发病的多为60日龄以内的仔猪。病初精神委顿、食欲减退，常有呕吐。而后迅速发生腹泻，粪便为黄色或白色、水样或乳油样，有不等量絮状物。症状的轻重取决于发病日龄和环境条件，特别是环境温度下降和继发大肠杆菌病，常使症状严重和死亡率升

高。肥育猪和成年猪呈隐性感染，无明显症状。

病理变化

胃弛缓，充满凝乳块及乳汁。肠管变薄，内容物灰黄或灰黑色，呈水样，小肠绒毛缩短变平，肠系膜淋巴结水肿，胆囊肿大。

诊　断

根据流行特点、临床症状、病理变化作出初步诊断，结合采集小肠及其内容肠进行实验室检查，作出确诊。

防治方法

猪轮状病毒感染尚无特异性治疗药物。一般性辅助疗法、加强饲养管理和使用抗生素可使本病和继发性细菌感染引起的病死率降到较低程度。

用葡萄糖甘氨酸溶液（葡萄糖 22.5 克、氯化钠 4.74 克、甘氨酸 3.44 克、柠檬酸 0.27 克、枸橼酸钾 0.04 克和无水磷酸钾 2.27 克溶于 1 升水中即可）或葡萄糖盐水给病猪自由饮用。

在疫区，用猪轮状病毒疫苗或其与猪传染性胃肠类或猪流行性腹泻的二联苗于母猪产前 6 周和 2 周各免疫注射一次，按说明书使用。使其所产的仔猪获得被动免疫。

◆中兽医对猪轮状病毒感染的辨证施治

中兽医将猪轮状病毒感染归为湿热性肠黄泄泻进行辨证施治，治则以清热燥湿、泻火解毒、涩肠止泻为主。采用中药方剂地榆槐花汤加减进行治疗。方剂组成为地榆、槐花、乌梅、诃子、泽泻、黄芩、金银花、连翘等。在应用本方时，大多数都与白头翁汤、郁金散加减同用，效果更好。

［**附方 1**］　地榆 30 克，槐花 30 克，乌梅 30 克，诃子 30 克，猪苓 30 克，泽泻 30 克，苍术 30 克，银花 30 克，连翘 30 克，甘草 15 克，水煎日服一剂，连服 3 剂。

［**附方 2**］　麦冬 40 克，黄芩 50 克，诃子 30 克，槐米 80 克，地榆 60 克，生地 80 克，知母 30 克，黄连 30 克，侧柏 30 克，蒺藜 30 克，泽泻 30 克，甘草 30 克，水煎灌服。

［**附方 3**］　复方三黄白头汤：黄芩 40 克，黄连 40 克，黄柏 20

克，白头翁 40 克，银花 40 克，六一散 80 克，马齿苋 40 克，木香 20 克，白芍 30 克，扁豆 40 克，水煎灌服。

［**附方 4**］　党参 50 克，生地 50 克，黄芩 20 克，大黄 30 克，茅根 30 克，大蓟 15 克，茜草 20 克，地榆 20 克，生甘草 10 克，水煎服，连 2～3 剂。

［**附方 5**］　仙鹤草 300 克，鱼腥草 300 克，海金沙 300 克，旱莲草 300 克，车前草 300 克，金樱子根 300 克，算盘子根 300 克，侧柏叶 400 克，水煎服，每天 1 剂，3 剂为一疗程，轻者一疗程，重者两个疗程，预防量减半，7 天为一疗程。

［**附方 6**］　鱼腥草、龙芽草、凤尾草、车前草、海金砂、旱莲草、马齿苋、铁苋菜、马兰等青草药，任采 5～6 种，每种约 250 克，水煎内服。

［**附方 7**］　山药 60 克，白术 60 克，炒扁豆 60 克，茯苓 40 克，陈皮 60 克，泽泻 40 克，车前子 40 克，黄芩 60 克，白头翁 60 克，银花 60 克，甘草 20 克，水煎服。

十二 猪呼吸道综合征

猪呼吸道综合征（PRDC）是猪的一种由猪场环境应激因素和多种病原（病毒、细菌、寄生虫）综合作用所致的呼吸道病总称。猪肺炎支原体和猪繁殖与呼吸综合征是本病的元凶。

流行特点

1. 常见的病毒 猪繁殖与呼吸综合征病毒（PRRSV）、猪伪狂犬病病毒（PRV）、猪流感病毒（SIV）、猪呼吸道冠状病毒（PRCV）、猪Ⅱ型圆环病毒（PCV2）、温和性猪瘟病毒（MHCV）、猪巨细胞病毒（PCMV）。

2. 伴随性病因 猪肺炎支原体（MH）、猪胸膜肺炎放线杆菌（APP）、多杀性巴氏杆菌（PM）、副猪嗜血杆菌（HP）、支气管败血波氏杆菌（BB）、猪链球菌（SS）［特别是猪 2 型链球菌（SS2）］、猪霍乱沙门氏菌（SC）、化脓棒状杆菌（CP）。

3. 寄生虫及其他 附红细胞体（SE）、弓形虫（TG）、猪蛔虫（AS）、猪肺线虫、猪衣原体等。

4. 非感染性因素

（1）环境因素 保温区及外部环境的温度（防寒保暖与防暑降温），防潮湿程度，有否防贼风，空气质量不良。

（2）管理因素 不同来源猪群（包括不同群体、不同免疫水平猪群）混养，不适当猪群流动，不一致的断奶日龄，不实行全进全出制度，猪群密度过高，应激因素等。

（3）日粮因素 营养缺乏使猪抵抗力降低，导致 PRDC 的发生。日粮污染霉菌（尤其是黄曲霉菌产生黄曲霉毒素时）可降低猪抵抗力和引起免疫抑制。添加低品质脂肪或过量使用硫酸铜会消耗维生素 E 或维生素 A。

总之，本病是由 2～4 种病毒＋2～4 种细菌＋0～2 种寄生虫等多种病原体在环境应激因素诱发下，协同作用引起的混合性呼吸道感染。各地猪场猪群发生和流行的 PRDC，其病原不尽相同，绝大多数都是由 MH 和 PRRSV 引发，其他的原发病原和继发病原则视当地与疫场猪群所存在或携带的病毒、细菌和寄生虫的实际情况而定。各种品种和大小的猪都可感染发病，但多发生于 5～20 周龄的保育和生长猪，特别易发于 13～20 周龄的生长猪。

临床症状

1. 发热 病原菌等产生毒素、致热原，刺激丘脑下部体温调节中枢，使体温升高。如链球菌病、猪肺疫、胸膜肺炎、猪流感和沙门氏菌病，体温可达 42 ℃以上，而慢性萎缩性鼻炎、单纯的喘气病和肺线虫病时通常为低热。

2. 发绀 肺是呼吸道传染性疾病的病原攻击的主要靶组织，通常会引起肺炎，导致呼吸困难，肺与外界的气体交换功能降低，引起组织缺氧，末梢循环衰竭，耳尖、腹部皮下发紫、发乌、坏死等变化（图 12－1，图 12－2，图 12－3）。若内毒素引起休克，会加重上述症状。

3. 呼吸道症状 全群发病，精神沉郁，扎堆，呼吸困难，咳嗽或气喘，鼻孔常流黏性、脓性分泌物（图 12－4，图 12－5）。气促为支气管炎和肺炎的固有症状。

4. 生长受阻 食欲降低，生长发育受阻。

5. 母猪繁殖功能障碍 由于病原在体内大量繁殖，产生毒素，破坏了正常组织细胞，进而导致激素失调，大量释放进入血液，作用于卵巢黄体，使之萎缩，导致流产、早产、死产及返情率高等症状。

由于本病是多种传染性病原引起的呼吸道病混合感染，除呼吸道症状外，视所感染的原发和继发病原特征而定，有的可能还可见其他相关症状，如精神委顿、眼鼻分泌物增多、结膜炎、消瘦、腹泻、皮肤苍白等。

病理变化

剖检病死猪可见弥漫性间质性肺炎，多数病猪肺出血，肺呈橡皮样和花斑样病变。个别的肺有化脓灶，表面有纤维素性坏死。淋巴结广泛肿大、充血、出血。有的胸腹腔有纤维蛋白渗出，导致粘连。有些肺部病变与喘气病的胰样病变相似。少数病例可见肝肿大、出血，肾、膀胱、喉头有出血点。常出现心包炎、胸膜肺炎、肝周炎、腹膜炎、关节炎等症状。由于多为混合感染，病变表现错综复杂（图 12－6，图 12－7，图 12－8，图 12－9，图 12－10，图 12－11，图 12－12，图 12－13，图 12－14，图 12－15，图 12－16）。

诊　　断

根据流行病学、临床症状、病理变化等可作出初步诊断，确诊必须结合实验室诊断，采血做血清学检查，必要时采取病死猪气管、肺等组织，进行病原的分离鉴定（包括 PCR 检查）。要注意与猪呼吸道的正常定植微生物进行区分，且本病是由多因素引起，要分清主次先后。

防治方法

猪场应注意环境管理，保证猪群的合理密度、湿度、光照和适宜通风，舍内空气中有害气体不超标。严格执行猪群转群或上市全出后的清粪、冲洗、消毒三次和空气消毒程序。

对主要病原引起疫情的防控作重点介绍：

1. 母猪、公猪　主要疫苗有猪繁殖与呼吸综合征疫苗、猪瘟疫苗、伪狂犬病疫苗、细小病毒病疫苗，各场根据实际情况再选择其他病毒性、细菌性疫苗。

（1）猪繁殖与呼吸综合征　疫情总体还处在一个不稳定时期，建议各养殖场安排猪繁殖与呼吸综合征疫苗的注射，原则上是对阳性率高、对处在不稳定期的猪群（猪仅表现临床症状）建议注射弱毒苗，而猪场相对正常的建议注射灭活苗。

（2）伪狂犬病　有的猪场伪狂犬病发病情况严重，猪群阳性率高、发病率也相对较高。建议注射伪狂犬病弱毒苗（基因缺失苗为主），可以每3～4个月全场公猪、母猪安排一次免疫或母猪产前1个月左右安排免疫。

（3）猪瘟　笔者在临床实践中发现猪瘟，特别是非典型性（慢性）猪瘟发生率有上升趋势。笔者认为主要与目前免疫病抑制性疾病如（PRRS、PCV2感染等）发病率高、猪场的免疫程序不合理、免疫剂量不足有关。因此，建议采用合理的免疫程序。

（4）细小病毒病　此病目前已证实与圆环病毒病有很强的协同作用，因此，必须把细小病毒病的疫苗免疫纳入正常的免疫程序。

2. 仔猪

（1）右对于受猪瘟威胁较大的猪场，建议哺乳仔猪作超前免疫。即在初生后立即接种猪瘟疫苗，1～1.5小时后再吃足初乳。

（2）对于猪场伪狂犬病发病严重的，建议在1～3日龄用弱毒（基因缺失）苗1头份进行滴鼻免疫。在60～70日龄加强免疫一次。

（3）3日龄注射牲血素1毫升。

（4）采用“三针”计划，即用得米先或头孢噻呋钠在3、7、21日龄各注射一针，剂量分别为0.5毫升、0.5毫升、0.8～1毫升。加强此计划可以保证仔猪在哺乳阶段免受大部分细菌性疾病的侵害。

（5）根据本场实际情况，有条件的可选择二联或三联疫苗进行免疫。使用多联苗可以减少由于多次注射疫苗造成的应激反应。

（6）在断奶、并栏、转群前后7天：100kg水中添加阿莫西林20克＋葡萄糖500～1000克或口服补液盐＋水溶性电解多维50克。结合用氟特欣300克＋先锋霉素200克＋霉菌吸附剂1～2千克＋多维200克，或20％泰美妙1千克＋多维200克＋霉菌吸附剂1～2千克，或80％乐多丁125克＋阿莫西林150克＋强力霉素150克＋多维200克＋霉菌吸附剂1～2千克，拌料1000千克，连续饲喂10～15天。值得注意的是，在选择抗生素治疗和预防之前，必须搞清楚本养殖场的感染类型、药物的敏感性、给药途径及药物的合理配伍（前两项可借助实验室诊断，以便更好地提出针对性的用药方案）。

（7）适当提高仔猪饲料的营养水平，添加2%血浆蛋白，增加氨基酸、维生素、矿物质等营养物质。

（8）对于发病严重的养殖场还可选用部分免疫增强剂如黄芪多糖粉，每吨饲料400克。

（9）对于仔猪损失超过20%的养殖场，在做好以上措施的同时，可以考虑采集发病严重病猪的病料制作自家组织灭活苗进行免疫注射，可以很好地控制疫情。

（10）加强饲养管理（采用全进全出等措施）、保温（特别是7日龄内和断奶后一周）、通风、消毒工作，尽量减少应激，适当淘汰病重猪，做好一般病猪的隔离和治疗。

3. 中猪、大猪

（1）定期每吨饲料添加80%乐多丁125克+15%金霉素2千克等药物，采用“脉冲式”给药方法进行饲喂。

（2）减少并栏、转栏次数，尽量减少应激。

（3）加强饲养管理，降低饲养密度，做好防寒防暑工作。

（4）做好消毒工作，最好用刺激性不强的消毒剂（因为病原已对猪呼吸道黏膜造成破坏，加上猪吸入刺激性太强的消毒药，病情更重）。

总之，呼吸道疾病大都是以混合感染为主，病毒之间、病毒与细菌之间等混合或协同感染造成临床症状和病理剖检变化错综复杂。但就目前来说，还是以圆环病毒感染、猪繁殖与呼吸综合征、伪狂犬病、猪瘟为主的混合感染居多。因此，在有条件的养殖场要尽量做到早确诊，定期进行血清学检验。同时，采用综合措施进行处理。

◆中兽医对猪呼吸道综合征的辨证施治

中兽医对猪呼吸道综合征的辨证施治以肺经辨证为主，认为猪呼吸道综合征为疫毒混合感染，病变表现为错综复杂。其中发热、气喘和呼吸困难是本病的主要症状。疫毒混合致病，导致气机升降失常，腠理郁闭，肺气壅塞，宣降无序，上逆为喘。或风热之邪由口鼻入肺，郁而化热，热壅于肺，肺失清肃，燥热伤肺，肺经有病不能生肾水，母病及子，肾阴又被心阳独亢之燥热烧灼，故肾水干枯，肾无肾阴滋润，导致母猪繁殖功能障碍等系列症状。

临床应以清热凉血、滋阴生津、补肾纳气、降逆平喘为治则。组方可选定银翘散、麻杏石甘汤、清瘟败毒饮和补肺汤加减。

［**附方1**］ 麻黄、知母、贝母、杏仁、百部、蒌仁、前胡、苏子、桔梗各15克，枳壳、甘草各10克，上述药量为1头仔猪（体重20千克左右）用量，按发病头数计算总药量，共末拌料内服，每天1剂，连用3天。

［**附方2**］ 牛蒡子800克、射干600克、金银花1 000克、连翘600克、山豆根800克、地丁800克、蒲公英800克、白芷800克、菊花600克、桔梗600克、贝母600克、甘草600克，将上药加工成细粉，成年猪每头每天10～40克灌服，连用3天。

十三 猪丹毒

猪丹毒是由猪丹毒杆菌引起的一种急性、亚急性败血症和慢性增生性疹块。其特征为高热，皮肤上形成大小不等、形状不一的紫红色疹块，俗称“打火印”。

病　原

猪丹毒杆菌是一种平直或微弯，大小为（0.2～0.4）微米×（0.8～2.5）微米的革兰阳性菌，具有明显形成长丝的倾向，也称红斑丹毒丝菌。猪丹毒杆菌具有不同血清型，目前共有25个血清型和1a、1b、2a、2b四个亚型。

流行特点

在自然条件下，猪易感染，尤以3月龄以上的猪感染性最强。病猪和带菌猪是本病的传染源。病菌常随病猪或带菌猪的粪尿排出体外，污染饲料、饮水及周围环境，土壤被污染后猪丹毒杆菌可在其中存活很长时间，因而增加了猪感染猪丹毒的机会。

本病主要经消化道感染，也能经皮肤创伤感染。吸血昆虫吸吮病猪血液，能机械地传播本病。有证据表明禽类的红螨可携带病原菌。此外，带菌猪的抵抗力降低时也能引起内源性感染。

本病一般呈散发或地方性流行。常发生于夏秋季节，冬春寒冷季节发病较少。该病是人畜共患传染病之一。

临床症状

潜伏期通常为3～5天。最短的24小时，长的可达7天，其临床症状分为三种病型：

1. 急性败血型　病猪开始就食欲废绝，有时呕吐，体温高达42℃以上，稽留不退，结膜充血，两眼清亮有神，很少有分泌物。发病初期粪便干燥，后期可能出现腹泻，有的精神沉郁，有的神经过敏，触摸时尖叫。严重时呼吸增加，黏膜发绀。猪的背、胸、颈、腹侧、耳后及四肢的皮肤上出现弥漫性皮肤出血，有时出现大小不等的紫红色斑块，指压红色暂时消退，去指后恢复原状（图13-1）。

2. 疹块型 是由于猪体的抵抗力比较强或侵入猪体的猪丹毒杆菌毒力较弱所致。以皮肤上出现疹块为特征。疹块呈烙铁状，俗称“打火印”。病初食欲减退或废绝，精神沉郁，体温升高达41 ℃以上，有口渴表现。发病后2～3天出现疹块，有方形、菱形或圆形（图13-2和图13-3），稍微突起于皮肤表面，疹块初期充血，指压消退，后期由于瘀血指压不消退，白猪易发现，黑猪不易发现，手可触到，斜视之，可以看到模糊的疹块影子。疹块发出后，体温下降，症状变轻，疹块脱落可痊愈。若病情恶化则转为败血症，出现死亡。妊娠母猪可引起流产，病程为1～2周。

3. 慢性型 一般由急性转变而来，常见的有慢性关节炎、慢性内膜炎和皮肤坏死等。皮肤坏死一般单独发生，而慢性关节炎和慢性心内膜炎则常在一头病猪身上同时存在。

慢性关节炎病猪主要表现受害关节肿大，有疼痛症状，受害腿部僵硬，行走步态强拘。跛行或卧地不起，程度不一，主要决定于受害关节的数目、部位和受害的程度。受害的关节以腕关节、跗关节较为常见。膝关节、骨关节以及其他关节也可受害。有些病例四肢关节都有可能受害。病猪食欲正常，但逐渐消瘦、衰弱，病程数周至数月。

慢性心内膜炎病猪主要表现消瘦，贫血，全身衰弱。听诊心脏有杂音，心律不齐。驱赶行动时呼吸急促，有时在剧烈运动中突然倒地死亡。

皮肤坏死一般常发生于背、耳、肩、蹄、尾等部位。局部皮肤色黑，干而硬，似皮革。坏死部位边缘与其下部组织分离，似甲壳，最后脱落，遗留一片无毛色的瘢痕而愈，病程为2～3个月。有些病猪耳壳边缘、尾梢或蹄壳坏死脱落。如有继发性感染，则病情复杂，病程延长。

病理变化

由于病型不同而又差异。

1. 急性败血型 全身淋巴结肿胀、充血、出血，肾脏瘀血肿大，被膜易剥离，呈不均匀的紫红色，切面皮质部呈红黄色，表面及切面可见有大头针帽大小的出血点，稍隆起似“糖葫芦串”（图13-4），脾肿大（图13-5）。胃、十二指肠及空肠前部发生出血性炎症，肝脏显著充血，心包积水，心肌有炎症变化，心内外膜有小点出血，肺部常见充血水肿，偶见出血（图13-6）。生前表现神经症状的仔猪，除有败血症病变外，还可见到脑部血管充血的变化。

2. 疹块型 本型除皮肤病变外，没有其他肉眼可见的病理变化。皮肤病变多见于真皮层，毛细血管充血，红细胞浸润。

3. 慢性型 慢性心内膜炎病猪病变多发生于心脏的二尖瓣，偶见于三尖瓣。可见有菜花样蚕豆大小的疣状肿块。有时并发关节炎。

慢性关节炎病猪和皮肤坏死病猪病理变化略。

诊　　断

可根据流行特点、临床症状、病理变化等作出初步诊断。但为了获得确实可靠的诊断结果，必须进一步做细菌检查、动物接种试验和血清学试验。

1. 显微镜检查 对病猪可以从耳静脉采血或切开疹块采血涂片，对尸体可以取血液、脾、肝、肾及淋巴结等病料涂片，革兰氏或瑞氏染色后镜检。见革兰氏阳性、纤细、正直或稍弯的小杆菌。急性败血型猪丹毒的病料，容易查出细菌。疹块型和慢性型猪丹毒病料直接涂片往往细菌数目极少，不易检出，可进行细菌培养和动物接种试验。

2. 细菌培养 可用普通肉汤、普通琼脂、血琼脂和明胶穿刺培养。琼脂上呈现细小、露滴状菌落，肉汤浑浊并有少量沉淀，明胶穿刺呈试管刷状，为本病特征之一。

3. 动物接种试验 病料用生理盐水做成10倍乳剂，小鼠皮下注射 0.2～0.3 毫升或鸽子肌内注射 0.5～1.0 毫升，一般经 3～5 天实验动物死亡，再用其心血及实质脏器涂片镜检见大量猪丹毒杆菌。

4. 血清学试验 对慢性病例有诊断意义。在临床工作中最常用药物诊断。因猪丹毒杆菌对青霉素等抗生素极为敏感。通常在用青霉素治疗后 24 小时内，病猪显著好转，因此，可以根据用药情况进行诊断。

防治方法

平时应注意饲养管理，搞好卫生消毒工作，特别不要由发猪病场购入猪，以维护猪群的健康和防止带菌猪的引入。保持猪舍及用具清洁，定期用酚类、碱类、季铵盐类等消毒剂进行消毒。对疫区猪场，必须结合免疫计划做好疫苗预防注射。常用猪丹毒弱毒苗、猪丹毒氢氧化铝甲醛苗和猪丹毒-猪瘟-猪肺疫三联苗，可根据实际情况选择应用。

治疗时，首选药物为青霉素，急性暴发的早期治疗可在 24～36 小时内取得显著效果，按每千克体重 2 万～3 万国际单位青霉素肌内注射，2 次/天，至猪体温和食欲恢复正常。长效青霉素可以在严重暴发的猪群中使用，而普鲁卡因青霉素用于较轻的病例。群体发病也可采用先锋霉素 200 克＋恩诺沙星 100 克，拌饲料 1000 千克，连用 7 天。四环素、林可霉素等药物也有较好疗效，但链霉素、新霉素、磺胺类药物对猪丹毒无效。

◆中兽医对猪丹毒的辨证施治

中兽医认为猪丹毒多由湿热疫毒引起。六淫之邪侵入机体，脏腑毒气积聚，气血运行受阻，致使气血凝滞，反映于体表而成丹毒，治疗原则以清热解毒、活血祛瘀为主，故常用清热解毒法。临床上若有表邪宜疏表，里实者通里，热毒蕴结者清热，寒邪凝聚者温通，湿阻者利湿，气滞者行气，血瘀者活血祛瘀。可选用黄连解毒汤、白虎汤、大黄连翘散、荆防败毒散等加减。

［**附方 1**］ 黄连解毒汤加减：黄连 6 克，黄芩 9 克，大黄 18 克，栀子 15 克，连翘 15 克，银花 18 克，黄柏 12 克，牛蒡子 24

克，丹皮 15 克，胆草 15 克，淡豆豉 12 克，大青叶 30 克，野菊花 12 克，甘草 6 克。煎水分 2 次服，连服 2 剂。

［**附方 2**］ 白虎汤加减：黄连 20 克，银花 30 克，连翘 30 克，大青叶 30 克，栀子 30 克，玄参 30 克，贝母 20 克，知母 20 克，生石膏 30 克，甘草 20 克，水煎服，每天 1 剂。

［**附方 3**］ 大黄连翘散：大黄 25 克，连翘 15 克，地榆 15 克，金银花 20 克，玄参 16 克，地龙 30 克，知母 15 克，甘草 15 克。水煎去渣，熬成 200～250 毫升，分 2 次喂服，1 天喂完（上述药物为 1 头体重 75 千克左右猪用量）。

［**附方 4**］ 荆防败毒散加减：荆芥 15 克，防风 15 克，寒水石 30 克，金银花 15 克，连翘 10 克，葛根 10 克，桔梗 10 克，升麻 9 克，白芍 15 克，雄黄 6 克。共研细末，混入饲料内一次喂给，如不吃食则用温水调灌，每天喂 2 剂，连服 2 天。

［**附方 5**］ 清心护脑散加减：接骨金粟兰 30 克、黄连 15 克、玄参 15 克、板蓝根 20 克、菊花 20 克、银花 20 克、天麻 10 克、白芷 5 克、天竺黄 10 克、贝母 10 克、牛蒡子 15 克、麦冬 10 克、栀子 10 克、石膏 20 克、甘草 8 克，水煎服。

［**附方 6**］ 断肠草 120 克、麻黄 90 克、栀子 240 克、杏仁 120 克、一见喜 120 克、甘草 120 克，蒸馏后皮下注射，按每 50 千克体重每次 10 毫升，每天 1 次。

［**附方 7**］ 牛蒡子 60 克、马兰 60 克、苦参 60 克、金果榄 50 克、云实 50 克，将上药煮沸 1 小时，取液 400 毫升，候温灌服，此方为成年猪的用量。

公共卫生

人可感染猪丹毒杆菌，人的感染多经皮肤损伤引起，发病常见于感染局部，如见于手部，局部红肿热痛，不化脓，腋下淋巴结肿大，少有全身症状，及时用青霉素等药物治疗，常可治愈。猪丹毒是一种职业病，多见于兽医、屠宰加工人员等，因此，相关工作人员平时在工作中应注意做好防护。

十四 猪气喘病

猪气喘病又称猪支原体肺炎或猪地方流行性肺炎，是由猪肺炎支原体引发的一种慢性肺炎。本病病原最早是由 Mare、Switzer（1965）和 Goodwin 等（1965）从患肺炎猪的肺组织中分离出的，并命名为 *M. hyopneumoniae*。

病 原

猪肺炎支原体为本病病原，猪肺炎支原体的初代培养物生长缓慢，经 3～30 天培养物才产生轻微的混浊，培养基变酸，颜色发生变化。猪肺炎支原体菌株不同，毒力存在差异。

流行特点

本病可在猪群中水平传播和垂直传播。现已证实本病也可以通过空气传播。病猪及隐性带菌猪是本病的主要传染源。在许多猪群中猪支原体肺炎是从母猪传染给仔猪。本病发生没明显的季节性，但在寒冷、多雨、潮湿或气候骤变时，发病率升高。不同年龄、品种的猪均易感。我国地方猪种明显较引入品种易感。本病一旦发生，若不采取有力措施，很难根除。

长期以来，本病一直被认为是对养猪业造成重大经济损失、常发生、流行广、难净化的重要疫病之一。本病虽为老病，但近年来由于经常和 PRRS、PCV2 等其他病原混合感染，是造成猪呼吸道疾病的重要病原，造成重大的经济损失。主要表现的经济损失为日增重降低 2.8%～44.1%，死亡率升高，饲养效率降低及猪群用药成本增加等。

临床症状

主要为咳嗽和喘气，在新疫区症状表现比较明显，大多为急性型，表现发病率高，传播快，以怀孕母猪、小猪多见。病猪精神沉

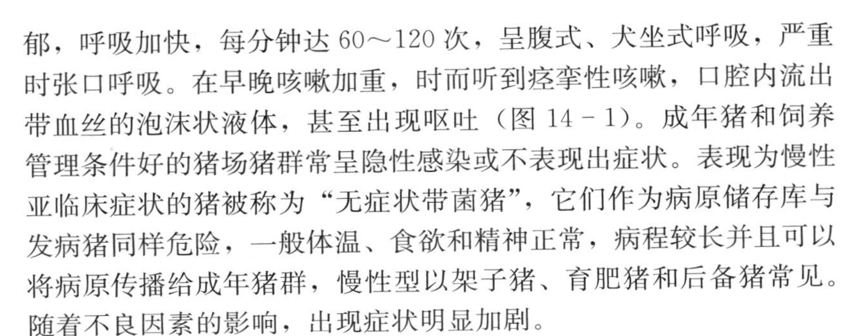

郁，呼吸加快，每分钟达 60～120 次，呈腹式、犬坐式呼吸，严重时张口呼吸。在早晚咳嗽加重，时而听到痉挛性咳嗽，口腔内流出带血丝的泡沫状液体，甚至出现呕吐（图 14－1）。成年猪和饲养管理条件好的猪场猪群常呈隐性感染或不表现出症状。表现为慢性亚临床症状的猪被称为“无症状带菌猪”，它们作为病原储存库与发病猪同样危险，一般体温、食欲和精神正常，病程较长并且可以将病原传播给成年猪群，慢性型以架子猪、育肥猪和后备猪常见。随着不良因素的影响，出现症状明显加剧。

病理变化

病变主要在肺、肺门淋巴结和纵隔淋巴结。肺病变的发生过程大多数是从心叶开始，开始多为点状或小片状，进而逐渐融合成大片病变。呈淡灰红色或灰红色，俗称“肉变”，与周围界限分明。病程延长后，病变颜色加深，呈淡紫红或灰白色，半透明程度减轻，坚韧度增加，两侧肺的尖叶、心叶和中间及部分膈叶呈对称性的胰样实变，俗称“胰变”或“虾肉样变”（图 14－2，图 14－3，图 14－4，图 14－5，图 14－6）。肺部结缔组织增生、硬化，周围组织膨胀不全，齐平或下陷于相邻的正常肺组织。切割时有肉感，切面湿润，平滑而致密，像鲜嫩的肌肉一样。气管中通常有卡他性分泌物。

诊　断

根据流行病学、临床症状及病理变化可以作出初步诊断。确诊需要结合血清学试验或病原检查。血清学试验有间接血凝试验、补体结合试验和酶联免疫吸附试验，病原检查可采用酶联免疫试验、聚合酶链反应（PCR）等。

防治方法

1. 加强猪场的饲养管理　尽可能自繁自养及全进全出，保证猪舍通风，降低舍内氨气浓度，力求空气清新。控制好猪舍内温度，对于保育舍、产房还要注意减小温差。猪场养殖密度要合理，防止猪群过度拥挤。尽量减少猪群中应激反应的发生。尽量减少不同日龄猪的混养。对猪群要进行定期驱虫。保证饲料营养均衡且充足。饲料中最好添加霉菌吸附剂——驱毒霸，按每吨饲料0.5～1千克连续使用，以减少霉菌毒素对猪的危害。猪场要定期进行消毒，在每批猪出栏后必须彻底冲洗、消毒空舍，空置几天后才能转入新的猪群。对于引入后备种猪要做好隔离工作，至少要隔离饲养45天，在此期间每吨饲料中可以添加80%乐多丁125克+15%金霉素3千克，连用15天，以最大限度地控制肺炎支原体对种猪的危害。

2. 疫苗免疫

（1）疫苗接种是一种有效预防猪肺炎支原体感染的手段，为了保护猪群不受猪肺炎支原体的侵害，需要及早对仔猪进行免疫接种。目前市场上的猪气喘病疫苗有弱毒疫苗和灭活疫苗。由于无法预测仔猪在何时会受到猪肺炎支原体的感染，而疫苗必须在仔猪感染肺炎支原体前就要进行免疫，这时诱发的免疫保护效果好，而且保护时间长，因此，仔猪一出生，就应尽早进行预防接种。另外，早期免疫接种要考虑到母源抗体是否会对疫苗产生不良影响。当然选择高质量的疫苗和制订合理的免疫程序对免疫效果也至关重要。

（2）猪气喘病弱毒疫苗右侧胸腔注射，约在倒数第3肋骨至肩胛骨后1厘米处肋间隙进针，用9号针头快速注射，每头份0.5毫升，15日龄第一次免疫，对留作种用的猪到3～4月龄时再作第二次免疫。在使用弱毒苗时至少前后3天不能使用抗生素。使用灭活疫苗，在免疫前后用药不影响其免疫效果。

（3）猪气喘病灭活疫苗一次或两次免疫的选择。一次免疫最明显的一个影响是由于免疫持续时间的限制而导致免疫效果的下降。两次疫苗免疫能激发更高水平的免疫保护，保护期更长。选择一次或两次免疫时可根据猪场受威胁程度进行选择。如果猪场猪肺炎支原体感染严重且损失较大，可选择两次免疫，在7日龄、21日龄各免疫2毫升。反之，可选一次免疫，在21日龄注射2毫升。

3. 药物防治　药物可以选择延胡索酸泰妙菌素，延胡索酸泰妙菌素是抗生素中唯一的双萜类半合成、半发酵的动物专用抗生素，在国内外已广泛使用20多年，而且不易产生耐药性，至今还是对支原体属微生物最敏感的抗生素。例如，对猪场中妊娠母猪可采用每吨饲料中添加 80%乐多丁 125 克+强力霉素 300 克，每个月使用 7 天，哺乳母猪每个月使用 10～15 天，可以净化母猪体内支原体，以减少母猪在哺乳期间将支原体传播给仔猪，也为猪场提高猪气喘病疫苗的效果打下良好基础。由于目前猪场中混合感染严重，对保育猪、仔猪群要根据猪场混合感染情况，采用不同的加药方案，如果猪场中有副猪嗜血杆菌、链球菌存在，可以采用每吨饲料中添加 80%乐多丁 125 克+先锋霉素 150 克+15%金霉素 2 000 克，连用 10～15 天。如果猪场中有胸膜肺炎放线杆菌存在，可采用每吨饲料中添加 80%乐多丁 125 克+20%氟苯尼考 300 克，连用 10～15 天。如果有弓形虫病存在，可以在每吨饲料中添加 80%乐多丁 125 克+磺胺-6-甲氧嘧啶 300 克+碳酸氢钠 3 000 克，连用 7～10 天。商品猪的药物使用方法可采用脉冲式给药，以最大限度地提高给药效果，减轻猪气喘病的临床症状，避免继发感染的发生。

个体治疗：肌内注射泰妙菌素或泰乐菌素按每千克体重 10 毫克，每天 2 次，连用 2～3 天。氟苯尼考按每千克体重 20 毫克，肌内注射，每天 2 次，连用 2～3 天。恩诺沙星，按每千克体重 10 毫克，肌内注射，每天 2 次，连用 2～3 天。当猪出现严重临床症状如呼吸困难时，可以对症治疗，口服或注射氨茶碱，每千克体重 5 毫克，每天 1～2 次，连用 2 天。对于哺乳期仔猪，可以采用头孢噻呋钠按 1 日龄、7 日龄、断奶时每头肌内注射 3 毫克、10 毫克、15 毫克，以减少母猪对仔猪的直接传播。

4. 共感染的预防 猪肺炎支原体可破坏呼吸道纤毛，引起猪肺炎，导致免疫抑制，且猪肺炎支原体易与其他细菌、病毒、寄生虫共感染。如猪感染猪肺炎支原体的同时感染寄生虫如猪蛔虫，则气喘病的典型病变更加严重。Van Thacker（1999）等证实猪肺炎支原体和 PRRSV 两种病原体存在的情况下，由 PRRSV 引起的病毒性肺炎的严重性和持久性明显增加。实验表明，猪肺炎支原体感染可加剧 PCV2 所致肺部和淋巴组织病变的严重程度，并导致断奶仔猪多系统衰竭综合征的发病率升高。因此，猪场中猪肺炎支原体控制至关重要。在防控猪肺炎支原体的同时要注意加强对副猪嗜血杆菌、PRRS肺炎、PCV2等病原的控制。

◆**中兽医对猪气喘病的辨证施治**

中兽医认为猪气喘病属于肺经病证，病因病机为气机升降失常，可分为实喘与虚喘两类，实喘发病急骤，病程短，喘而有力；虚喘发病较缓，病程长，喘而无力。实喘又分为寒喘与热喘，寒喘为外感风寒，腠理郁闭，宣降失常，上逆为喘，治则疏风散寒，宣肺平喘，可选用三拗汤加减；热喘为风热之邪从口鼻入肺，或风寒之邪郁而化热，热壅于肺，肺失清肃，肺气上逆为喘，治则宣泄肺热，定喘止咳，可选用麻杏石甘汤加减。虚喘分为肺虚喘与肾虚喘，肺阴虚则津液亏耗，肺失清肃，肺气虚则宣肃无力，以致肺气上逆而喘，治则补益肺气，降逆平喘，可用补肺汤加减；肾气虚为久病及肾，肾气亏损，下元不固，不能纳气，致肺气上逆而喘，治则补肾纳气，定喘止咳，可选用蛤蚧散加减。

［**附方1**］ 麻黄5克，淡竹叶、瓜蒌各15克，桔梗、远志、枇杷叶、甘草各10克，水煎服或粉碎后拌入饲料中，每头猪每天1剂，连服5天为一疗程，一般2～3个疗程可愈。此方适合于大群发病的猪场。

［**附方2**］ 炒苏子15克，陈皮10克，制半夏5克、甘草12克，前胡15克，桂心10克，沉香10克，葶苈子15克，黄芩10克，连翘10克，板蓝根15克，杏仁12克，枇杷叶20克，白果15克，桑皮15克，远志10克。每头架子猪以中药煎液300毫升为量，食欲减退的病猪用胃管投送，其余猪拌料喂服。一日两次，连用3天。此方对西药治疗效果不佳、反复发作的顽固性气喘病病猪有较好的疗效。

［**附方3**］ 桔梗、陈皮、连翘、苏子、银花、黄芩各90克，百部60克，共碾末。大猪每次喂30克，中猪20克，小猪15克，每天1次。

［**附方4**］ 麻黄、杏仁、桂枝、芍药、五味、甘草、干姜各

30 克，细辛 20 克，半夏 60 克，研细拌料喂服。

［**附方 5**］ 麻黄、半夏、冬花、桑白皮、苏子、黄芩、百部、葶苈子各 15 克，杏仁 13 克，银花 30 克，甘草 10 克，研细拌料服。

［**附方 6**］ 去籽大皂角 80 克，杏仁 25 克，葶苈子 25 克，共制成 2000 毫升药液。体重 5 千克以上的猪，每次用 3～4 毫升，体重每增加 5 千克，增药液 1 毫升，作臀部肌内注射，用药 2～3 次即愈。

［**附方 7**］ 白果 7 枚，麻黄 9 克，苏子 9 克，桑白皮、黄芩、杏仁、冬花、半夏各 9 克，甘草 3 克，煎水灌服，每天 2 次，连服 2 剂。

［**附方 8**］ 全蛇 1 条，绿豆 50 克，鸡蛋清 6 个，加水煮沸后喂猪，大猪 2 次服完，小猪酌减。

［**附方 9**］ 对于大群发病的猪场，选用干品鼠曲草、金银花和鱼腥草 3 味中草药，按照 2∶2∶5 比例（鼠曲草 2 份、金银花 2 份、鱼腥草 5 份），用粉碎机将药打成粉末，按每千克体重每天喂药粉 1～2 克，分 2 次拌饲料喂食。10 天为一疗程。

十五　钩端螺旋体病

钩端螺旋体病（钩体病，Leptospirosis），是由致病性钩端螺旋体所引起的疾病。它可引起人、野生动物和家畜发病，是一种典型的人兽共患病。该病的特点是历史悠久、地理发布广、动物宿主多、流行菌型复杂、感染方式和临床类型繁多，一年四季均可发病，但以农事收割季节为主，对人畜的危害性均很大。

在我国，钩体病存在已久，南方民间称为“打谷黄”或“稻热病”。临诊特征为发热，黄疸，血红蛋白尿，出血性素质，流产，皮肤与黏膜水肿坏死。

病　原

本病病原为钩端螺旋体，菌体细长、螺旋状、能运动、革兰氏染色阴性，通常一端或两端呈钩状。菌体沿其长轴规则旋转运动，长度6～20微米，直径0.1～0.15微米，运动波幅约0.5微米。目前世界各地分离到的钩端螺旋体总共约有23个血清群、200多个血清型，我国至今分离到19个血清群、75个血清型。

流行特点

带菌的鼠类和带菌的家畜特别是带菌猪是主要传染源。

钩端螺旋体直接或间接侵入动物机体，进入血流引起短期菌血症，最后定位于肾脏的肾小管，生长繁殖，间歇地或连续地从尿中排出，污染周围环境如水源和土壤以及饲料、圈栏和用具等构成重要的传染因素，使家畜和人感染发病。

人、家畜和鼠类的钩端螺旋体病可以相互传染，构成复杂的传染链。

本菌以黄疸出血型和犬热型对马、牛、猪、羊等动物致病力较强，有的致死。波摩那型致病力不强。多数家畜呈带菌状态。

本病主要通过皮肤、黏膜、消化道、呼吸道侵入而感染。也可能通过交配、人工授精传播。在菌血症期间，通过吸血昆虫（蜱、虻、蝇）传播，经破损皮肤感染的概率高。

动物不分品种、年龄、性别都可感染发病，有明显的季节性，每年 7～10 月为流行高峰期，其他月份多为个别散发或地方性流行。

临床症状

猪的带菌率和发病率较高，潜伏期一般为 2～20 天。猪常见为波摩那型感染，其次为黄疸出血型、犬热型等。

大多数病猪无明显的症状。急性病例，主要发生于幼龄猪，临床表现为初有短时间的发热（40 ℃以上）及结膜炎，精神沉郁，食欲减少或废绝。可视黏膜贫血或黄染。被毛粗糙。有的出现皮肤坏死，常见全身水肿，尿呈黄色或深红色，血红蛋白尿甚至血尿，腥臭味明显。有时粪干硬，有时腹泻。皮肤变化不一致，有的发红擦痒，有的轻度发黄（图 15－1）。有的在头、颈部、上下颌以至全身出现水肿，指压凹陷。

怀孕母猪感染钩端螺旋体后可发生流产，产出木乃伊胎、死胎，死胎常有自溶现象，也有活的弱胎，但在出生后不久即死亡。感染钩端螺旋体的公猪发生睾丸炎，引起睾丸肿大，精液带菌，交配时传染母猪，常导致久配不孕。

病理变化

皮肤、皮下组织、浆膜、黏膜有不同程度的黄染（图 15－2），胸腔和心包有黄色积液。组织水肿，特别是皮下组织出血性胶样浸润，在发生水肿部分切开后常有黄色渗出液流出。肝脏肿大。肾脏常增大，表面凹凸不平，皮质部有白色小斑点或小结节、溢血点和灰白色坏死灶，呈土黄色。病理组织检查，可见输尿管、肾小球发生细胞浸润和坏死。

诊　断

根据临床症状（黄疸、水肿、血红蛋白尿、流产死胎等）及病理变化可以作出初步诊断。但确诊需进行血清学试验、细菌分离培养、动物接种试验，还可结合直接镜检进行综合分析。

1. 镜检 取病猪体温升高期的抗凝血或中段尿液或肝、脾、肾、脑等组织悬液的上清液等作为病料。用显微镜暗视野下观察或姬姆萨染色观察，容易辨识。

2. 分离培养 采集病猪发热期的血液或病猪后期的中段尿，按种于培养基内，每周作一次检查，监测 4～5 周。检查是否有钩端螺旋体生长。

3. 动物接种试验 实验动物常用幼龄豚鼠、小鼠或仔兔。接种动物后，应每天检查其体温，观察潜伏期（一般为 3～5 天），动物升温后出现活动迟钝，食欲减少，1～2 天后出现黄症，甚至死前体温下降，应在死前扑杀，观察病变，取病料接种培养基和鉴定菌体。最明显的病变为广泛性黄症和出血，肺有许多出血斑点，把肺切开，形成所谓“蝴蝶斑”。

4. 血清学试验 主要有溶解试验、补体结合试验、酶联免疫吸附试验等。特别是双份血清对比试验结果对确诊本病十分重要。

防治方法

1. 做好猪舍的环境卫生消毒工作。

2. 及时发现，淘汰和处理带菌病猪。

3. 搞好灭鼠工作，防止水源、饲料和环境受到污染。此外，应排除积存的污水。

4. 存在有本病的猪场采用钩端螺旋体病多价菌液进行免疫，菌液所含菌型应根据各地流行的菌型而定。钩端螺旋体病多价菌液按体重 15 千克以下 3 毫升，15～40 千克 5 毫升，40 千克以上 8～10 毫升，皮下或肌内注射，多数能在 2 周内起保护作用，但灭菌苗存在接种量大、接种次数多、感染后不能阻止肾脏排菌等缺点。有条件的可应用波摩那型弱毒 L18 株制成的活菌苗，对猪接种后尿中不排菌，且能产生很强的保护力。

5. 抗菌治疗，首选药物为链霉素，按每千克体重注射 25 毫克，每天 2～4 次，连用 5 天。对急性型病猪可配合对症治疗，如进行强心利尿及静脉注射葡萄糖维生素 C 等。群体可采用四环素，

每吨饲料中添加600～800克，连续饲喂10～15天。

◆**中兽医对钩端螺旋体病的辨证施治**

中兽医学认为钩端螺旋体病为热毒郁结而引起。因六淫之邪侵入机体，脏腑积热，热毒壅极，郁结肝胆而成。治则以清热燥湿、凉血解毒为主。可用三黄石膏汤等。

［**附方1**］ 三黄石膏汤：黄连30克，黄芩45克，黄柏30克，石膏240克，银花30克，土茯苓120克，淡豆豉30克，黑山栀60克，水煎服。

［**附方2**］ 一年蓬500克，鬼针草240克，茵陈蒿120克，蓬莱草120克，鲜白茅根540克，大蓟根180克，水煎服。

［**附方3**］ 板蓝根、丝瓜络、忍冬藤、陈皮、石膏各10克。前4种煎水后冲入石膏粉，分3次灌服，每天1剂，连用5天。配合水针：青霉素每千克体重2万国际单位，百会或大椎穴注射，每天1次，连用4～5天。

公共卫生

钩端螺旋体病是与猪有接触人员的一种重要职业性人兽共患病。猪的带菌量大，排菌期长，对人会造成很大的威胁。

十六 猪巴氏杆菌病

猪巴氏杆菌病又叫猪肺疫、猪出血性败血症，俗称“锁喉疯”，是由特定血清型的多杀性巴氏杆菌所引起的一种急性或散发性和继发性传染病。

病 原

多杀性巴氏杆菌有5种荚膜血清型，即荚膜血清型A、B、D、E和F；我国猪群中流行的主要是A、B、D型多杀性巴氏杆菌。在发生猪高热综合征时，A型与D型多杀性巴氏杆菌继发感染频率最高，特别是A型菌株毒力与致病力最强，并且有很强的抗药性，发病时可引起病猪出现严重的肺炎症状，死亡率为38.5%，仔猪发病时死亡率可高达70%。D型菌株除了引发病猪出现肺炎，造成死亡外，还可导致母猪大批流产。

本菌为革兰氏阴性、两端钝圆、中央微突的球杆菌或短杆菌，为兼性厌氧菌，对外界环境的抵抗力不强，在直射阳光下，经10～15分钟死亡。

流行特点

不同年龄、性别、品种猪均易感。该病一年四季均可发生，但易发生于潮湿闷热及多雨季节。一般呈慢性经过，并常与猪瘟、支原体肺炎混合感染或继发感染。病猪、带菌猪及其他感染动物是本病的传染源。病猪排出的分泌物和排泄物中含大量病菌，污染饲料、饮水、用具和外界环境，经消化道传染；偶尔通过飞沫传播；也可经吸血昆虫传染及经皮肤、黏膜伤口发生传染。

临床症状

1. 最急性型 多见于流行初期，常看不到明显症状，突然发病死亡。病程稍长病猪，体温升高达41～42℃，食欲废绝，精神沉郁，全身衰弱，卧地不起，呼吸困难，在耳根、颈、腹等部皮肤可见明显的红色出血斑（图 16－1，图 16－2）。病猪咽喉部肿大、坚硬，有热痛，张口喘气，口吐白沫，可视黏膜发绀。严重者呈犬坐姿势，张口呼吸，窒息死亡。病程为 1～2 天，死亡率 90%以上。

2. 急性型 体温 40～41 ℃，急性咽喉炎，颈部高度红肿，热而坚硬，呼吸困难及肺炎症状；痉挛性干咳，后成湿、痛咳，鼻孔流出浆液性或黏液性分泌物，可视黏膜发绀，口角有白沫（图 16－3，图 16－4，图 16－5，图 16－6）。初期便秘，粪表面被覆有黏液，有时带血，后转为腹泻，皮肤有瘀血性出血斑。散发或继发性的慢性病猪，症状不明显，易和其他传染病相混淆。多在 4～6 天死亡。不死者常转为慢性。

3. 慢性型 病猪持续咳嗽，呼吸困难，鼻流少量黏液，持续性或间歇性腹泻，逐渐消瘦，被毛粗乱，四肢无力，有时出现关节肿胀、跛行。皮肤出现湿疹，有的病猪皮肤上出现痂样湿疹，经 2 周以上因衰竭死亡，病死率 60%～70%。不死的成为僵猪。

病理变化

1. 最急性型 表现为败血症变化，咽喉部急性炎症，全身皮下、黏膜、浆膜明显出血（图 16－7，图 16－8）；脾不肿大，但有点状出血；喉头黏膜充血、肿胀；全身淋巴结肿大，呈浆液性、出血性炎症；肺充血，水肿；胸腔及心包积液，有纤维素样渗出物，心外膜出血；胃肠黏膜有出血性炎症。

2. 急性型 气管、支气管内有泡沫样黏液。除全身黏膜、实质器官、淋巴结的出血性病变外，特征性的病变是纤维素性肺炎，肺有不同程度肝变区、水肿和气肿、出血，病变主要在尖叶、心叶和膈叶前缘。肺切面呈大理石样。胸腔和心包积有多量淡红色的混浊液体。胸膜和心包膜粗糙，覆有纤维素，有的心包和胸膜粘连。

3. 慢性型 病猪消瘦、贫血，肺肝变区扩大，有灰黄色或灰色坏死灶，周围形成增生的结缔组织，内含干酪样物质，有的形成空洞。心包和胸腔内积液，胸膜增厚，覆有纤维素絮片或与肺粘连。

皮下组织有坏死灶（图 16－9，图 16－10，图 16－11，图 16－12，图 16－13）。

诊　断

根据流行特点、临床症状、病理变化及显微镜检查可以初步诊断。但是慢性病例不易发现典型菌体，必须进行分离培养和动物试验，进行确诊。

防治方法

1. 综合措施　猪多杀性巴氏杆菌是猪鼻腔菌群的一个常在菌，根除极其困难，即使在 SPF 或疾病最小化的猪群中也有该菌的存在。不良的影响因素可诱发本病发生。因此，预防本病的根本办法，必须贯彻“预防为主”的方针，加强平时的饲养管理，做好猪舍通风，降低舍内氨气浓度，减少空气中的灰尘，保持栏舍干燥，减少猪群的混养，降低畜群饲养的密度，做好猪舍定期消毒。做好兽医防疫卫生工作，以增强猪体的抵抗力。加强对猪舍内外昆虫等节肢动物的控制工作，加强病猪的隔离工作，对病死猪要无害化处理。在应激因素情况下，可以进行预防性投药，每吨饲料添加 80％乐多丁 125 克＋强力霉素 200 克，连用 5～7 天。对于常发地也可以用以上方案每月投药一次，可以有效控制本病的发生。

2. 疫苗免疫　猪肺疫氢氧化铝菌苗，断奶后的猪，不论大小一律皮下或肌内注射 5 毫升。注射后 14 天产生免疫力，免疫期 6 个月。我国也有用多杀性巴氏杆菌 679～230 弱毒株或 C20 弱毒株制成的口服猪肺疫弱毒冻干菌苗，按瓶签说明的头份，用冷开水稀释后，混入少量饲料内喂猪，使用方便。不论大小猪，一律口服 1 头份，稀释疫苗应在 4 小时内用完。免疫期前者为 10 个月，后者为 6 个月。国内还有分别用 E0630 弱毒株、TA53 弱毒株和 CA 弱毒株制成的 3 种弱毒苗，供肌内或皮下注射，1 头份/头。值得注意的是，在使用弱毒苗时，猪群饲喂或注射前后 7 天禁用抗生素。在夏季高温季节，必须强调猪巴氏杆菌疫苗的接种工作。虽然目前猪巴氏杆菌疫苗的保护力有限，但接种疫苗后可以大大降低猪群的病死率，从而降低生产损失。

3. 治疗 隔离病猪，及时治疗。同时做好消毒和护理工作。

（1）头孢噻呋钠按每千克体重 3～5 毫克，肌内注射，每天 1 次，连用 2～3 天。左旋氧氟沙星按每千克体重 10 毫克，肌内注射，每天 2 次，连用 2～3 天。磺胺-6-甲氧嘧啶按每千克体重 30 毫克，肌内注射，每天 1 次，连用 2～3 天。

（2）对于急性病例，表现严重呼吸困难的，必须先对症治疗，以减轻症状，再进行对因治疗。可以用氨茶碱按每千克体重 5 毫克，口服或注射，结合使用复方磺胺嘧啶钠按每千克体重 20～30 毫克配合注射用水 1∶1 进行稀释后静脉注射，再配合 5%碳酸氢钠按每千克体重 1 毫升静脉注射，处理及时，症状有明显缓解。待病情缓解后再按以上方案进行肌内注射，治疗 2～3 天。

（3）对于群体治疗，可采用每吨饲料中添加 80%乐多丁 125 克＋20%氟苯尼考 300 克，连续饲喂 7 天，停药 3 天，再每吨饲料中添加 20%恩诺沙星微囊 500 克＋阿莫西林 300 克，连续饲喂 5～7 天，可以很好地控制本病。

（4）发病时，猪舍的墙壁、地面、饲养管理用具用百菌消 1∶300进行消毒，粪便废弃物堆积发酵。

◆中兽医对猪巴氏杆菌病的辨证施治

中兽医认为巴氏杆菌引起的证为肺黄、肺热和肺壅等证。病因病理为邪犯肺卫，卫气被郁，肺失清宣，早期出现表热症状，若病邪不解，继续传里，热邪壅肺，灼伤肺津而成痰，痰热郁闭，肺络受伤，肺失清肃，肺气上逆，则出现高热、呼吸困难、喘重于咳等热郁肺经的现象；若热毒炽盛，逆传心包，则影响心神，若热毒伤阴耗液，肝失濡养，也可导致肝风内动，引起神昏抽搐等症状。因此，治则以辛凉解表、清肺化痰为主，可选用银翘散、麻杏石甘汤、清肺散或普济消毒饮等方剂加减。

［**附方 1**］ 鱼腥草、金银花、野菊花、射干、车前草各 10 克，马勃、桔梗、夏枯草各 6 克，石膏、绿豆各 15 克，大蒜 20 克，每天 1 剂（体重 20 千克猪一次量），石膏、绿豆水先煎，其余药除大蒜外后下，待凉后加入捣烂的大蒜泥，混入饲料中投喂。

[**附方2**]　鱼腥草、金银花、野菊花、射干、车前草、大蒜各20克、青蒿、夏枯草各15克，马勃、桔梗各10克，石膏、绿豆各30克，此为体重50千克猪一次量，方法同上。

[**附方3**]　金银花20克，黄连、黄芩、大黄、知母、石膏、甘草各10克，牛蒡子、玄参、桔梗、射干、板蓝根各15克，此为体重50千克猪一次量，水煎药灌服。

[**附方4**]　金银花、连翘、荆芥、野菊花各15克，山豆根、桔梗、知母、栀子各9克，芦根6克，水煎后加蜂蜜60毫升灌服，此为体重50千克猪一次量。

[**附方5**]　地耳草250克，地锦草250克，一点红500克，混合捣汁加硼砂150克，冲米醋500毫升灌服，此为体重50～80千克猪一次量。

[**附方6**]　大黄30克，黄连24克，黄芩45克，黄柏30克，栀子30克，山豆根30克，射干240克，银花30克，连翘15克，元参30克，水煎服。此为体重50～80千克猪一次量。

[**附方7**]　咸虾花1 000克，球兰、一枝黄花各500克，水煎灌服，此方为体重50～80千克猪一次量，对猪巴氏杆菌病有很好的防治作用。

[**附方8**]　牛蒡子40克，金银花30克，连翘30克，黄芩（酒炒）30克，黄连（酒炒）30克，蒲公英40克，大青叶30克，蝉蜕20克，柴胡20克，桔梗30克，生石膏100克，生地40克，麦冬40克，玄参40克，大黄60克，厚朴30克，枳实30克，白术20克，加水1 500毫升煎服。每剂两煎，分2天灌服，每天3次。

讨　论

1. 猪多杀性巴氏杆菌是健康猪上呼吸道的常在菌，但多半为弱毒或无毒的类型。当环境变化、应激因素（如天气突变、潮湿、拥挤、通风不良、饲料突然改变、长途运输、寄生虫病等）引起猪抵抗力下降，或发生某种传染病时，病菌乘机侵入机体并大量繁殖而使毒力增强，从而引起发病。由于猪多杀性巴氏杆菌在健康猪的

上呼吸道中是常在菌，因此，诊断时，如果是进行细菌学检查，需参考患猪生前的临床症状和病理变化，才可确诊。

2. 资料表明，猪感染伪狂犬病毒或支原体可使猪变得易感，常继发多杀性巴氏杆菌感染。当前临床上也常见猪发生猪瘟、猪繁殖与呼吸综合征、圆环病毒病及猪流感时继发感染猪多杀性巴氏杆菌。笔者观察特别是发生以后，很容易造成猪多杀性巴氏杆菌感染暴发，使病情加重，死亡率升高。另外，近年来，本菌在高热病病例中的分离率很高，是高热病中最主要的细菌性疾病之一。因此，猪场平时要做好本病的预防工作，发病时要正确进行治疗。

十七 猪传染性萎缩性鼻炎

猪传染性萎缩性鼻炎（Swine infectious atrophic rhinitis）是由支气管败血波氏杆菌Ⅰ相菌和产毒素的多杀性巴氏杆菌引起猪的一种慢性传染病。以鼻炎、鼻梁变形、鼻甲骨萎缩和生长迟缓为特征。

病　原

支气管败血波氏杆菌为革兰氏染色阴性球状杆菌（0.2～0.3）微米×(0.5～1.0）微米，散在或成对排列，偶见短链。不能产生芽孢，有周鞭毛，能运动，有两极着色的特点。需氧菌，最适生长温度35～37℃，培养基中加入血液或血清有助于此菌生长。在鲜血培养基上生长能产生β溶血，在葡萄糖中性红琼脂平板上呈烟灰色透明的中等大小菌落。在肉汤培养基中呈轻度均匀浑浊生长，不形成菌膜，有腐霉气味。在马铃薯培养基上使马铃薯变黑，菌落黄棕而带绿色。

引起猪传染性萎缩性鼻炎的多杀性巴氏杆菌绝大多数属于D型，能产生一种耐热的外毒素，毒力较强，可致豚鼠皮肤坏死及小鼠死亡。用此毒素接种猪，可复制出典型的猪传染性萎缩性鼻炎。少数属于A型，多为弱毒株，不同型毒株的毒素有抗原交叉性，其抗毒素也有交叉保护性。

流行特点

本病在自然条件下只见猪发生，各种年龄的猪都可感染，最常见于2～5月龄的猪。病猪和带菌猪是主要传染源。通过含菌飞沫，经呼吸道传染。本病的发生多数是由发病母猪或带菌猪传染给仔猪的。不同年龄猪混群，再通过水平传播，扩大到全群。昆虫、污染物品及饲养管理人员，在传播上也起一定作用。本病

在猪群中传播速度较慢，多为散发或地方流行性。饲养管理条件不好，猪圈潮湿，寒冷，通风不良，猪只饲养密度大、拥挤、缺乏运动，饲料单纯及缺乏钙、磷等矿物质等，常易诱发本病，加重病情。

临床症状

受感染的小猪出现鼻炎症状，打喷嚏，呈连续或断续性发生，呼吸有鼾声。病猪常因鼻炎刺激黏膜，表现不安定，用前肢搔抓鼻部，或鼻端拱地，或在猪圈墙壁、食槽边缘摩擦鼻部，并可留下血迹；从鼻部流出分泌物，分泌物先是透明黏液样，继之为黏液或脓性物，甚至流出血样分泌物，或引起不同程度的鼻出血（图 17－1，图 17－2）。

在出现鼻炎症状的同时，病猪常出现眼结膜炎，从眼角不断流泪。由于泪水与尘土沾积，常在眼眶下部的皮肤上、眼角内眦有半月形黄黑色泪斑，有“斑眼”之称，是特征性临床症状（图 17－3，图17－4）。

有些病例，鼻炎症状发生后几周，发展成鼻甲骨萎缩。当鼻腔两侧的损害大致相等时，鼻腔的长度和直径减小，使鼻腔缩小，可见到病猪的鼻缩短，向上翘起，而且鼻背皮肤粗厚、皱纹深，下颌伸长，上下门齿不能正常咬合。当一侧鼻腔病变较严重时，可造成鼻子歪向一侧，甚至成45°歪斜。由于鼻甲骨萎缩，致使额窦不能以正常速度发育，以致两眼之间的宽度变小，头的外形发生改变。病猪体温正常，但生长发育迟滞，育肥时间延长（图 17－5，图 17－6，图 17－7，图 17－8，图 17－9，图 17－10）。

病理变化

病的早期可见鼻黏膜及额窦有充血和水肿，有多量黏液性、脓性甚至干酪性渗出物蓄积。最特征的病变是鼻腔的软骨和鼻甲骨的软化和萎缩。鼻甲骨严重萎缩时，使腔隙增大，上下鼻道的界限消失，鼻甲骨结构完全消失，常形成空洞。

诊　断

根据临床症状、病理变化和微生物检查，可做出确诊。

防治方法

由于本病的病程较长，污染猪场应先用药物进行控制，再进行免疫。较长时间的混饲给药和免疫接种是控制本病的根本途径。

1. 切断传染源 本病一旦传入猪群就很难清除，因此，防止本病传入很重要，要做到不盲目引入种猪。必须引进种猪时，要到非疫区购买经检疫合格的种猪，并在购入后隔离观察2～3个月，确认无本病后再合群饲养。

2. 预防为主 制定一个好的免疫程序并严格执行。免疫接种：用支气管败血波氏杆菌（Ⅰ相菌）灭活菌苗和D型产毒多杀性巴氏杆菌灭活二联苗接种在母猪产仔前2个月及1个月接种，通过母源抗体保护仔猪几周内不感染，种公猪每年免疫两次。必要时仔猪也可进行免疫接种。

3. 药物控制 可通过药敏试验选择敏感药物在饲料中进行添加来预防本病。无条件进行药敏试验的猪场，可在饲料中添加大环内酯类药物和磺胺类药物，饲喂无明显临床症状的猪。饲料中添加一种或几种有效抗生素对治疗猪传染性萎缩性鼻炎和促进生长均有益，但长时间应用抗生素的猪会产生耐药性，且容易造成体内药物残留，尤其是疾病流行时对临近屠宰的育肥猪，药物治疗的意义有待于进一步评价。对有临床症状的仔猪，可以肌内注射长效土霉素或用卡那霉素溶液鼻腔喷雾。用药方案：每吨饲料中添加80%乐多丁125克、金霉素300克，连用10～15天；每吨饲料中添加磺胺二甲氧嘧啶600克、TMP100克，连用3天，然后剂量减半，再用2～3周；每吨饲料中添加土霉素800克，连用3天，然后改为每吨饲料中添加250克，继续使用2～3周；每吨饲料中添加泰乐菌素200克、磺胺二甲基嘧啶150克，连用1～2周；每吨饲料中添加林可霉素100克、磺胺二甲基嘧啶500克，连用1周，然后剂量减半，再用1～2周。

4. 加强饲养管理 全进全出，猪全部出场后空栏2周并对猪舍进行全面消毒，是控制猪传染性萎缩性鼻炎的有效措施，降低饲养密度，防止拥挤；改善通风条件，减少空气中有害气体；保持猪

舍清洁、干燥、防寒保暖；防止各种应激因素的发生，减少尘埃，改变饲喂方法，改干粉料为湿拌；做好清洁卫生工作，严格执行消毒卫生防疫制度。

◆中兽医对猪传染性萎缩性鼻炎的辨证施治

中兽医认为猪传染性萎缩性鼻炎病病因病机复杂，但主要是因肺经疾病所致。因肺开窍于鼻，热毒上攻、劳伤肺气、外感内伤、肺黄、肺热和肺壅等证积久转化，都可导致猪传染性萎缩性鼻炎。因此，临床上要根据具体病因病理确定治则。但无论采用哪种治则都得配合宣肺肃降、补肺气、滋肺阴治则。若为外感风寒引起，治宜辛温解表、疏散风寒，方用麻黄汤加减；若为风热犯肺引起，则宜辛凉解表、疏风清热通窍，方用百合散加减，若为劳伤流鼻引起，治宜补益气血、宣肺化痰为主，方用八珍汤加百合散。

［**附方 1**］ 辛夷散加减，辛夷 9 克，知母 6 克，黄柏 6 克，沙参 4 克，郁金 3 克，明矾 4 克，木香 3 克，共为末，开水冲调，候温灌服。此方为体重 30～50 千克猪的用量。

［**附方 2**］ 知柏散加减，知母、黄柏、金银花、连翘、沙参、苍耳子各 10 克，辛夷 15 克，白芷、薄荷各 7 克，明矾 5 克，桔梗 6 克，共为末，开水冲调，候温灌服。此方为体重 30～50 千克猪的用量。

［**附方 3**］ 半边莲、青蒿、紫苏、薄荷、黄连、黄柏、黄芩、黄栀、乌药、车前、木通、龙胆、臭牡丹、忍冬藤、马蹄金、川椒各 15～30 克。煎水喂服，每 2 天 1 剂。此方为体重 50～80 千克猪的用量。

十八 猪链球菌病

猪链球菌病是一种急性、热性及人畜共患的传染病，是由多个血清群链球菌引起猪的多种传染病的总称。

病　原

按链球菌细胞壁中多糖抗原（C多糖）不同，根据Lancefield血清学分类，可分为A、B、C、D、E、F、G、H、K、L、M、N、O、P、Q、R、S、T、U、V共20个血清群。因表面蛋白质抗原不同，又分若干个型。

流行特点

伤口（如新生仔猪脐带伤口）和呼吸道是本病的主要传播途径，部分可经消化道感染。表现为急性出血性败血症、心内膜炎、脑膜炎、关节炎、哺乳仔猪下痢和孕猪流产等。各年龄猪均易感，其中新生仔猪、哺乳仔猪的发病率和死亡率最高。成年猪发病较少。有时可呈地方性暴发，发病率和死亡率都很高。猪链球菌除感染猪外，也可通过皮肤伤口等感染特定人群致其发病，严重时会导致死亡。

临床症状

急性型常表现为出血性败血症状和脑炎症状，慢性型则以关节炎、心内膜炎及组织化脓性炎症为特点。急性败血型：最急性病例常发生突然死亡。或者体温高达41～43 ℃，眼结膜潮红，食欲废绝，流泪，磨牙，口吐白沫，有浆液性鼻液，呼吸困难，耳尖、下腹、四肢末梢有出血性紫色斑块，跛行，常在2～4天内死亡（图18-1）。脑膜炎型：多见于哺乳仔猪和保育猪。病初表现耳朵朝后，眼睛直视，出现犬坐姿势，而后体温升高达40.5～42.5 ℃，采食量减少，仰卧、后肢麻痹、磨牙、运动失调、转圈，四肢呈游泳状或昏迷不醒等，最后麻痹而死，病程 1～2 天（图 18－2，图 18－3，图 18－4，图 18－5，图 18－6，图 18－7）。化脓性淋巴炎型：大多患猪下颌淋巴结、咽部淋巴结、颈部淋巴结化脓，肿大，有热痛，影响采食、咀嚼、吞咽甚至导致呼吸障碍（图 18－8）。病程 3～5 周，一般不引起死亡。关节炎型：由脑膜炎型和化脓性淋巴炎型转化而来。关节肿胀或臀部脓肿，疼痛，跛行，重者不能站立，精神和食欲时好时坏，衰弱死亡或逐渐恢复，病程 2～3 周（图 18－9，图 18－10，图 18－11，图 18－12）。流产型：妊娠母猪早期流产，一般在妊娠 1 个月左右，流产胚胎只有指头或花生米大，圈养母猪流产后经常立即吃掉，不易被发现（图 18－13）。流产后由于子宫内膜炎症继续存在，经常从阴户流出脓性分泌物，如不及早对子宫炎进行处理，则造成母猪长期不发情，或配种后又返情。怀孕中后期的母猪亦可因败血型链球菌导致流产和死胎。

病理变化

1. 急性败血型　以出血性败血症病变和浆膜炎为主，血液凝固不良，耳、腹下及四肢末端皮肤有紫斑，黏膜、浆膜、皮下出血，鼻黏膜紫红色、充血及出血，喉头、气管黏膜出血，常见大量泡沫。心内外膜有出血斑点（图 18－14，图 18－15，图 18－16）。肺充血肿胀，肺小叶间质增宽，切面有大量泡沫或脓汁（图 18－17，图 18－18）。全身淋巴结有不同程度的充血、出血、肿大，有的切面坏死或化脓。黏膜、浆膜及皮下均有出血斑。心包及胸腹腔积液，浑浊，含有絮状纤维素样物质附着于脏器上（注意与副猪嗜血杆菌病区别）。肾脏肿大，皮质和髓质部均有出血（图 18－19）。脾肿大明显，在脾的背面和腹面中央有大小不等的黑色梗死块，严重的半个或整个脾脏全部呈黑色梗死病变（图 18－20，图 18－21，图 18－22，图 18－23）。胃底黏膜出血或溃疡（图 18－24）。

2. 脑膜炎型　脑膜充血、出血，严重者溢血，部分脑膜下有积液。脑切面有针尖大的出血点，并有败血型病变。

3. 关节炎型　关节皮下有胶样水肿，关节囊内有黄色胶冻样或纤维素性脓性渗出物，关节滑膜面粗糙。

4. 流产型 流产母猪的子宫内膜充血、出血或溃疡。

诊　断

根据流行特点、临床症状和病理变化可做出初步诊断，确诊需进一步做实验室诊断。取病猪的淋巴结、肝脏、肺脏、脓汁、炎性分泌物直接涂片，革兰氏染色镜检，见染成紫红色的革兰氏阳性球菌，单个或呈双球或多个呈链状排列，即可作出诊断。要分群则进一步做分群鉴定。

防治方法

1. 加强管理，提供给猪群充足的营养。控制猪的养殖密度，做好猪舍通风、保温工作，减少各种猪群的混养/混群次数。有条件的严格执行全进全出制度。尽量减少各种应激因素的发生。

2. 做好猪场/猪舍的消毒工作。特别是进行空舍的消毒，可以采用下列方法：清洗干净待干燥后用2%～3%NaOH溶液泼洒1～2次，再清洗干净用酚类如复合酚按1∶300对空舍进行消毒，然后空置3～5天再进猪。发病时复合酚可按1∶100进行带猪消毒，2～3天消毒一次。

3. 各型猪链球菌病的治疗方案

（1）脑膜炎型和急性败血型　群体发病按每吨饲料中添加利高霉素1.5千克＋磺胺嘧啶钠800克＋磺胺增效剂（TMP）150克＋碳酸氢钠1 000克，连用7天，3天后把以上药物中的磺胺嘧啶钠用量减至500克、磺胺增效剂用量减至100克，其他药物使用量不变。个体发病：以20千克体重为例，可采用以下两种方案：A. 氨基比林5毫升＋先锋霉素0.5克＋地塞米松1毫升，混合肌内注射。或用美乐速按每千克体重肌内注射3毫克。B. 复方磺胺嘧啶钠10毫升，肌内注射，或用10%葡萄糖20毫升混合进行静脉注射。采用A、B两种方案同时实施，实施时分两侧肌内注射，2次/天，连用3～5天。由于脑膜炎型链球菌病发病急，死亡率高，因此，及时发现早期症状，立即治疗，采用适当抗生素结合磺胺类药物肌内注射或静注给药，是提高脑膜炎型链球菌病病猪成活率的

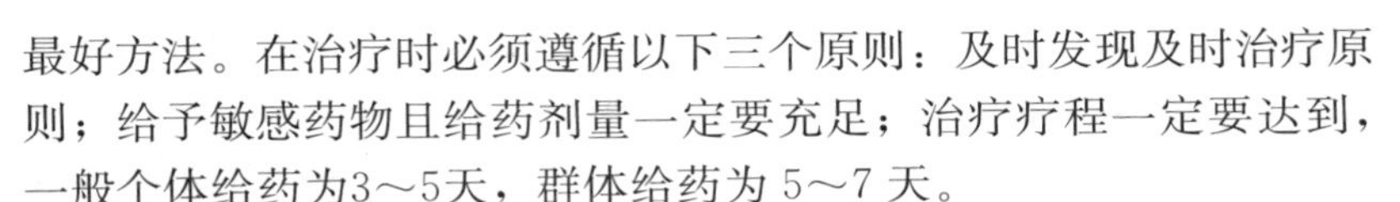

最好方法。在治疗时必须遵循以下三个原则：及时发现及时治疗原则；给予敏感药物且给药剂量一定要充足；治疗疗程一定要达到，一般个体给药为3～5天，群体给药为5～7天。

（2）关节炎型和化脓性淋巴炎型　哺乳仔猪经常发生关节炎型和化脓性淋巴炎型链球菌病时，要做好哺乳母猪的药物保健，如在哺乳料中每吨添加80%乐多丁125克＋先锋霉素100克，连用5～7天，必要时结合母猪产前疫苗免疫。做好仔猪断尾、剪牙、断脐的消毒工作。仔猪发病严重时，可采用美乐速在3、21日龄各肌内注射0.1、0.2毫升/头。中、大猪出现关节炎时，可采用如下方案（适用于体重50千克猪）：夏天无注射液10毫升＋先锋霉素1克＋地塞米松2毫升混合肌内注射，2次/天，连用5～7天，有一定的效果。但由于病猪表现关节炎时一般已进入慢性型，在治疗过程中经常出现症状反复的情况，往往不能彻底治愈。当病变局部出现肿胀时，可以待脓肿成熟时在肿胀部位切一个引流口，抽出脓液，用3%双氧水冲洗脓腔后，注入硫酸新霉素或丁胺卡那霉素，2～3天处理一次。群体可饲喂氧氟沙星，每吨饲料中150～200克，连用7天后，停药5天，再用药5天。

（3）流产型　由于此型不易发现且在生产实践中经常被误诊，因此，在发病时一定要做好与其他流产性疾病的鉴别诊断。可采用疫苗免疫与药物结合进行治疗。按每吨饲料中添加80%乐多丁125克＋先锋霉素150克，连用1周，停药5天，再按每吨饲料中添加2%氟苯尼考1.5千克＋阿奇霉素100克，连用7天，效果良好。待猪群稳定后加强疫苗免疫。疫苗可以用弱毒苗或灭活苗。

4. 疫苗免疫　必须要考虑所用疫苗菌株是否与发病猪场流行菌株相同。有条件的可以送检病料，分离鉴定血清型，再选择疫苗或者对猪群免疫后监测免疫效果和生产情况，生产情况的改善是判断疫苗有效性的关键，必要时可采用自家苗。正常免疫程序：种公猪一年两次，每次3毫升，后备母猪在配种前15～30天接种3毫升，产后30天肌内注射3毫升。仔猪30日龄接种2毫升。如果猪场正流行本病，怀孕母猪应在产前15～20天加强免疫一次，仔猪应提前在15日龄免疫。

◆**中兽医对猪链球菌病的辨证施治**

中兽医对猪链球菌病的治则以清热解毒，凉血救阴为主。防治以五味消毒饮和清肺散为基础方进行加减。中后期选用清瘟败毒饮。五味消毒饮源于《医宗金鉴》，由金银花、野菊花、蒲公英、紫花地丁、天葵子组成。清肺散源于《元亨疗马集》，由贝母、花粉、桑白皮、黄芩、鲜芦根、马兜铃、瓜蒌、蜂蜜组成。

［**附方1**］ 五味消毒饮加减，用金银花90克、野菊花60克，蒲公英90克，紫花地丁90克，天葵子30克，煎水服或粉碎拌料。

［**附方2**］ 野菊花、忍冬藤、紫花地丁各15克，白毛夏枯草、七叶一枝花各10克，煎水服或粉碎拌料。

［**附方3**］ 中西结合治疗仔猪脑膜炎型链球菌病：仔猪脑膜炎型链球菌病在农村仍然是常见病，运用中西医结合的方式，能使仔猪死亡率大大降低。具体治疗方法为板蓝根注射液每5千克体重3毫升与654－2针每千克体重1毫克混合一次肌内注射。磺胺－6－甲氧嘧啶每千克体重0.05毫克与地塞米松每千克体重0.1毫克混合一次肌内注射。

［**附方4**］ 中草药方剂治疗化脓性淋巴炎型猪链球菌病：金银花50克，连翘50克，蒲公英60克，紫花地丁60克，此方为成年猪1日用量，水煎或粉碎拌料，分2次内服，连服3～5剂。

公共安全

由于猪链球菌是人畜共患传染病，因此，在处理猪链球菌病时，相关人员一定要做好自身防护工作，出现症状应及时就医。对病猪污染的猪舍、污染物及其环境要彻底消毒。对无治疗价值病猪及病死猪按规定进行无害化处理。

十九 猪附红细胞体病

猪附红细胞体病是由猪附红细胞体引起的以发热、贫血、黄疸为主要特征的传染性疾病。近年来，猪附红细胞体病原发病的急性病例已越来越少见。临床上猪附红细胞体病并发或继发其他病原体感染的病例日益增多。

病　原

本病病原在分类学上地位尚有争论，其传播途径不完全清楚。国内外曾有学者称之为类微粒孢子。在伯杰氏手册中曾被划分为立克次氏体。但目前国际上根据其16SRNA的序列，普遍认为其属于支原体属。附细胞体无细胞壁、无鞭毛，对青霉素类抗生素不敏感，而对强力霉素敏感。

流行特点

附红细胞体有种特异性，家猪感染的附红细胞体，牛、绵羊等动物不感染。本病一年四季都可发生，但以夏秋高温高湿季节发病率和死亡率较高；不同年龄、品种的猪均可感染，但以外来品种猪和20～60日龄的仔猪较多发。猪附红细胞体的感染率高，但大多数是隐性感染。当应激因素（如环境恶劣、气候闷热、潮湿）和其他疾病导致猪抵抗力下降时可诱发本病。如猪群发生温和型猪瘟、猪伪狂犬病、猪繁殖与呼吸综合征、猪圆环病毒病、猪流感、猪弓形虫病、猪衣原体病、猪链球菌病、大肠杆菌病、疥螨病等，也可诱发本病。可见该病的发生与猪群中存在的其他传染性疾病密切相关。近几年，猪附红细胞体病在全国范围内大面积暴发和流行，对我国的养猪业造成极大的经济损失。

临床症状

急性患猪体温升高达41～42℃，经3～5天高热后，体温自然下降，再经 1～2 天体温又会升高，体温呈现波浪式的间歇热。全身皮肤发红，鼻盘、嘴唇、耳郭（含耳尖）、臀部及四肢末端皮肤发紫，背部、腹下皮肤出现红色瘀血斑，尤其是耳郭边缘发生坏死。

慢性病例，成年猪多表现皮肤和可视黏膜苍白或黄染，厌食，粪便干，尿黄或黄褐色。有时还表现两后肢不能站立。母猪症状分急性、慢性两种。急性感染呈持续高热（40～47 ℃），厌食，妊娠后期和产后母猪发生乳房炎和无乳症，个别母猪发生流产，产死胎或弱仔（图 19－1）。慢性感染母猪表现衰弱，黏膜苍白，黄疸，不发情或屡配不孕。部分患猪则表现生长发育不良，易并发其他疾病（不同并发症有其相应的不同症状）。体表毛孔有明显的铁锈色出血点，尿由深黄色逐渐变成棕红色，血红蛋白尿。

病理变化

主要病变为贫血、黄疸，血液稀薄如水，不易凝固，全身肌肉颜色变淡，皮下脂肪及各脏器黄染。胸腹腔、心包积液。肝肿大，呈现棕黄色，胆囊充满黏稠胆汁。脾肿大，暗红色，表面及边缘有鲜红色丘状的小出血点，肺间质水肿、增生，呈现棕黄色。肾混浊，肿胀，呈暗红色，质地脆。肠道有出血斑块。支气管、膀胱表现黄染（图 19－2，图 19－3，图 19－4，图 19－5，图 19－6，图 19－7，图 19－8，图 19－9，图 19－10）。

诊　断

根据高温季节多发，症状表现高热，体温呈间歇热，全身皮肤发红，贫血，黄疸，血红蛋白尿，再结合血液淡红稀薄，脾脏表面有鲜红色丘状出血点等病变可作出初步诊断。确诊方法：采血加生理盐水稀释后，在高倍显微镜下观察到红细胞周边有许多呈星状或不规则多边形的虫体。也可以用血液涂片进行姬姆萨染色后，在油镜下观察到附红细胞的虫体。值得注意的是，在诊断时可因稀释液不等渗因素造成红细胞变形或因染色液问题均可产生假阳性现象。此外，还要看看细胞中附红细胞体的感染率多少而确定本病是否为主因。因为许多健康猪群中也存在部分红细胞有隐性感染附红细胞

体的情况。随着分子生物学技术的发展，也可应用 PCR 技术来检测本病。

防治方法

1. 定期驱杀蚊、蝇、蠓蚋、虱、疥螨等昆虫。加强饲养管理，给予全价饲料，保证营养均衡，以增强机体的抗病能力。减少不良应激。

2. 治疗本病的首选药物为贝尼尔（血虫净），按每千克体重5～7毫克计算，深部肌内注射，间隔 48 小时重复用药一次，效果好。但毒副作用较大，应用时要注意，不宜过于频繁或超量用药。亦可应用四环素、土霉素、强力霉素和金霉素。另外，砷制剂（如阿散酸）0.02%拌料，连喂 7 天，以后减半饲喂 15 天。

盐酸复方奎宁注射液，按每千克体重 4～8 毫克肌内注射。同时用盐酸左旋咪唑按每千克体重 0.1 毫升，一天一次，连用 2～3 次。

对症治疗

急性附红细胞体感染会引起严重的酸中毒和低血糖症，因此，对症治疗的关键是防止低血糖和酸中毒，对发病母猪静脉注射10%葡萄糖和 5%碳酸氢钠。对发病群体在每吨饲料中添加碳酸氢钠 1～2 千克。强心，使用安钠咖注射液 0.5～1 毫升。解热，42 ℃时可肌内注射氨基比林注射液，并结合补充铁剂（牲血素 2 毫升/头）和维生素 C。对于本病与其他疾病并发或继发的病例，用药物时还要兼顾到并发症或继发症的用药。

◆中兽医对猪附红细胞体病的辨证施治

对于猪附红细胞体病，中兽医认为此病表现大热烦躁，渴饮干呕，昏狂，发斑，舌绛，脉沉细而数或浮大而数，乃疫毒火邪，充斥内外，气血两燔之证，可采用中药方剂“清瘟败毒饮”结合部分西药进行治疗。方药组成为白虎汤、黄连解毒汤及清营汤三方，去粳米、黄柏、银花、丹参、麦冬，加丹皮、赤芍、桔梗组合而成。其功能在重用石膏（主药）的同时，配伍大量的清热解毒和凉血养阴药，以达到气血同治。此外，桔梗开肺，竹叶清心利尿，导热从下而去。各药配合，气血两清作用颇强，使热毒迅速清除。

［**附方1**］ 柴胡、半夏、黄芩、丹皮、茵陈、枳壳各10克，竹叶、槟榔、常山各6克，鱼腥草8克，开水冲调，候温灌服，每天1剂，连用3剂，个别呼吸困难者则加重鱼腥草用量。

［**附方2**］ 大黄20克、生地20克、金银花20克、栀子20克、板蓝根20克、黄芩30克、连翘30克、甘草30克、石膏40克，煎药汁候温灌服，每天1剂，连用3天。

［**附方3**］ 大黄、厚朴、黄芩、玄参、黄柏、麦冬、金银花、甘草各20克，枳实25克、生石膏50克，煎药汁候温灌服，每天1剂，连用3天。

［**附方4**］ 金银花、野菊花、常山各30克，鱼腥草、大黄(后下)、芒硝各20克，青蒿15克，水煎服，腹泻减大黄、芒硝，高热加知母、生石膏；呼吸困难加大鱼腥草用量。

在应用上述中药方的同时，配合针灸三里、后海穴等白针或电针疗法，效果更好。

二十 猪传染性胸膜肺炎

猪传染性胸膜肺炎是由胸膜肺炎放线杆菌引起的一种呼吸道传染病，以肺炎和胸膜炎症状为特征。急性型病死率高，慢性病例常可耐过。

病　原

本病的病原为胸膜肺炎放线杆菌，革兰氏染色阴性的小球杆状菌或纤细的小杆菌，有的呈丝状，并可表现为多形态性和两极着色性。有荚膜，无芽孢，无运动性，有的菌株具有周身性纤细的菌毛。本菌为兼性厌氧菌，最适生长温度为 37 ℃。本菌对外界抵抗力不强，一般消毒药即可杀灭，在 60 ℃ 5～20 分钟内可被杀死，4 ℃下通常存活 7～10 天。

流行特点

各种年龄猪均易感，但以 3 月龄猪最易感。病猪和带菌猪是本病的传染源。通过空气飞沫传播，在感染猪的鼻液、扁桃体、支气管和肺脏等部位是病原菌存在的主要场所，病菌随呼吸、咳嗽、喷嚏等途径排出后形成飞沫，经呼吸道传播。也可通过被病原菌污染的车辆、器具及饲养人员的衣物等间接接触传播。

本病的发生具有明显的季节性，多发生于 4～5 月和 9～11 月。饲养环境突然改变、猪群的转移或混群、拥挤或长途运输、通风不良、湿度过高、气温骤变等应激因素，可引发或促进本病的发生。

临床症状

人工接种感染的猪潜伏期为 1～7 天，急性猪突然发病。体温升高至 41.5 ℃以上，不食、沉郁，继而呼吸高度困难，常站立或呈犬坐姿势，张口伸舌，从口鼻流出泡沫性的带血丝的分泌物，口、鼻、耳四肢末梢呈暗紫色，在 48 小时内死亡（图 20－1，图

20-2)。个别猪见不到明显症状即死亡，病死率可达 50%以上。若开始症状缓和，则转为慢性或逐渐康复。此时病猪体温不高，轻度发热或不发热，体温为 39.5～40 ℃，精神不振，食欲减退。不同程度的自发性或间歇性咳嗽，呼吸异常，生长迟缓。病程几天至 1 周不等，或治愈或当有应激条件出现时，症状加重，猪全身肌肉苍白，心跳加快而突然死亡。生长迟缓，被毛粗乱，饲料效率下降，有的呈隐性感染。

病理变化

气管和支气管内充满泡沫状带血的分泌物，胸腔积液，肺充血、出血和血管内有纤维素性血栓形成。肺泡与间质水肿，肺的前下部有炎症出现。病程长者可见胸腔内血样胸水增多，肺瘀血、暗红色，淋巴结充血、出血、肿大（尤其肺门淋巴结和纵隔淋巴结），之后肺与胸膜发生粘连，严重时肺与胸膜难以分开，纤维素性渗出物甚多，慢性病例肺炎病灶逐渐缩小，肺出现硬结，切面见化脓灶或出血性结缔组织增生，被纤维性硬壳包围肺与胸粘连，表现肺炎区出现纤维素性附着物或结缔组织化的粘连附着物（图 20-3，图 20-4，图 20-5，图 20-6，图 20-7，图 20-8，图 20-9）。

防治方法

1. 预防

（1）加强饲养管理，严格卫生消毒措施，注意通风换气，保持舍内空气清新。减少各种应激因素的影响，保持猪群均衡的营养水平。

（2）加强猪场的生物安全措施。从无病猪场引进公猪或后备母猪，防止引进带菌猪；采用“全进全出”饲养方式。

（3）做好疫苗免疫注射，由于胸膜肺炎病原有 15 种血清型，其疫苗对不同血清型没有完全交叉免疫性。因此，必须选用对应型疫苗进行免疫，或通过分离现地毒株，制备自家苗进行紧急预防免疫，效果较好。

2. 治疗 要注意耐药菌株的出现，最好轮换用药，或做药敏试验，选用敏感药物。慢性型治疗效果不佳。

（1）当发病初期，患猪群还有较好食欲时，可混饲给药。氟苯尼考是目前控制本病的最有效药物，每吨饲料中添加 100 克，连用 7 天。每吨饲料中添加 20%泰美妙（替米考星）1 000 克，连用 10～15 天。每吨饲料中添加先锋霉素 200 克，连用 5 天，然后剂量减半，再连用 2 周。每吨饲料中添加恩诺沙星（环丙沙星、诺氟沙星、氧氟沙星）120 克、TMP50 克，连用 5 天，然后剂量减半，再连用 1 周。

（2）对于因发病而不采食，但可饮水的，可用氟苯尼考，按每升水 5～10 克。

（3）当猪已不能采食和饮水时，应进行注射给药。氟苯尼考：按每千克体重 20 毫克肌内注射，第一次给药后间隔 48 小时再给药一次。头孢噻呋：按每千克体重 5 毫克肌内注射，每天 1 次，连用 3 次。盐酸多西环素：按每千克体重 2.5 毫克肌内注射，每天 1 次，连用 3 次。

◆中兽药对猪传染性胸膜肺炎的辨证施治

中兽医对猪传染性胸膜肺炎认识主要是以外感风邪进行辨证施治，中兽医认为此病为外感风热或温病初起，宜以辛凉解表、清热解毒为治则，以银翘散为此病证的代表方剂，处方组成为金银花、连翘、桔梗、荆芥、淡竹叶、薄荷、牛蒡子、芦根、甘草，共为末，开水冲服。方中以金银花、连翘清热解毒，辛凉透表为主药；辅以薄荷、荆芥发散表邪，透热外出；牛蒡子、桔梗、甘草合用能祛痰利咽止咳；芦根、淡竹叶生津止渴，能治疗兼证，为佐使药，诸药相合，共起辛凉解表、清热解毒之功，使传染性胸膜肺炎得以治疗。

［**附方 1**］ 银翘散加减：金银花 20 克、连翘 20 克、荆芥 30 克、淡竹叶 30 克、牛蒡子 30 克、淡豆豉 30 克、栀子 30 克、贝母 20 克、板蓝根 30 克、麦冬 30 克、黄芩 20 克、天花粉 30 克、川楝子 20 克、滑石 40 克、枳壳 20 克，水煎先灌服，后可加入饲料中喂服。

［**附方 2**］ 鱼腥草粉 1 000 克，拌 1 吨饲料，连续 7 天。

［**附方 3**］ 黄芪多糖粉 1 000 克，拌 1 吨饲料，连续 7 天。

［**附方 4**］ 穿心莲粉 1 000 克，拌 1 吨饮料，连续 7 天。

二十一 副猪嗜血杆菌病

本病是由副猪嗜血杆菌引起的以多发性浆膜炎和关节炎为主要临床症状的疾病，又称为革拉泽氏病（Glassers Disease）。

病　原

副猪嗜血杆菌已确认的血清型有15种，不同的血清型致病力不同，15种血清型菌株中，1、5、10、12、13、14型毒力最强，可引起猪急性死亡；2、4、8、15型为中等毒力，常引起明显的浆膜炎和关节炎症状；3、6、7、9和11型毒力较低，临床不致病。研究表明，我国以4、5和13型为主，1、10、11、12型也有发生。

副猪嗜血杆菌是革兰氏阴性杆菌，菌体多为短杆状，也有呈球、杆状或长丝状等多形性。本菌分离培养较困难，生长需血液和生长因子，需氧或兼性厌氧，可在鲜血或巧克力琼脂培养基上生长，在巧克力培养基上培养24～48小时生长为光滑型、灰白色、透明、直径大约0.5毫米的菌落。我国已从北京、黑龙江、辽宁、河南、河北、湖南、湖北、山东、上海、福建、广东、宁夏、江西等地分离出副猪嗜血杆菌。

流行特点

带菌猪和慢性感染猪为本病的传染源。通过猪群间的接触、空气飞沫及污染物而发生传播。各种应激因素可诱发和促进本病的发生与流行，如气温突变、空气污染严重、通风不良、寒冷潮湿、不同日龄的猪混群饲养、养殖密度过大、管理不当、饲料质量差、长途运输等。本病发生没有明显的季节性，多呈地方性流行。

副猪嗜血杆菌只感染猪，主要引起断奶前后和保育阶段的猪发病。以前猪的多发性浆膜炎和关节炎被当作是应激反应引起的猪散发性疾病。现今，对于猪呼吸道病，如支原体肺炎、猪繁殖与呼吸综合征、猪流感、伪狂犬病和猪呼吸道冠状病毒感染等，副猪嗜血杆菌的存在会加剧病情，特别是猪场发生猪繁殖与呼吸综合征时常作为主要的继发感染病原，因此，本病被有关专家称为猪繁殖与呼吸综合征的“影子病”。另外，有资料报道，副猪嗜血杆菌可能是引起纤维素性化脓性支气管肺炎的原发因素。

临床症状

多见断奶前后和保育阶段猪发病，通常见于5～8周龄的猪，发病率一般为10%～15%，严重时死亡率可达50%。急性病例，往往首先发生于膘情良好的猪，病猪发热（40.5～42℃），精神沉郁，食欲下降，呼吸困难，腹式呼吸，皮肤发红或苍白，耳梢发紫，眼睑皮下水肿，行走缓慢或不愿站立，腕关节、跗关节肿大，共济失调，临死前侧卧或四肢呈划水样。有时会无明显症状突然死亡。慢性病例多见保育猪，主要是猪发热，体温达40～41.5℃，被毛粗乱，体表皮肤发红，耳尖发紫，眼睑水肿，厌食，消瘦，被毛粗乱，咳嗽，呼吸困难，可视黏膜发绀，生长不良，直至衰竭而亡（图21－1，图21－2，图21－3）。关节肿胀、跛行、颤抖、共济失调、反应迟钝、疼痛。部分病猪出现鼻流脓液，急性感染后可留下后遗症，即母猪流产，公猪慢性跛行。

病理变化

剖检可见急性型的特征性病变是浆液性—纤维蛋白性多发性浆膜炎和多发性关节炎，尤其是腕关节和跗关节（图21－4，图21－5）。坏死性肺炎，肺表面有大量坏死性渗出物并与胸壁粘连。纤维素性胸膜炎，胸腔内有大量淡红色液体及纤维素性渗出物。化脓性或纤维素性腹膜炎。心包炎，心包积液，心包内有豆渣样渗出物，外膜与心粘连，形成“绒毛心”，心肌有出血点。部分还表现肝周炎、脾周炎、脑膜炎、胃炎等（图21－6，图21－7，图21－8，图21－9，图21－10，图21－11，图21－12，图21－13，图21－14，图21－15）。副猪嗜血杆菌也可能引起急性败血症，在不出现典型的浆膜炎时就呈现发绀，皮下水肿和肺水肿，甚至死亡。另据报道，副猪嗜血杆菌还可能引起筋膜炎和肌炎，以及化脓性鼻炎等。

诊　断

疾病诊断通常建立在病史调查、临床症状和尸体剖检的基础上，细菌的分离培养对确诊是必要的，但往往不易成功，这是因为培养副猪嗜血杆菌十分困难，相对于病样中同时可能出现的其他细菌，难以满足其生长需要。应用聚合酶链反应（PCR）诊断技术，可对该病作出迅速的诊断。

做好与链球菌病、传染性胸膜肺炎的鉴别诊断。链球菌病：败血症状更严重；神经症状较为多见；关节积液，较为浑浊；心血涂片，发现链状排列的球菌；各个年龄段的猪均可发生。传染性胸膜肺炎：病变仅在肺脏；急性死亡的猪口鼻流血。

防治方法

本病治疗效果不好，在猪场生产实践中预防本病发生才是上策，应坚持以防为主的原则。加强饲养管理工作，仔猪实行全进全出，提前断奶，减少猪群流动，杜绝不同生长阶段猪的混养状况，减少各种应激因素等。做好副猪嗜血杆菌多价油乳剂灭活苗的免疫，种公猪每半年免疫一次，3毫升/头，后备母猪在产前6～7周首免，2周后二免，以后每胎产前4～5周免疫一次或者3～4个月免疫一次，3毫升/头。必要时可以考虑进行仔猪免疫，根据其母源抗体水平而定，可于7日龄首免1毫升/头，17～28日龄二免1.5毫升/头。

鉴于仔猪在7日龄前鼻黏膜就可能有副猪嗜血杆菌的寄生，仅仅通过早期断奶来消除该菌是不可能成功的，应结合定期抗生素的使用，如肌内注射首选头孢噻呋钠，按每千克体重3～5毫克，1次/天，连用3～5天。也可选用氟喹诺酮类等。1 000千克饮水可添加先锋霉素200克。每吨饲料中可添加20%泰美妙1千克＋强力霉素300克，连用7～10天；或每吨饲料中添加80%乐多丁125克＋氟苯尼考100克，连用7～10天；或每吨饲料中添加恩诺沙星或氧氟沙星100克＋先锋霉素200克，连用7～10天。可采用其中

任何一种用药方案进行治疗。

◆中兽医对副猪嗜血杆菌病的辨证施治

中兽医对副猪嗜血杆菌病的辨证施治以扶正祛邪、清热解毒为治则。选用具有广谱抗病毒、提高免疫力的中草药组方，发挥抗衰竭、保肝、护肾、养心的优势，配合西药，共起清热解表、宣肺化痰、止咳平喘的功效，临床上以麻杏石甘散为主方加减。

［**附方 1**］ 扶正解毒散（板蓝根、淫羊藿、黄芪）1 000 克，麻杏石甘散 2 000 克，10％复方阿莫西林粉 1 000 克，葡萄糖 1 000 克，拌料 500 千克，自由采食，连用 5～7 天。

［**附方 2**］ 土茯苓 500 克，板蓝根 500 克，大青叶 500 克，紫草 400 克，枯矾 150 克，木贼 250 克，甘草 20 克，朱砂 17 克，葛根 500 克，煎水或拌料用，连用 3 剂，每天 1 剂（用量按 10 头架子猪用量计算）。

［**附方 3**］ 酒知母 25 克，黄药子 25 克，生地 25 克，连翘 25 克，栀子 30 克，玄参 20 克，黄芩 20 克，黄连 20 克，郁金 20 克，甘草 10 克，水煎服。此方为体重 50～80 千克猪的剂量。

二十二 猪大肠杆菌病

本病是由致病性大肠杆菌引起的新生幼猪的一组急性传染病，以仔猪黄痢、仔猪白痢和仔猪水肿病、败血症等多种临床表现为特征。各地均有发生，严重威胁仔猪的健康。

病　原

大肠杆菌是革兰阴性、中等大小的杆菌，有鞭毛，无芽孢，能运动，但也有无鞭毛、不运动的变异株，多数无菌毛，少数菌株有荚膜，菌体大小为（1～3）微米×（0.4～0.7）微米。本菌为需氧或兼性厌氧，最适生长温度为 37 ℃，最适生长 pH7.2～7.4. 本菌抵抗力中等，各菌株间有差异。

流行特点

仔猪黄痢发生于 1 周龄左右的仔猪，仔猪白痢主要发生于10～30日龄的仔猪，水肿病多发生于断奶后 1～2 周的仔猪，偶见于肥育猪。带菌母猪和病仔猪由粪便排菌，母猪皮肤及奶头染菌，经消化道感染仔猪。饲养管理不善、卫生条件差、气候剧变、仔猪舍控温失宜及饲料中矿物质（主要是硒）、维生素（主要是 B 族维生素和维生素 E）缺乏或不足易导致猪群易发生相应的病。断奶或饲料改变等应激因素易促使水肿病的发生。

临床症状

仔猪黄痢：仔猪出生健康，数小时到数天后，仔猪排黄色稀粪，内含凝乳片和小气泡，腥臭，顺肛门外流，捕捉仔猪挣扎、鸣叫时排稀粪便，病仔猪迅速消瘦、脱水、衰竭而死（图 22－1、图 22－2）。

仔猪白痢：仔猪突然拉灰白色、乳白瓦灰色或磁白糊状含有气泡的腥臭稀粪，常沾污后躯、尾和肛门四周（图 22－3，图 22－4，

图 22－5）。病猪体温和食欲无明显变化。病猪逐渐消瘦、拱背、皮毛粗糙不洁、发育迟缓。

仔猪水肿病：仔猪突然发病，眼睑和脸部水肿，有时波及头颈部皮下（图 22－6，图 22－7），精神沉郁，食欲下降至废绝，病猪四肢无力、共济失调，静卧时肌肉震颤、四肢划动如游泳状，触摸敏感，发出呻吟或鸣叫，后期转为麻痹死亡（图 22－8）。

病理变化

仔猪黄痢病死猪：尸体脱水，尾及肛门周围沾污黄色稀粪，肠道臌气膨胀，有多量黄色液状内容物和气体，肠黏膜呈急性卡他性炎症（图 22－9，图 22－10）。

仔猪白痢病死猪：尸体消瘦、脱水，皮肤及可见黏膜苍白，尾及肛周沾粪，胃内容物含灰白或乳白色凝乳块，胃黏膜充血、出血，肠卡他性炎症（图 22－11）。

仔猪水肿病：最突出变化是胃大弯部黏膜下组织高度水肿（图 22－12），头颈部、眼睑等处皮下水肿。结肠袢的肠系膜有透明的胶冻样水肿（图 22－13）。大脑间质有水肿。心肌瘫软，在冠状沟周围也见水肿。

诊　断

根据猪的发病年龄、临床症状和病变可初步诊断。确诊需采取肠内容物或淋巴结分离出致病性大肠杆菌。

防治方法

1. 仔猪发病，如果早期进行治疗，治愈率较高。在发病中期，仔猪除下痢外，食欲废绝，身体明显消瘦，有脱水症状。在注射抗菌药物（如庆大霉素、恩诺沙星、痢菌净等）的同时，进行补液，同时，配合收敛止泻、防止酸中毒等措施，提高治疗效果。

2. 加强饲养管理，合理调制饲料。做好仔猪饲养管理和防寒保暖工作。对发病的仔猪，首先应选择抗生素或磺胺类药物做药敏试验后进行治疗。

3. 对大肠杆菌引起的仔猪黄痢、白痢，应在母猪产前 5～6 周和 2～3 周用大肠杆菌 K88、K99、987P 三价灭活苗或 K88、K99

双价基因工程苗各免疫1次，以保证初乳中有较高浓度的母源抗体，加强对母猪预防免疫。

4. 用微生物制剂饲喂仔猪，在仔猪吃乳前喂服，然后哺乳，预防仔猪黄痢、白痢。

5. 对大肠杆菌引起的水肿病，可采取以下措施。

（1）仔猪断奶前尽早补饲，注意补硒和维生素E，增加青绿饲料，尽量减少应激因素。

（2）必要时可考虑接种仔猪水肿病灭活苗。

（3）治疗方案如下：①注射猪水肿病抗毒素以中和大肠杆菌毒素。②注射抗生素选用庆大霉素、氧氟沙星、氟甲砜霉素等。③严重时可结合采用50%葡萄糖20毫升、10%葡萄糖酸钙10～20毫升混合静脉注射，1次/天，连用2～3天。最好结合病情对症治疗，可用安钠咖、利尿素维生素C等药物强心、利尿、解毒以提高疗效。

◆中兽医对猪大肠杆菌病的辨证施治

中兽医认为，初生仔猪体质弱，形气不足，卫外不固，胃肠道的消化和防御机能不完善，易受热之邪或因母乳过多或过稠而伤及脾胃，导致脾胃运化腐熟无力，传导失职，致肠道清浊不分，水湿下泻而生泄泻。近几年来，采用中草药防治猪大肠杆菌病取得了一定的进展，采用白头翁散、白皮柏连散和加减玉屏风散等方剂合用加减或单独加减，往往可取得良效。

［**附方1**］　白头翁散：白头翁、牵牛子各10克，茵陈、金银花各15克，甘草5克，共末为一天量拌料，分上、下午两次喂，供1头母猪或10头小猪服用，连用3天。

［**附方2**］　白皮柏连散：白头翁、黄柏各20克，陈皮、黄连各15克，共末为一天量拌料，分上、下午两次喂，供1头母猪或10头小猪服用，连用3天。

［**附方3**］　加减玉屏风散：黄芪∶白术∶防风∶艾叶为5∶3∶2∶4，粉碎拌匀，拌料饲喂带仔母猪或仔猪，每天80克，分上、下午两次喂，供1头母猪或10头小猪服用，连用3天。

［**附方 4**］ 淡竹叶 10 克，丁香 10 克，肉桂 10 克，苍术 15 克，陈皮 15 克，厚朴 12 克，茯苓 15 克，猪苓 15 克，甘草 6 克，水煎服。此方适用于体重 50～80 千克病猪。

［**附方 5**］ 黄连 36 克，黄芩 30 克，枳壳 24 克，牛蒡子 24 克，黄柏 18 克，麦冬 24 克，金银花 30 克，栀子 24 克，甘草 18 克，研末冲开水内服。此方适用于 80 千克以上大猪。

二十三 猪坏死杆菌病

本病是由环境坏死杆菌引起的多种畜禽传染病。其中以猪、鹿的坏死杆菌病比较严重。

病　原

坏死杆菌为拟杆菌科梭杆菌属，多形性，多见于病灶处。

流行特点

坏死杆菌广泛分布于自然界（土壤、饲养场、污水沟等），特别在潮湿而富含有机物质的土壤及猪等多种健康动物的肠道内（共生菌）。被动物粪便污染的饲料、饮水及猪舍内外环境中都有本菌的存在。通过损伤的皮肤、黏膜传染。一般为散发，在特殊的情况下猪坏死杆菌病有时可能形成流行性。如猪群互相咬斗，特别是长途运输，拥挤，损伤皮肤，在厌氧条件下较有利于坏死杆菌生长繁殖。母猪喂奶期间，也可由于仔猪咬奶头而造成感染。常是其他疫病如猪瘟、口蹄疫和副伤寒等的继发病。

临床症状

由于受害组织部位不同而有不同名称。常见的有：坏死性口炎、坏死性鼻炎、坏死性肠炎和坏死性皮炎。这里只介绍后者，坏死性皮炎多见于育成猪和仔猪，母猪偶尔发生，病变多见于头、颈、肩、臀、胸腹侧皮肤，也有发生在耳根、尾、乳房和四肢等处，以皮肤及皮下组织发生坏死和溃疡为特征（图 23－1，图 23－2，图 23－3，图 23－4，图 23－5）。病变部位先出现小丘疹，继而形成干痂。痂下深部组织迅速坏死，遗留一溃烂面，附有少量脓液。随着病的发展，溃烂区变大，形状不一（方形、圆形或菱形），直径 2～5 厘米，损害渐渐蔓延至皮下组织，迅速液化，有少量的黄色、稀薄、恶臭液体，上有脂肪滴飘浮。若有继发感染或转移到

关节，可形成关节脓肿，若转移到内脏，则形成化脓坏死灶，可导致死亡。

病理变化

剖检病死猪除见局部原发性坏死灶外，一般内脏如肺、肝、脾等可见转移性坏死灶。此外，无其他特征性病变。

诊　断

根据流行特点和临床症状可作出初步诊断，从病健交界处用消毒锐匙取材料作涂片。碱性美蓝染色镜检发现呈间断染色，革兰氏阴性的长线体的坏死杆菌即可确诊。

防治方法

加强饲养管理和清除发病诱因，圈舍保持干燥，保持良好的卫生状况。尽量避免和防止皮肤、黏膜损伤。

及时隔离病猪进行治疗，主要是局部治疗，并配合全身疗法。将病猪隔离在清洁干燥的猪舍内，根据不同的发病部位进行局部处理。如猪患坏死性口炎，用0.1%高锰酸钾溶液冲洗口腔，然后涂上碘甘油或抗生素软膏，每天1～2次。如蹄部病变，可用清水冲洗患部，除去坏死组织，再用1%高锰酸钾溶液、3%煤酚皂溶液或3%过氧化氢溶液等冲洗、消毒。然后涂擦5%龙胆紫，撒布高锰酸钾、磺胺药或涂上各种抗生素软膏。如猪患坏死性皮炎，可用福尔马林原液直接喷于患部或3%过氧化氢溶液冲洗，然后清除局部坏死痂皮和坏死组织，局部填塞高锰酸钾粉，或5%碘酊，或磺胺结晶粉。根据不同变化，再进行对症治疗直至痊愈。全身治疗主要是控制病情，防止继发感染。可注射青霉素、磺胺类等抗菌消炎药物。此外，还应配合强心、补液、解毒等对症疗法。

◆中兽医对猪坏死杆菌病的辨证施治

中兽医认为猪坏死杆菌病为风邪疫毒感染，病变表现为局部炎症并发全身性感染，辨证施治以清热燥湿、消癀解毒为治则。若癀症入脏腑，则应结合脏腑辨证进行，其中风邪为致病的主要因素。

［**附方1**］（外用方）三黄末30克，五倍子粉20克，乳香12克，川芎、草乌各20克，黏香末30克，诸药共研细末，混匀，再

调米酒适量成软膏，外用涂敷患部。

［**附方2**］（内服方）黄连18克，黄芩30克，黄柏30克，栀子30克，木香24克，知母30克，苍术24克，茵陈30克，木通24克，大黄24克，朴硝30克，连翘24克，甘草9克，桔梗24克，诸药共水煎去渣，候温冲鸡蛋清2～3枚，麻油20～30毫升，待凉灌服，连续2～3剂。

［**附方3**］（内服方）茵陈100克，板蓝根60克，大黄、黄芩、黄柏各20克，金银花40克，加白糖250克，煎水饮服，每天1剂，连服3～5天。此方为体重50～80千克猪的用量。

［**附方4**］（内服方）半夏曲15克，白术12克，扁豆18克，陈皮12克，党参18克，砂仁12克，桔梗15克，茯苓18克，藿香18克，黄连4克，甘草8克，煎服。此方为体重30～50千克猪的用量。

二十四 猪　　痘

猪痘是一种猪的温和性、急性、典型性皮肤型痘病毒病。其特征是皮肤和黏膜上皮发生特殊的红斑、丘疹和结痂。

病　　原

猪痘的病原是两种形态近似的病毒，一是猪痘病毒，该病毒是发生猪痘的主要病原；另一个是痘苗病毒，能使牛、猪等多种动物感染。两种病毒有交叉免疫性。

流行特点

本病常发生于幼龄猪及断奶仔猪。成年猪的抵抗力较强，病毒随着皮肤痘疹的渗出液、脓疮和脱落的痂皮而散布于猪舍及周围环境中。

猪痘的自然传播途径还不是很清楚。但通常认为主要是血虱、蝇、吸血昆虫等叮咬传播。病毒在猪虱体内可存活一年之久，但不复制。其他昆虫如蚊等在本病传播上也有很重要的作用。痘苗病毒可通过病猪与健康猪直接接触或间接接触损伤的皮肤而感染。由痘苗病毒引起的猪痘，各种年龄的猪都可感染发病。常见地方性流行发生。

本病可发生于任何季节。当春秋阴雨季节、寒冷、潮湿、卫生差、拥挤、营养不良时，仔猪的发病和死亡率均升高。不能忽视它对养猪业的危害。

临床症状

潜伏期平均为 4～7 天，病猪体温升高达 41～42 ℃，精神沉郁，行动呆滞，喜卧，食欲不振，眼睑浮肿，结膜炎，有黏性分泌物。在鼻镜、眼、躯体的下腹部、四肢内侧、背部或体侧等皮肤上出现红斑，在红斑中间再发生丘疹（图 24－1）。3 天后则变为水疱或脓疮，脓疮中心凹陷呈脐状，干固成痂皮，脱落结痂，反复2～3次才痊愈（图 24－2）。这种规律的病变是本病的特征性表现。在发病过程中，病猪皮肤患处发痒，常在猪圈、墙壁、栏柱等处摩擦，致使皮肤流出血性液体。局部黏附泥土、垫草，结成厚壳，致使皮肤变厚或形成皱褶。

病理变化

除可见到与临床症状相同的皮肤变化外，死亡猪的咽、口腔、胃和气管见到痘疹。还可见鼻咽、气管、支气管等部位黏膜有卡他性或出血性炎症变化。组织学检查可见脓浆内包含体，包含体内有小颗粒状的原生小体。胞核中可见大小不等的空泡化。注意在痘苗病毒感染引起的猪痘，则不见空泡化。

诊　断

依据流行特点和临床症状即可做出初步诊断。

猪痘病毒感染引起病猪躯干的下腹部、四肢内侧、背部或体侧等处形成孤立的圆形丘疹，可与类似疾病（猪水泡病、猪水疱性口炎、猪葡萄球菌病、口蹄疫）相区别。

如果要确定病原，则必须进行病毒的分离和鉴定，如中和试验、血凝抑制试验、动物接种试验（如做家免接种试验，接种部位出现痘疹的是痘苗病毒感染引起，接种部位无变化是猪痘病毒感染引起）等。这些试验比较简便易行。

防治方法

猪痘无特效疗法，采用常规治疗方法，治疗目的在于防止细菌继发感染，抗生素如环丙沙星、氟苯尼考或清热解毒中药如板蓝根、黄芩、黄柏拌料饲喂对病猪患部对症治疗：局部病变区可用10％高锰酸钾溶液洗涤擦干后，再选用1％龙胆或紫药水，5％碘甘油涂抹。

搞好饲养管理、环境卫生，消灭虱、蚊、蝇。发病后隔离病猪，圈舍保持干燥，控制好温、湿度，饲喂营养全价糊料。应用百毒杀、菌毒灭等消毒剂按施药比例喷洒猪舍。据报道，3％福尔马林溶液用于猪痘病猪体表喷雾，取得满意的效果。

◆中兽医对猪痘的辨证施治

中兽医认为猪痘多由湿热疫毒引起，六淫之邪侵入机体，脏腑毒气积聚，气血运行受阻，致使气血凝滞，反映于体表而成痘疹湿毒。而在六淫之邪中，主要是以湿、热为主，治疗原则以清热解毒、活血祛瘀为主，内服和外用兼治。故常用清热解毒法。临床上若有表邪宜疏表，里实者通里，热毒蕴结者清热，寒邪凝聚者温通，湿阻者利湿，气滞者行气，血瘀者活血祛瘀。内服可选用黄连解毒汤，外用可选用一些清热解毒的中草药煎洗外敷，以达到标本兼治的目的。

［**附方 1**］ 黄连解毒汤加减：黄连 6 克，黄芩 9 克，大黄 18 克，栀子 15 克，连翘 15 克，银花 18 克，黄柏 12 克，牛蒡子 24 克，丹皮 15 克，胆草 15 克，淡豆豉 12 克，大青叶 30 克，野菊花 12 克，甘草 6 克。此方为体重 50～80 千克猪的剂量，煎水分 2 次服，连服 2 剂。

［**附方 2**］ 地骨皮、忍冬藤各 60～90 克，煎水喂服，并洗患处。

［**附方 3**］ 双花 50 克，连翘 50 克，地丁 50 克，紫草 30 克，苦参 30 克，浮萍草 30 克，黄柏 30 克，蒲公英 40 克，生地 30 克，丹皮 30 克，甘草 20 克。研末后煎汤口服，每天 1 剂，连用 3～4 剂。一般使用 3 剂后明显好转。此方为体重 50～80 千克猪的剂量。

［**附方 4**］ 鲜吊竹梅煎汤让猪自由饮用，升麻 8 克，葛根 10 克，赤芍 5 克，牛蒡子 6 克，黄芩 10 克，薄荷 5 克，二花 8 克，连翘 8 克，木通 5 克，甘草 5 克。研细末每只猪 20～30 克开水候温冲服。痘疹全身明显后，减升麻、葛根、薄荷，加生地、元参。此方为体重 15～30 千克架子猪的剂量。

二十五 魏氏梭菌病

病　原

魏氏梭菌是一种条件性致病菌，能引起多种动物发病。本菌致病作用主要在于它所产生的毒素。魏氏梭菌广泛分布于自然界，抵抗力较强，能较长期地生存下去。在寒冷、饲养管理不当或饲喂过多精料等条件下，魏氏梭菌易引起发病。

流行特点

过去认为只有C型魏氏梭菌能引起7日龄以内（多为3日龄以内）仔猪红痢而死亡；A型魏氏梭菌能引起初生乳猪奶油样腹泻，但不死亡；成年猪则很少发生此病。近年来，在牛、羊、猪的“猝死症”病例中分离到A型魏氏梭菌。我国近10年有关猪魏氏梭菌病的研究表明，无论是A型魏氏梭菌还是C型魏氏梭菌均能引起猪的死亡。C型魏氏梭菌多导致仔猪死亡，A型魏氏梭菌可导致乳猪、断奶仔猪、后备种猪、育肥猪、母猪和种公猪死亡。仔猪发病多在10～15日龄或断奶后，病死率达100%，其他猪病死率为70%～100%。死亡猪一般膘情良好，体格健壮。

临床症状

多为急性死亡，死前无任何前期症状，有些猪当天表现食欲不振，次日即死亡。多数患猪体温升高。个别慢性发病猪表现精神沉郁，呼吸困难，食欲不振或废绝，眼结膜潮红。全身肌肉震颤，运动障碍，共济失调，严重者后肢麻痹，倒地不起、呻吟磨牙、口吐白沫、四肢作游泳状划动，腹部胀气，很快死亡（图25-1，图25-2，图25-3）。

病理变化

以全身实质器官及消化道出血、小肠阶段性坏死为特征。心冠脂肪出血，心内、外膜及心肌出血。肝肿大、质脆，胆囊肿大、胆汁充盈，肝、脾、肾均有散在出血点。胃黏膜脱落，有出血斑点。小肠严重出血、臌气，呈红褐色，并发生节段性坏死，肠系膜淋巴结瘀血肿大呈紫红色（图 25－4，图 25－5，图 25－6，图 25－7）。

防治方法

本病主要是由于饲料、饮水、环境等被魏氏梭菌污染，菌体或芽孢被猪吞食后，在其肠道内大量增殖，引起发病。另外，饲料、气候、环境等的突然变化，导致猪体抵抗力下降，肠道菌群失调，使得肠道内原有的魏氏梭菌大量繁殖，也易导致其发病。

在本病的高发区及高发季节（春秋），应对易感猪提前接种魏氏梭菌铝胶灭活苗，使机体产生特异性免疫力，抵抗魏氏梭菌的侵袭。

对于一些发病较缓的动物，可使用喹诺酮类药物（环丙沙星、恩诺沙星、氧氟沙星）、土霉素、四环素等药物防治。

◆中兽医学对猪魏氏梭菌病的辨证施治

中兽医学对猪魏氏梭菌病的诊治以清热燥湿、凉血解毒为治则，采用能增强胃肠蠕动、清热解毒、凉血止痢、阻止瘟疫热毒进入机体的中药。组方白头翁汤加减，或采用黄芩黄连解毒汤加减，煎水灌服，每天 2 次，连用 3～5 天，可以收到良好的效果。

［**附方**］ 白头翁、瞿麦、黄连、黄芩、地榆、诃子、白术、苍术各 30 克，甘草 15 克，供体重 20～50 千克病猪服用，水煎 2 次，候温，分 2 次拌料喂给或灌服，连服 3 剂。方中白头翁清热解毒为主药；黄连、黄芩清热燥湿、泻火解毒，瞿麦、白术、苍术利湿、行血、健脾，五药合用能助主药清热解毒：地榆凉血止血，诃子涩肠止泻，共为佐药；甘草调和诸药为使药。各药合用，共成清热解毒、燥湿健脾、凉血止痢之功。

附　仔猪红痢

仔猪红痢又名猪梭菌性肠炎或仔猪坏死性肠炎，是由 C 型魏氏梭菌引起的新生仔猪的一种肠毒血症。

流行特点

C型魏氏梭菌在自然界广泛分布，也常存在于一部分母猪的肠道中，随粪排出，污染猪舍环境，特别是母猪奶头，新生仔猪通过吮乳感染。细菌在小猪胃肠道中生长繁殖，产生毒素，导致仔猪发病。本病多发生于1周龄内特别是1～3日龄仔猪，病程极短，有的不表现症状即死。

临床症状

病仔猪的主要症状是排出红褐色血性稀便，粪便中含有少量灰色坏死组织碎片和气泡，有特殊腥臭味，后肢沾染血样便，故称红痢。少数患猪表现为亚急性型或慢性型，拉灰黄色糊状粪，后变成清液状的"米粥汤"，进行性消瘦，衰弱，生长停滞，于数周后死亡或被淘汰。

病理变化

死亡猪肛门周围被黑红色粪便污染。剖开腹腔内有多量樱红色积液，病变主要在空肠，有时波及回肠前段，与正常肠段界限分明。肠壁深红色，黏膜及其下层广泛出血，或覆以灰色坏死性假膜。在这些肠段浆膜下及充血的肠系膜淋巴结中常有数量不等的小气泡，是本病的一个特征。

诊　断

根据猪发病日龄、拉痢的色泽、迅速死亡和病理变化可以作出初步诊断。倘若需要时做细菌学和肠毒素检查以利确诊。

防治方法

采取综合性防控措施，主要是加强母猪和仔猪的饲养管理，由于母猪受到魏氏梭菌的感染，会造成猪舍的污染，而使得仔猪更容易受到魏氏梭菌的感染，最终降低生产性能，因此，要保持猪舍清洁卫生，做好消毒工作。疫场母猪产前30天和15天各免疫接种一次仔猪红痢氢氧化铝菌苗5～10毫升或仔猪红痢干粉菌苗（氢氧化铝盐水溶解）1毫升，连续用苗两胎的母猪以后则于产前15天注苗一次即可。仔猪出生后，用抗菌药物（如泻痢灵、土霉素、喹诺酮类）口服，可阻止病原菌的生长繁殖，有一定效果。

◆中兽医学对仔猪红痢的辨证施治

中兽医学认为仔猪红痢的发生原因是因仔猪先天发育不良，后天营养不足，导致仔猪脾胃虚弱和抵抗力下降，湿热疫毒内侵所致。防治法则以清热燥湿、凉血解毒为主。常用方剂可选用黄连解毒汤和郁金散等加减。

［**附方1**］　黄连、地榆、赤芍、银花、诃子、白头翁各1份。诸药共研末过筛备用，用时加水调成糊状舔服。每头3克，每天2次。

［**附方2**］ 小茴香1份、泽泻1份、苍术1份、茯苓0.5份、焦山楂1份、吴茱萸0.5份、木香0.5份。混合研末过筛备用。同时加水调成糊状给仔猪舔服，每头3克，每天3次。

［**附方3**］ 黄连30克、黄芩30克、白头翁50克、生姜30克、乌梅20克、木香10克、山楂20克、茯苓15克、甘草10克，上药加水2 000毫升煎为300毫升，每千克体重每次内服2～3毫升，每天3次。

［**附方4**］ 赛葵30克、黄连50克、白头翁30克、栀子20克、菊花30克、白芍20克、乌梅20克、金银花60克、旱莲草30克、滑石20克、木香20克、甘草10克。上药加水1 000毫升煎至200毫升，按每千克体重每次3～5毫升喂服，每天3次。

［**附方5**］ 黄连30克、白头翁30克、白芍20克、栀子20克、白木槿花10克、金银花30克、六一散30克，水煎为30%浓药液，每千克体重一次灌服3～5毫升，每天3次。

二十六 猪痢疾

猪痢疾是由猪痢疾密螺旋体引起的猪特有的一种肠道传染病，又称猪血痢、黑痢、黏液出血下痢等。临床上以消瘦、腹泻、黏液性或黏液出血性下痢为特征。病理学特征为卡他性、出血性、纤维素性或坏死性盲肠与结肠炎。病猪除发生死亡外，也有的耐过而愈，但病愈猪生长很缓慢，饲料消耗率为正常猪的 2 倍，而增重为正常猪的 1/2。

病　原

本病的病原体为猪痢疾螺旋体，是螺旋体属成员，大小为（0.3～0.4）微米×（7～9）微米。本菌呈较缓的螺旋形状，为厌氧菌，培养时比一般细菌的要求严格。本菌对外界环境抵抗力较强，在密闭猪舍粪尿沟中可存活 30 天。对一般的消毒药敏感，如 1%苛性钠 2～30 分钟可将其灭活。对热、氧、干燥也敏感，在密闭猪舍粪沟中可存活 30 天，在粪中 5 ℃时存活 61 天，25 ℃时 7 天，37 ℃时很快死亡，在土壤中 4 ℃时存活 15 天，粪堆中 3 天，在潮湿污秽环境和堆肥中可生存 7 个月或更长，在沼泽或污水池中可以生长繁殖而长期存在。

流行特点

不同品种、年龄的猪都可发病，但以 7～12 周龄的猪多发。病猪和带菌猪随粪便排菌，通过消化道传染。变换饲料、运输、拥挤等各种不良应激因素均可促使本病的发生和流行。实验结果证明，猪痢疾螺旋体的致病作用与大肠内多种微生物（如特异性的厌氧菌）的寄居和参与有关。

临床症状

本病潜伏期一般为 7～8 天，长的可达 2～3 个月。猪群起初暴发本病时，常呈隐性，后逐渐缓和为亚急性和慢性。

1. 最急性型 见于流行初期，死亡率高，个别表现无症状，突然死亡。多数病例表现废食，剧烈下痢。粪便开始为灰色软便，随即变成水泻，内有黏液、血液或血块，随病程发展，粪便中混有脱落黏膜或纤维素样渗出物的碎片，其味腥臭。此时病猪精神沉郁，肛门松弛，排便失禁，腹紧缩，弓腰和腹痛，眼球下陷，呈高度脱水状态，全身寒战，往往在抽搐状态下死亡，病程12～24小时（图26-1）。

2. 急性型 多见于流行的中后期，病猪排软便或稀便，继而粪便中含有大量半透明的黏液而粪便呈胶冻状，多数粪便中含有血液和血凝块（红色），咖啡色或黑色的脱落黏膜组织碎片。同时食欲减退，口渴增加，腹痛并迅速消瘦，有的死亡，有的转为慢性，病程7～10天（图26-2）。

3. 亚急性和慢性型 多见于流行的中后期，亚急性病程为2～3周，慢性病程为4周以上。下痢时轻时重，反复发生。下痢时粪便含有黑红色血液和黏液（如油脂状）。病猪食欲正常或稍减退。猪体进行性消瘦，贫血，生长迟滞。呈恶病质状态。少数康复猪往往经一定时间复发，甚至多次复发。

病理变化

剖检主要病变在大肠。大肠壁充血、出血、水肿，肠黏膜肿胀，大肠肠系膜淋巴结水肿、出血，切面多汁，肠内容物呈粥状或水样，混有黏液、血液及纤维素样渗出物，或有黄色和灰色麦皮样坏死黏膜（图26-3，图26-4，图26-5）。

诊　断

本病临床症状明显，诊断不难。必要时取大肠黏膜或粪便直接镜检，取带有血丝的黏液少许或大肠黏膜直接涂片，以草酸铵结晶紫、姬姆萨染色或复红染色镜检，或将病料涂在载玻片，加水一滴，用相差显微镜或暗视野显微镜检查。如每个高倍视野有2～3个缓慢呈蛇形运动的较大螺旋体，即可初步确诊。

防治方法

疫苗接种：Conbs等（1989）和Hampson等（1989）研究认

为接种含有 tlyA 溶血素的亚单位疫苗的猪可获得保护性免疫，有条件的猪场可接种，以预防猪痢疾的发生。

综合措施：由于病猪和康复带菌猪是传染源，因此，不要从发病猪场引种，坚持自繁自养。同时，应注意改善饲养管理和卫生条件。猪舍要清洁干燥，防寒保暖。饲养用具勤洗刷，勤消毒。

治疗药物：应用 0.5%痢菌净，肌内注射，每千克体重 2～5 毫升，每天注射 2 次，连用 2～3 天。庆大霉素按每天每千克体重 2 000 单位肌内注射，2 次/天，连用 3～5 天。泰妙菌素按每千克体重 10 毫克，1 次/天，连用 3 天。有条件的猪场可以采用饮水给药 5～7 天，饮水给药是治疗急性猪痢疾的首选方法。群体用药：每吨饲料中添加 80%乐多丁 125 克＋强力霉素 200 克，连用 7～10 天；每吨饲料中添加泰乐菌素 200 克＋强力霉素 200 克，连用 7～10 天；每吨饲料中添加硫酸黏杆菌素 200 克，连用 7～10 天。

◆中兽医对猪痢疾的辨证施治

中兽医将猪痢疾分为湿热痢、虚寒痢和疫毒痢三种进行辨证施治。湿热痢为疫毒内侵肠道，致使气血凝滞，传导失职，湿热结合下注，而发痢疾，治则以清热化湿、调气行血为主，选用通肠芍药汤。虚寒痢兼见毛焦肷吊，耳鼻俱凉，治则以温补脾肾、收涩固脱为主，可选用四神丸；疫毒痢发病急，泻粪黏腻，夹杂脓血，里急后重，治则以清热解毒、凉血解毒为主，可选用白头翁汤加减。

［**附方 1**］ 鲜鱼腥草 2 份，鲜大叶桉叶 1 份，洗净捣烂绞汁备用。临症时每头仔猪灌服 1～2 毫升，每天 3 次，连服 3 天可愈。

［**附方 2**］ 桂皮 30 克，川芎 9 克，当归 6 克，白芍 6 克，枳壳 6 克，茯苓 3 克，甘草 30 克，益母草 15 克，加水 2 500 毫升煎至 1 000 毫升灌服。

［**附方 3**］ 白头翁、黄连、黄柏、秦皮、白芍、鸡内金，制成每毫升含生药 0.3 克，每天口服 3 次，每次 3～5 毫升，3 天为一疗程。

［**附方 4**］ 龙胆草 9 克，白头翁 9 克，黄连 4.5 克，共研末，每次 2 克，每天 2～3 次。

［**附方5**］ 葛根40克，黄连35克，黄芩35克，茯苓30克，泽泻30克，山楂30克，神曲30克，木香20克，甘草10克，水煎两次，取汁调料喂母猪，每天2次。

二十七 猪渗出性皮炎

本病是由猪葡萄球菌所引起的猪的一种急性、不痒、高度接触性传染病，又称猪葡萄球菌病，俗称脂溢性皮炎或煤烟病。

流行特点

葡萄球菌在自然界分布很广，存在于空气、饲料、饮水、尘土及各种物体表面以及母猪的口、鼻、眼、耳、肛门和阴道皮肤及黏膜上，主要通过接触传染，尤其是猪出生经过产道和空气传染。本病传播迅速，同一猪群的仔猪在短时间内相继感染发病。健康猪和发病猪接触很易引起传播。本病主要发生于出生后几天至 35 日龄的哺乳仔猪和断奶仔猪。一般为散发性。

临床症状

感染仔猪先从口角、头、眼睛周围、耳郭和腹部无毛、少毛处皮肤发炎出现红斑（图 27－1），小水疱、小脓疱迅速破裂，渗出脂性渗出物，附有脱落的皮垢等污物，似覆盖一层煤烟，呈黑色，散发恶臭气味。病仔猪减食，渴欲增加，消瘦，脱水，腹泻，陷入衰竭，几天后死亡（图 27－2，图 27－3）。良性病例痂脱落，露出鲜红面，经数天至数周愈好，但发育受阻呈僵猪（图 27－4，图 27－5，图 27－6）。

病理变化

尸体消瘦，脱水，皮肤上有黄褐色的渗出物显现胶着，混有污物、尘埃等，像覆盖一层煤烟，散发特殊臭味。

诊　断

根据流行特点、特征性症状及病变可以作出诊断。必要时采集病料送实验室做细菌学检查，发现猪葡萄球菌即可确诊。

防治方法

发生本病时要加强发病猪的护理，加强环境消毒。常发区、疫场可分离猪葡萄球菌做本场的灭活菌苗接种免疫。

由于本病在猪场有一定的传染性，经常表现为哺乳期仔猪和断奶仔猪群体发病。因此，对于哺乳仔猪可以采用头孢噻呋钠做三针保健，分别在1日龄、阉割、断奶时，按每千克体重3～5毫克，各肌内注射一次；每吨哺乳料中添加80%乐多丁125克、先锋霉素150克，连续7～10天，可以很好地切断渗出性皮炎在哺乳期仔猪中的传播。对于断奶仔猪，每吨饲料中添加80%乐多丁125克、先锋霉素150克、多维300克，连续7～10天。

个体治疗：①用消毒剂（如有机碘或2%～3%的氢氧化钠溶液或0.01%高锰酸钾溶液等）涂擦仔猪患部，待干后用红霉素软膏涂擦患部。用法：每天2～3次，连用3～5天。②由于葡萄球菌很容易产生耐药性，在选择抗生素治疗时，最好是先做药敏试验。在没有条件做药敏试验的情况下可以选择以下几种药物：头孢菌素、丁胺卡那霉素、庆大霉素、氧氟沙星、林可霉素、阿莫西林等结合地塞米松。用法：每天2次，连用3～5天。③结合辅助治疗（如维生素C、复合维生素B等），以增强机体抵抗力。

◆中西兽医结合治疗猪渗出性皮炎

中兽医认为猪渗出性皮炎多因风热或风寒之邪所致，正邪相搏于皮肤，致使营卫之气郁结不散所致。或因内伤料毒，复感风邪，卫气被郁，以致内热不得疏泄，外不得透达，郁结于营卫之间所致。治则以祛风清热除湿为主。民间对仔猪渗出性皮炎也叫“猪油皮病”，主要发生于哺乳仔猪及断奶仔猪，临床表现以皮肤油脂样渗出、表皮脱落、小水疱形成及体表痂皮结壳为特征。民间中兽医常用地锦草（斑地锦）、鱼腥草、蒲公英、马齿苋水煎外洗，大青叶、石榴皮、黄连、黄芩、黄柏、大黄、连翘、穿心莲、败酱草、紫花地丁、金银花、夏枯草、千里光、仙鹤草内服，有一定疗效。

［**附方1**］　地锦草适量，全草洗净，文火煎煮1小时，滤出煎提液，加入300毫升水，文火煎30分钟，滤出煎提液，合并两液

以文火煎煮浓缩至500毫升（含生药0.2克/毫升），药液以3 500转/分钟离心，取上清液，冰箱冷藏保存备用。口服量为每千克体重0.5毫升，外洗液为稀释后生药含量20毫克/毫升的水煎提取物，每天3次，3～5天为一疗程。以渗出减少、皮肤出现干燥为治疗有效；以皮肤完全干燥、痂皮脱落为治愈。

［**附方2**］ 大叶桉叶注射液10毫升×2支，鱼腥草注射液10毫升×2支，地塞米松注射液2毫克×5支，维生素B_{12}注射液500微克×5支，复合维生素B注射液2毫升×5支，混合每头仔猪肌内注射6毫升，每天2次，结合外擦皮炎灵擦剂每天2次，连续3天可治愈。

［**附方3**］ 中西医结合：对患病猪用石菖蒲300克、侧柏叶200克、苦参50克，煎水清洗患部，驱除全身的痂皮和污物，然后用自制软膏（金霉素、紫草、阿莫西林、凡士林）涂抹，每天2次，连用3～7天。同时用阿莫西林（每支50毫克）＋鱼腥草（10毫升）＋地塞米松（5毫克），视仔猪体重、精神状态适量混合肌内注射，每天2次，连用5天。

［**附方4**］ 茅莓根、土茯苓各60克，金银花、黄花豨莶草各30克。以上各味加水3 000毫升，煎浓，去渣，调红糖120克，分4次混合饲料内喂服。

［**附方5**］ 鲜番石榴叶500克，桉树叶250克，豨莶草250克，共水煎加明矾30克外洗。

［**附方6**］ 苍耳子、千里光、一枝黄花、紫花地丁、野菊花根各30～60克，共为细末，分成2～3次服。

［**附方7**］ 萱草根、羌活、白芷、荆芥、防风、川芎、藿香、茯苓、陈皮、生地、丹皮、赤芍、元参各30克，甘草、僵蚕、蝉蜕、厚朴各20克，水煎灌服。此方适用于体重50～80千克成年猪。

二十八 猪副伤寒

本病是由沙门氏菌引起的2～4月龄仔猪发生的传染病，以急性败血症、慢性坏死性肠炎、顽固性下痢为特征。

病　原

沙门氏菌为两端钝圆、中等大小的直杆菌，革兰氏染色阴性，无芽孢，一般无荚膜，有周鞭毛（除雏沙门氏菌和鸡沙门氏菌之外），菌体大小为（0.4～0.9）微米×（1～3）微米，能运动，多数有菌毛。本菌对干燥、腐败、日光等因素具有一定的抵抗力，但对化学消毒剂的抵抗力不强，常用消毒药均能将其杀死。

流行特点

本病主要发生于断奶到4月龄仔猪，经消化道传染。当饲养条件差，如潮湿、拥挤、长途运输、气候骤变或营养缺乏等可诱发本病。它也常继发于猪瘟流行过程中。

临床症状

急性型：发热（体温达41℃以上），精神委顿，食欲不振至废绝，腹部蜷缩，拱背、腹泻，粪便很臭。呕吐，粪便呈水样或带血样便，或混有纤维絮状物，沾污后躯。伴有咳嗽及呼吸困难，蹲于猪舍角落。腹部皮肤、耳、嘴、尾、四肢末端发红或蓝紫色（图28－1）。慢性型：体温40.5～41.5℃，腹泻常有周期性，便秘与腹泻交替发生，粪便呈淡黄色、黄褐色、淡绿色，有恶臭。腹泻日久，病猪大便失禁，粪便内混有血液和假膜。皮肤特别是胸腹部常有湿疹状丘疹，被毛蓬乱、粗糙、失去光泽。精神衰竭，皮肤暗紫色，特别以耳尖、耳根、四肢比较明显。腰背拱起，后腿软弱无力，叫声嘶哑。强迫其行走时，则行走蹒跚。病末期，病猪往往极度衰弱死亡，病程可延长至2～3周。死亡率为25％～50％。

病理变化

急性病死猪呈急性败血症变化。慢性副伤寒淋巴结肿大，切面灰白色（图 28－2，图 28－3）；肾不同程度肿大，表面有出血点（图 28－4）；盲肠、结肠局灶性或弥漫性增厚，上覆假膜，下有糠麸样溃疡（图 28－5，图 28－6）；肝有干酪样坏死（图 28－7）；有时也见有肺病变（卡他性或干酪样肺炎）；偶见直肠变细、变硬（图 28－8，图 28－9）。

诊　断

根据流行特点、临床症状和病理变化可作出初步诊断，确诊需采集病猪的血液、脾、肝、淋巴结、肠内容物等进行沙门氏菌分离和鉴定。

防治方法

加强饲养管理，消除发病原因；常发本病的猪群可考虑注射仔猪副伤寒菌苗，断奶或 1 月龄以上仔猪 1 头份/头，免疫前后 1 周禁用抗菌药物；发现病猪，在隔离、消毒的基础上及早治疗病猪：每吨饲料中添加 10％恩诺沙星 1 千克＋阿莫西林 300 克，连用 7～10 天。

◆中西兽医结合治疗猪副伤寒

中兽医学认为，猪副伤寒属正虚阴亏邪实之证，此证病机系湿热所致。机体卫气不固，湿热杂合外袭，不断向里传变，三焦受湿热所困，气化机能受阻，机体抗邪无力，精神倦怠，病程缠绵；湿热熏蒸于内，使脾、肝、肺等脏器瘀血肿大，浆膜出血，肠道溃疡发炎，秽浊郁腐；湿热化毒外侵，使体表皮肤多处发斑出血，或形成痂样湿疹。依据温病学理论，以益气养阴、清热除湿为治则。

近年来，国内外专家和学者通过研究发现，沙门氏菌的耐药性与菌体内耐药性质粒的转移有很大关系，并证明某些中草药对耐药质粒具有一定的消除作用，研究发现鱼腥草提取物可以恢复沙门氏菌对部分治疗药物的敏感性，为临床上有效治疗猪副伤寒提供了参考依据。中兽医对猪副伤寒的治则为清热燥湿、凉血解毒、涩肠止泻、滋阴生津、杀菌消炎，结合调整胃肠机能。

［**附方1**］ 黄芪50克，桂枝30克，生地35克，麦冬50克，二花50克，桑叶50克，枇杷叶30克，知母35克，升麻30克，秦皮35克，陈皮40克，木香50克（另包后下），黄柏50克，滑石50克，车前子45克，甘草50克。用法：每天1剂，水煎取汁，候温灌服，日服2次，连用3～5天，此为5头仔猪（每头体重15～20千克）用量，大小猪酌情增减。

［**附方2**］ 白头翁30克，黄柏30克，黄连30克，秦皮30克，金银花30克，连翘30克，茵陈30克，苦参30克，穿心莲30克，枳壳20克，槟榔20克，葛根20克，玄参20克，生地20克，泽泻20克，诃子20克，乌梅20克，木香20克，白术20克。水煎候温灌服，每天1剂，分3次服完。

［**附方3**］ 黄连、黄芩、白头翁、地榆、银花、板蓝根、穿心莲、秦皮、青木香、蒲公英、山鸡椒等中草药组成。先将干品中草药材按配方中适当比例（除黄连、黄芩外）装入容器中，用清水浸泡24小时（浸没为度），然后倒入蒸馏锅内蒸馏。按1∶2提取蒸馏药液，蒸馏锅内的煎剂过滤去渣，浓缩加乙醇等提纯成1∶2的有色澄明药液，与蒸馏药液合并，加入黄连、黄芩提取液，按每千克体重0.2～0.3毫升肌内注射，每天2次，2～3天为一个疗程。

［**附方4**］ 中西医结合治疗：10%磺胺甲基异噁唑（SMZ）每千克体重0.02克与地塞米松磷酸钠注射液5毫克混合肌内注射，每天2次，连续3～5天，10%维生素C每头5～10毫升，肌内注射，每天2次，连续3～5天。同时内服中药：黄连9克，木香9克，白芍12克，槟榔12克，茯苓12克，滑石15克，甘草6克。煎汁服，不吃食者，每头灌服10～15毫升，每天1剂，连服3～4剂。

［**附方5**］ 中西医结合治疗：肌内注射恩诺沙星，按每千克体重0.2毫升，每天2次，连用3天；肌内注射磺胺嘧啶，按每千克体重0.2毫升，每天2次，连用3天。同时配合中药治疗，青木香、黄连、白头翁、车前子各10克，苍术6克、地榆炭、炒白芍各15克，烧大枣5枚为引，研末，分2次拌料或喂服，连用3天。

［**附方6**］ 发病猪用恩诺沙星（每千克体重5毫克）和复方新诺明针剂（每千克体重70毫克），分别肌内注射，2次/天，连用3天后，第4天改1次/天，再连用3天。配合中药治疗：黄连、木香各3克，白芍、柴胡各4克，大青叶、金银花、茯苓、黄芩各5克，甘草2.5克（以上为一头猪用量），每次加水700克煎至400克，连煎3次，混合药液后分4次服用，2天服完，连用3剂。

［**附方7**］ 白头翁6克，连翘4.5克，银花4.5克，花粉3克，鹤虱3克，槐花6克，秦皮6克，黄连6克，黄芩6克，芦根6克，桉树叶6克，生姜30克，羌活30克，葛根30克，前胡6克，良姜15克，苦楝子9克，石榴皮9克，大蒜8克，大黄9克，水煎服（以上为一头体重15～20千克猪用量）。

［**附方8**］ 胜红蓟80克，黄芪50克，桂枝30克，升麻30克，生地35克，麦冬50克，金银花50克，枇杷叶30克，桑叶50克，知母35克，黄柏50克，秦皮35克，陈皮40克，木香50克（另包后下），滑石50克，车前子45克，甘草50克。水煎取汁，候温分2次灌服，每天1剂，连用3～5天。此为5头仔猪（15～20千克）用量，大、小猪酌情增减。

二十九 破伤风

破伤风又名强直症，俗称“锁口风”、“脐带风”，是由产生毒素的破伤风梭菌引起的一种人畜共患的急性、创伤性、中毒性传染病。特征：主要表现骨骼肌持续性痉挛和对刺激反射兴奋性增高。猪破伤风常见于阉割、外伤和脐带传染之后。

病　原

破伤风梭菌为长 2.4～5.0 微米、宽 0.5～1.1 微米的细长杆菌，两端钝圆、正直或微弯曲，多单个存在。破伤风梭菌可产生痉挛毒素、溶血毒素及非痉挛毒素三种。本菌繁殖体抵抗力不强，芽孢抵抗力极强，在土壤中可存活几十年，有些菌株可抵御 100 ℃蒸汽 40～60 分钟。本菌对青霉素、磺胺类敏感。

流行特点

破伤风梭菌广泛存在于土壤、尘埃及猪与草食兽的粪便和周围环境中。当猪发生深部外伤时，病菌侵入创内，在厌氧条件下繁殖致病，严格地讲，破伤风痉挛毒素是菌体内毒素，破伤风即是由破伤痉挛毒素引起的。

猪破伤风常发生在阉割、断尾、断脐和其他创伤感染之后，一般都能见到伤口，但也有些病例找不到伤口，可能伤口已经愈合，或经子宫、消化道黏膜损伤感染而致。病猪不能直接传染健康猪。

临床症状

潜伏期 1～2 周，最短 1 天，最长数个月。病猪四肢僵直，尾不活动，瞬膜露出，咬肌紧缩，牙关闭锁，张口困难，两耳后竖（图 29－1）。流涎重者发生全身性痉挛及角弓反张（图 29－2），呼吸浅快、心跳极速，对声、光和其他刺激敏感并使症状加重。

病理变化

无特征性病变，血液黑红色，凝固不良，四肢躯干肌肉间结缔组织有浆液浸润，肺充血和水肿，异物性肺炎。

诊　断

病猪由于肌肉痉挛表现“木马状”姿势，强直性举尾，瞬膜外露等，结合外伤、外科手术等病历，确诊并不困难。应注意与马钱子中毒、急性肌肉风湿症、脑炎及狂犬病等疾病做区别诊断。

防治方法

本病的预防主要采取破伤风抗毒素或类毒素预防注射及防止外伤的发生。在本病多发猪场可在大创伤、深创伤和阉割之后，皮下或肌内注射破伤风抗毒素或破伤风菌苗（类毒素）。病初选用青霉素等抗生素进行治疗。或在发病时采取被动的对症疗法缓解症状。解痉可用氯丙嗪注射液每千克体重 2 毫克，25%硫酸镁注射液10～20毫升肌内注射，40%乌洛托品 10～20 毫升肌内注射。

◆中兽医对猪破伤风的辨证施治

中兽医认为猪破伤风是伤后感受风邪所致，风邪乘隙而入腠理，经脉聚邪成毒，正邪相搏，正气被郁，营卫不调，经脉失荣，风毒之邪侵入经络，内犯肝脏，引起肝风，筋脉失荣则拘急，肝风内动则肌肉痉挛，强拘，牙关紧闭，四肢僵硬。治则以祛风解痉、镇惊除痰、益气养阴为主。临床上应避光镇静，常用方剂为千金散和追风散加减，配合针灸治疗。

［**附方 1**］　若是由于阉割、创伤、断尾引起，可用大蒜治疗，先用生理盐水冲洗独头大蒜 50 克（去皮），放入经高压灭菌的捣蒜缸内捣碎，加入 50 毫升 0.9%的氯化钠溶液再捣，过滤，抽取上清液，在猪的后腿部按每千克体重 0.2 毫升分点深部肌内注射，每天 2 次，连用 3 天。

［**附方 2**］　取白胡椒 7 粒，研成面。找一锋利的小刀顺着患猪尾巴尖割开，分成两半，长短以能容纳白胡椒面为宜，将白胡椒面撒进去，合住口，然后用胶布固定。一般病猪 1 周内即可痊愈。

［**附方 3**］　取洗净的鲜朝天辣椒 200 克，鲜菖蒲 2 000 克，将

其切碎，加水 1 500 毫升煮沸至尚余 600～900 毫升即止，冷却后过滤。取滤液以胃导管灌服。轻症 1 次可愈，重症次日再灌服 1 次，即可痊愈。

［**附方 4**］ 首先，要将患病猪放在光线较暗的安静地方加强护理。其次，采用脱皮蒜瓣 75 克，70％的酒精 500 毫升。先将蒜捣成泥样，静静放置数分钟后加入酒精拌匀，浸泡 3～4 小时后（急需时也可以随炮制随用）用消毒过的纱布挤出其汁，力求清亮无杂质，装入清洁的盐水瓶中密封备用。用时要先将病猪伤口处洗净后，再涂上 5％的碘酊，不论猪只大小，一律肌内注射大蒜酊 20 毫升，每天 2 次，连用数天，直至治愈。如结合深部肌内注射 25％硫酸镁注射液 20 毫升，或配合针灸治疗，烙大风门、伏兔穴，刺百会穴，彻鹘脉血，其效果更好。

［**附方 5**］ 药浴法，根据临床症状，结合仔猪阉割或有创伤史，先将创腔进行扩创，彻底清除创腔内脓汁、坏死组织或异物，用 3％双氧水反复冲洗干净，再用 5％碘酊消毒后，取槐树条 1 000 克，荆芥 500 克，防风 200 克，大蒜 500 克，黄花蒿 500 克，加水煎汁 10～20 千克，依据猪大小，将一半药液盛入容器中，待药液温度降至 40～50℃时（以不烫为准），将患猪放入容器中，用药水洗浴患猪全身。若药液温度降低时，可再加入适量热药水，使容器中的水温保持相对稳定。药浴时间为 60～90 分钟，使患猪全身出汗为度。1～2 次/天，连续药浴 5～7 天，一般 4 天即能使猪食入少量流汁食物，10～15 天逐渐恢复正常。药浴完毕后，将患猪全身擦干，置通风、阴暗、干燥的地方，并保持环境安静，避免异常声响刺激患猪。

［**附方 6**］ （阉割性破伤风）远志 10 克，羌活 10 克，防风 10 克，蜈蚣 3 条，僵蚕 10 克，赤芍 10 克，秦艽 10 克，牛膝 10 克，蔓荆子 10 克，甘草 10 克，每天 1 剂，连服 3 天。

［**附方 7**］ 防风镇痉散：防风 20 克、钩藤 15 克、羌活 10 克、独活 10 克、天麻 10 克、白芷 5 克、蝉蜕 10 克、银花 20 克、陈皮 8 克，甘草 8 克，水煎服，此方为 80 千克以上成年猪的用量。

［**附方8**］　制天南星、天麻、地榆、川芎、知母、全蝎、乌梢蛇各30克，朱砂少许，水煎，每次服60克，红酒适量为引，此方为50～80千克成年猪的用量。

［**附方9**］　全蝉乌蛇散：白附子50克、胆南星30克、羌活30克、川芎15克、乌梢蛇30克、双钩藤60克、独活30克、升麻18克、全蝎30克、蔓荆子30克、沙参30克、僵蚕30克、旋复花30克、白芍15克、蝉蜕20克，水煎（全蝎、僵蚕、蝉蜕碾粉后下）灌服。此方为80千克以上成年猪的用量。眼珠不动者，重用防风60克，蝉蜕60克，碾粉与药液同冲服；头颈强直，耳坚尾硬者，加白芍、苍术各30克；四肢僵硬者，重用川芎、升麻、当归各45克；大便秘结干硬者，加大黄、芒硝各90克；小便短赤者，加黄柏、木通各30克；痉挛者，重用白芍60克，朱砂15克。

三十 猪增生性肠炎

猪增生性肠炎（Porcine proliferative enteropathy，PPE）又称猪回肠炎或坏死性肠炎，是由一种生存于细胞内的革兰氏阴性杆菌——胞内劳森菌（*Lawsonia intracellularis*）引起的。

本病是主要发生于生长育肥猪和成年猪，以出血性、顽固性或间歇性下痢为特征的消化道疾病。

病　原

猪增生性肠炎的病原为专性细胞内寄生的胞内劳森菌，其分类地位尚未确定。细菌多呈弯曲形、逗点形、S形或直的杆菌，大小为（1.25～1.75）微米×（0.25～0.34）微米，具有波状的3层膜外壁，无鞭毛，无菌毛，革兰氏染色阴性，抗酸染色阳性。在感染猪中，细菌主要存在于肠上皮细胞的胞质内，也可见于粪便中。

流行特点

猪增生性肠炎的病原为胞内劳森菌。很多猪在感染活跃期会排放出大量细菌，在接种后1～3周的粪便中可检出大量细菌，感染猪可持续排菌4～10周。病菌一旦被排放在猪场外界环境中，能够长时间存活于猪粪便中，从而造成猪场持续性感染。猪增生性肠炎发生于世界各地，特别是在欧美等国家和地区，亚洲国家猪场的发病率也逐年上升。我国猪场猪增生性肠炎的感染率也相当高，据调查，从广东、海南、湖北、广西、福建和河南6地33个猪场采集1 650个血清样品进行检测，试验结果表明，所有33个试验猪场都感染过增生性肠炎（100%），不同年龄猪和不同猪场之间感染存在差异：后备母猪和母猪感染情况最严重，感染率为50%～100%，3～10周龄仔猪感染率最低，一般小于50%，但13周龄大小的仔猪感染显著升高，可高达90%。

病猪和带菌猪是本病的传染源。应激因素易促使该病暴发。如长途运输、转群、混群、湿度过大、昼夜温差过大、饲养密度太大等；频繁引种；频繁接种疫苗；抗生素类添加剂使用不当；猪群中存在免疫抑制性疾病（如 PRRS）；饲料中的霉菌毒素超标；猪场同时存在的其他导致肠炎的病原如猪痢疾密螺旋体、沙门氏菌等，都可以促发增生性肠炎。白色品种猪，特别是长白和大白品种猪以及用白色品种猪杂交的商品猪易感性较强。

临床症状

有急性型与慢性型之分。患猪中，急性型占的比例小，慢性型占的比例大。不管是急性型还是慢性型，如无继发感染，体温一般都正常。急性型的患猪，主要表现为急性出血性贫血。首次出现临床症状，排柏油样黑色粪便或血样粪便，大约有半数病猪不久就虚脱死亡，也有的仅表现皮肤苍白，未发现粪便异常而在挣扎中死亡。慢性型的患猪，表现为同一猪栏内不时出现几头腹泻的猪，间歇性下痢，粪便呈稀薄不成形或糊状，多呈水泥样的灰色，也有黄色的，混有血液或坏死组织碎片。这些猪虽然采食量正常，但生长速度减慢，表现为 6～20 周龄的生长猪体重大小不一（图 30－1，图 30－2）。部分表现为厌食，对食物好奇，但往往吃几口就走，精神委顿，弓背弯腰，皮肤苍白，消瘦，生长不良，甚至生长停止或下降，病程 15～25 天，有的形成僵猪，有的衰竭死亡。大部分慢性感染的病猪可以在发病 4～6 周后恢复，食欲恢复“正常”，但与正常猪相比，平均日增重降低 6%～20%，饲料转化率降低 6%～25%。

病理变化

本病剖检特征是小肠及回肠黏膜增厚、出血或坏死等；浆膜下和肠系膜常见水肿，肠黏膜呈现特征性分枝状皱褶，严重时似脑回。有的整个肠壁变厚、变硬，像一条橡胶管，有的还可见溃疡，肠黏膜表面覆盖有黄色、灰白色纤维素性渗出物，严重的可见坏死性肠炎。（图 30－3，图 30－4，图 30－5，图 30－6，图 30－7，图 30－8，图 30－9，图 30－10）。

病理组织学变化为肠腺上皮细胞显著增生，未成熟的肠腺上皮

细胞畸形排列，代替了正常的黏膜结构。

诊　断

根据典型的临床症状、病理变化可作出初步诊断，但确诊必须结合实验室诊断。实验室诊断包括硝酸银染色镜检、聚合酶链反应（PCR）、酶联免疫吸附试验（ELISA）、间接免疫荧光法或免疫过氧化物酶技术。

需要做好与猪痢疾、肠道螺旋体感染、沙门氏菌菌、猪瘟、圆环病毒病等疾病的鉴别诊断。

防治方法

1. 综合措施　加强饲养管理，加强猪场的灭鼠工作。最好实行全进全出，严格执行消毒措施，按照清洗—消毒—空置—消毒—进猪的方式进行。由于胞内劳森菌对一般的消毒剂有抵抗力，但对季铵盐和含碘消毒剂敏感，因此，可以选择百菌消 1∶300 进行消毒。减少转群、运输、温度、湿度、密度及更换饲料等方面的应激。实行引种 10 周隔离制度，在隔离期内每月在每吨饲料中添加敏感的抗生素 80%乐多丁 125 克，7～10 天。

2. 免疫接种　对于猪场环境卫生良好及疾病压力不大的猪场，可以考虑疫苗免疫预防本病。可以口服活菌苗，但要求接种疫苗前后 3 天不能使用抗生素。

3. 药物防治　选择敏感药物预防和治疗本病，是最有效的方法。

（1）药物选择　乐多丁是防治猪增生性肠炎确实且经济有效的抗生素。乐多丁的活性成分是延胡索酸泰妙菌素，一种源于担子菌的半合成双萜类抗生素，是一种动物专用抗生素。

（2）药物使用方法　对胞内劳森菌，由于母猪起到储存宿主的作用，并将其传给仔猪。仔猪则携带病菌从哺乳期传到保育期-育肥期，这期间是排菌并引发传染的主要时期。本菌感染常并发或继发其他细菌感染，如沙门氏菌及螺旋体等。因此，在进行药物预防时，要注意加药的时间及药物使用方法，可以按照以下方式进行，每吨饲料中添加 80%乐多丁 125 克＋强力霉素 200 克，后备母猪配种前每月加药，连用7～10天；生产母猪产前产后各连用7天，可有效降低仔猪猪增生性肠炎的早期感染；在断奶仔猪换料后连用10～15天，不仅能有效预防猪增生性肠炎、猪痢疾，而且可有效预防引发呼吸道疾病的细菌性病原体感染。

（3）药物治疗　对病猪肌内注射泰妙菌素或泰乐菌素，按每千克体重10毫克，每天2次，连用2～3天。也可用乐多丁饮水，每升水中添加60毫克，连用5天。慢性病例可用乐多丁，每吨饲料中添加65克，连用15天。

（4）用药时机　当猪场流行猪增生性肠炎时，最适当用药时机是感染后立刻用药，这样可以通过自然感染的机会发展自体免疫。猪场可以采用血液及粪便的检测来检测猪的抗体水平或排毒时间，以便找出最适当的使用抗生素治疗的时机。这样，既可以降低或限制感染猪临床症状的发生，而且能自然发展一定程度的免疫力。

◆中兽医对猪增生性肠炎的辨证施治

中兽医认为猪增生性肠炎是由于脾胃虚弱，卫阳不固，加上湿热疫毒内侵，湿热相搏，里结胃肠，脾阳不振，水湿运化失司，如命门火衰，不能蒸化水湿，水湿下注成泄痢。治则以健脾固肾，涩肠止泻为主。不但要清热解毒、祛除病邪，还要保肝健脾固肾。由于主要病因是脾肾虚弱，因此，以防为主，也可选用理中汤、参苓白术散、白头翁汤或郁金散加减治疗。

［**附方1**］（预防方）侧柏叶500克、黄连300克、黄柏300克、艾叶300克、木香200克、乌药200克、茜草200克、槟榔100克、郁金100克、炮姜400克、炙甘草600克、炒白药400克。研末混入饲料中，按1%比例添加，连用5～7天。本方剂适合尚有一定食欲猪群使用。配合西药类：土霉素或金霉素、多西环素、泰妙菌素拌料饲喂。

［**附方2**］（治疗方）泰妙菌素＋黄芪多糖＋沸石粉，拌料饲喂。配合黄连50克、黄芩30克、白头翁30克、秦皮30克、伏龙肝100克、艾叶炭60克、姜炭60克、荆芥炭100克。乌药40克、炒白芍40克、败酱草40克。上方煎服，胃管灌服，连用3天。

三十一 弓形虫病

弓形虫病是由龚地弓形虫寄生于猪的有核细胞内进行无性繁殖而引起的一种原虫性人畜共患的寄生虫病。1955 年于恩庶等在福建的猫和兔身上分离出虫株。1976 年辽宁省铁岭地区种畜场的 220 头母猪中有 75 头发病，发病率达 34％。1964 年谢天华报告首例人眼型弓形虫病，同年福建发生一例人的神经型弓形虫病。

弓形虫病是一种人畜共患病，宿主种类十分广泛，人和动物的感染率都很高。猪暴发弓形虫病时，可使整个猪场发病，死亡率达 60％以上，其他家畜如牛、羊、马、犬和实验动物等也都能感染弓形虫。因此，该病给人类健康和畜牧业发展带来很大危害和威胁。

病　原

形态和结构：弓形虫的滋养体（又称速殖子）一般是香蕉形或新月形，一端较尖，一端钝圆。在组织中常呈纺锤形，大小为(4～7)微米×(2～4) 微米。姬姆萨或瑞氏染色在油镜下观察，虫体被染成淡紫色，核靠近弓形虫的钝端，着色较深。

生活史：猫科动物是弓形虫的终末宿主，其他的动物包括昆虫类、鱼类、爬行类、鸟类、哺乳类和人等都是中间宿主。虫体在终末宿主体内形成卵囊后，随粪便排出外界，污染饲料和饮水。在 25 ℃左右的环境中形成孢子体，被动物吃进后逸出子孢子，以二分裂方式发育成有感染力的滋养体进入血液，随血液循环进入各组织器官的细胞内，迅速以无性分裂方式增殖，引起全身感染。急性感染猪，不死者可转为慢性感染。滋养体可逐渐进入慢性感染动物的脑组织、膈肌、眼球等组织中，聚集在一起，逐渐在虫体周围形成一层膜将它们包裹成为包囊，一旦动物发生其他疾病或受到某些应激因素影响，致使抵抗力降低，可使包囊内的虫体重新逸出，进入血液和其他组织导致新的急性感染。

流行特点

该病分布于世界各地，动物的感染很普遍，但多数为隐性感染。

本病的感染方式可以分为先天性感染和后天性感染两大类。先天性感染是指通过妊娠母猪经胎盘感染胎儿。若母猪早有感染，在妊娠期间，处在休止状态的虫体再次活动，借助血流而达到胎盘，入侵胎儿。后天性感染是指含有虫体的唾液、肠内容物、粪便、眼分泌物、乳汁等经口、鼻、阴道及创伤等侵入宿主而感染。另外，动物生食含有包囊的肉，亦可获得感染。

本病有明显的季节性，在夏秋5～10月（25～37℃）多发。各种年龄的猪均可感染，以幼猪较敏感。

临床症状

体温升高达40.5～42℃，呈稽留热型。病猪精神沉郁、食欲废绝或减退，便秘或腹泻，断奶小猪多腹泻，粪便呈水样。呼吸困难，呈明显的腹式呼吸，呈犬坐姿势，流浆液性鼻液。皮肤发绀，在嘴、耳、下腹部及四肢皮肤出现紫色的斑块或间有小出血点。有的耳壳、耳尖发生痂皮、干性坏死。有的病猪出现痉挛等神经症状。孕母猪易发生流产、早产、死产，后继发子宫内膜炎或出现返情或不孕。公猪发生睾丸肿大，逐渐变硬，后期萎缩，出现死精。

病理变化

以肺的病变最为特殊。肺大叶呈淡红色乃至橙黄色，间质增宽，其内充满半透明胶冻样渗出物（图31－1）。肺表面有出血点和灰白色坏死灶。肝肿大，表面可见灰白色斑块或粟粒大的坏死灶（图31－2）。脾肿大，呈棕红色或黑褐色，表面有突起的豆状出血点，严重者脾有灰白色坏死灶（图31－3）。全身淋巴结肿大，尤其是肠系膜淋巴结呈索状肿。

诊　断

根据流行特点、临床症状和病理变化可以作出初步诊断。本病诊断最可靠的方法是检出弓形虫，即从病料中分离出弓形虫。取病猪肺组织、淋巴结或胸腹腔渗出液涂片，用姬姆萨或瑞氏染色，镜检见到半月形、香蕉状虫体即可确诊。另外，本病用抗生素治疗无效，用磺胺类药物有效，可作为治疗性诊断。要注意与猪瘟、猪肺疫等区别诊断。

防治方法

1. 预防 畜舍应保持清洁，定期消毒；严格阻断猫类及其排泄物对畜舍、饲料、水源的污染。母畜流产的胎儿及其排出物均需严格处理；尽一切力量消灭鼠类，死鼠必须深埋或焚烧，不得用死鼠喂猫；防止家养和野生肉食动物接触畜舍。

2. 治疗 饲料中添加药物，每吨饲料添加磺胺嘧啶原粉或磺胺-5-甲氧嘧啶或磺胺间甲氧嘧啶300～500克，TMP 60～100克，小苏打粉（碳酸氢钠）500～1000克，连用5～7天为一疗程。总之，大多数磺胺类药物对弓形虫病均有效。应注意在发病初期及时用药，如果用药较晚，虽然临床症状消失，但不能抑制虫体进入组织形成包囊，结果使病畜成为带虫者。磺胺嘧啶有致胎儿畸形的副作用，妊娠猪慎用。此外，二磷喹啉和磷酸伯氨喹啉效果也很好。应指出的是，在应用药物治疗的过程中，不能忽视提高猪体抵抗力和对病治疗。

◆中兽医对猪弓形虫病的辨证施治

中兽医对猪弓形虫病按照肺热证进行辨证施治，治则以清肺祛热、灭虫平喘、燥湿解毒为主。可采用以下方剂进行防治。

［**附方1**］ 常山20克、槟榔12克、柴胡8克、麻黄8克、桔梗8克、甘草8克。常山、槟榔先用文火煮20分钟，再加入柴胡、桔梗、甘草同煮15分钟，最后放入麻黄煮5分钟，去渣候温灌服。每天1剂，连用2～3天，可以收到很好的防治效果（以上为体重35～45千克猪的用量）。

［**附方2**］ 中西医结合方：发病猪用磺胺嘧啶＋乙胺嘧啶，联合用药，磺胺嘧啶按每千克体重70毫克，乙胺嘧啶按每千克体重6毫克，内服，每天2次，首次加倍，连用3～5天。同时配合每

天灌服中药煎剂（常山、槟榔、青蒿、贯众、苦参、双花、连翘、栀子、知母、陈皮、柴胡、当归、黄芪、六曲、甘草）1～2剂，一般用药2天后病猪临床症状就有所好转，到第5天临床症状可全部消失。

［**附方3**］ 常山、槟榔、青蒿、贯众、苦参、双花、连翘、栀子、知母、陈皮、柴胡、当归、黄芪、六曲、麦芽、甘草，适量同煮15分钟，最后放入麻黄煮5分钟，去渣候温灌服。每天1剂，连用2～3天。

［**附方4**］ 黄连10克、地丁15克、青蒿30克、菖蒲12克、苦参30克、常山10克、使君子10克、贯众5克、柴胡10克，上药加水1 500毫升，煎取药液500毫升，平分成两份，每天2次，于早、晚各取250毫升灌服或混料饲喂。连用3天。

［**附方5**］ 灭弓汤：槟榔7克、常山10克、桔梗6克、柴胡6克、麻黄5克，水煎服，每天2次，用药3～4天即可。

公共卫生

弓形虫病是一种自然疫源性疾病，与人类关系密切的病人、病畜和带虫动物，其血液、肉、内脏等可能含有弓形虫，可通过乳汁、唾液、痰、尿和鼻分泌物等排出外界；在流产胎儿体内、胎盘和羊水中也有大量的弓形虫存在。如果外界条件有利弓形虫存在，可成为感染源。被终末宿主猫排出的卵囊污染的饲料、饮水或食具均可成为人、畜感染的重要来源。因此，要大力宣传本病常识，管好家畜，教育小孩和孕妇不要玩弄猫、犬，并注意防止水源污染，以避免人体感染。

三十二 猪衣原体病

本病是由鹦鹉热衣原体感染猪群所引起的一类多症状性传染病，以孕母猪流产及产死胎、木乃伊胎、弱仔，公猪的睾丸炎、尿道炎、龟头包皮炎，仔猪支气管炎、肠炎、结膜炎、多关节炎、多浆膜炎及中枢神经的病损为主要特征。

病　原

鹦鹉热衣原体易被碱性染料着染，革兰氏染色阴性。在姬姆萨染色标本上，个体较小的原体呈紫色，个体较大的初体染成蓝色，成熟的包含体呈深紫色。鹦鹉热衣原体在100℃时15秒被灭活，室温下10天失活。

流行特点

不同年龄性别的猪都有易感性，但以妊娠母猪和幼龄仔猪最易感。病猪和带菌猪是主要传染源。由粪、尿、乳、流产胎儿、胎衣、羊水等排出病原体，污染饮水、饲料等，经消化道、呼吸道和生殖道传染。本病的发生与卫生条件差、饲养密度过高、通风不良、潮湿阴冷、饲料营养不够等因素有关。猪肉产品与人类的生活密切相关，因此，关注本病具有重要的公共卫生学意义。

本病一般呈慢性经过，但在一定条件下，也会急性暴发，表现为急性经过。近年来本病呈上升趋势。孕母猪流产、产死胎，新生仔猪死亡，以及适繁母猪群空怀等，已给大型集约化猪场造成巨大经济损失。

临床症状

繁殖障碍型：母猪表现为流产、早产及产死胎、木乃伊胎、弱仔。流产母猪多在临产前几周发生，初产母猪发病表现突出。患病母猪分娩后，可造成不发情或久配不孕，返情。公猪发生睾丸炎、附睾炎，睾丸一侧或两侧肿大，还发生尿道炎、龟头包皮炎（图32-1）。各年龄段的猪发生肺炎、肠炎、多发性关节炎、心包炎、结膜炎（图32-2）、脑炎、脑脊髓炎等。

病理变化

流产母猪的子宫内膜水肿、充血，分布有大小不一的坏死灶（斑）；流产胎儿全身水肿，头颈和四肢出血，肝充血，出血和肿大，呈红黄色，肺肿大，呈间质性肺炎（图32-3，图32-4，图32-5）。患病种公猪睾丸变硬，输精管出血，阴茎水肿、出血或坏死。生前有支气管肺炎、肠炎与关节炎、多浆膜炎和角膜炎的病死猪，剖检时都可见到相应病变。

诊　断

猪衣原体病是一种多症状性传染病，除了参考临床症状和病变外，主要根据实验室检查（特异性血清抗体检测和病原分类鉴定）结果进行确诊。

防治方法

1. 综合措施　防止引种时引入此病，对引种猪必须严格检疫隔离，随时淘汰病猪及血清学阳性猪，培育健康猪群。

2. 免疫接种　用兰州兽医研究所生产的猪衣原体灭活苗对猪群进行免疫，其程序如下：种公猪：肌内注射3毫升/头，每年免疫3次，4个月免疫一次。繁殖母猪：在配种前肌内注射3毫升/头，产前30天再免疫一次，连续2～3年。

3. 药物预防和治疗　可通过药敏试验筛选敏感药物，如四环素、强力霉素、红霉素、氟甲砜霉素等进行猪衣原体病的预防和治疗。如：按每吨饲料80%乐多丁125克＋金霉素（土霉素、四环素）300～400克，连用5～7天，然后剂量减半，再用5～7天。为了防止出现抗药性，要合理交替用药。新生仔猪可用得米先（长效土霉素）按3日龄、7日龄、21日龄各肌内注射0.3毫升/头、0.3毫升/头、0.5毫升/头。母猪在配种前及怀孕后期、公猪在配种前或每3个月，按每吨饲料强力霉素300克，连用7天，可取得良好的预防效果。

◆**中兽医对猪衣原体病的辨证施治**

中兽医对猪衣原体病按照湿热证进行辨证施治，治则以清热凉血、燥湿解毒为主。

［**附方 1**］ 全场猪可采用车前草 250 克、旱莲草 250 克青饲或煎汤饮用，连用 7～10 天，有很好的防治效果。

［**附方 2**］ 三黄石膏汤：黄连 10 克、黄芩 15 克、黄柏 10 克、石膏 40 克、银花 10 克、土茯苓 15 克、淡豆豉 10 克，黑山栀 15 克，水煎服。

［**附方 3**］ 茵陈 40 克，黄连 45 克，黄柏 40 克，黄芩 40 克，大黄 30 克，栀子 30 克，苍术 30 克，郁金 40 克，白术 30 克，茯苓 35 克，甘草 20 克，水煎灌服，每天 1 剂，连用 3～5 天，此方为成年猪用量。

三十三 猪布鲁氏菌病

布鲁氏菌病（简称布病）是由布鲁氏菌引起的一种人畜共患的慢性传染病，妊娠母猪感染后引起流产和不育，公猪感染后发生睾丸炎和附睾肿胀。

病 原

布鲁氏菌初次分离培养时，多呈球杆状，次代培养，布鲁氏菌逐渐转变成小杆状。布鲁氏菌革兰氏染色阴性，大小为（0.6～1.5）微米×（0.5～0.7）微米，散在，无芽孢及鞭毛，个别菌株可产生荚膜。本菌为需氧菌或微需氧菌。

流行特点

本病可经消化道、生殖道、皮肤和黏膜的伤口而感染。母猪比公猪易感，性成熟后比性成熟前易感。

临床症状

孕猪流产，流产后的母猪发生子宫炎和不孕，并从阴道流出黏性或黏脓性分泌物。公猪表现睾丸炎和附睾炎，睾丸显著肿胀（图33－1）。有的猪发生关节炎、关节肿大等。

病理变化

睾丸、附睾、前列腺和子宫等处有脓肿。子宫黏膜的脓肿呈现粟粒状（即所谓子宫粟粒性布病）。肝、脾、肾及乳腺也可发生布病结节性病变。

诊 断

根据流行特点和临床症状可作出初步诊断，必要时采集阴道分泌物、化脓灶等进行涂片镜检及细菌分离培养或血清学诊断。

防治方法

从外地引进猪时，必须进行检疫，防止病猪混入猪群。

定期检疫，发现阳性猪或病猪，立即隔离、淘汰、消毒。阴性猪用猪布鲁氏菌 2 号弱毒冻干菌苗进行预防免疫。以后每年定期进行免疫。

◆中兽医对猪布鲁氏菌病的辨证施治

中兽医认为猪布鲁氏菌病属于疫疠内侵、湿热蕴积、热毒入卫气营血所致。邪热为患，湿热内蕴，灼津、迫血外出，临证常为营分热和血分热并存。治则以清热燥湿、凉血解毒、杀菌消炎为主。临床选用方剂多为白虎汤、清瘟败毒饮、荆防败毒散和黄连解毒汤加减。

［**附方 1**］ 黄芩 90 克，黄连 60 克，黄柏 60 克，栀子 90 克，紫草 60 克，紫花地丁 90 克，白菊花 60 克，生地 120 克，银花 60 克，连翘 60 克，甘草 30 克，水煎服。

［**附方 2**］ 大丁癀（桑科畏芝）根 120 克，虎咬癀（唇形科韩信草），麦穗癀（爵床）120 克，纽扣癀（龙葵）500 克，地丁癀（紫花地丁）9 克，披天癀（菊科黄鹌菜），千根癀（一枝黄花）120 克，煎水灌服。

［**附方 3**］ 连翘 30 克，薄荷 12 克，马勃 18 克，牛蒡子 24 克，荆芥 12 克，僵蚕 15 克，元参 30 克，银花 30 克，板蓝根 18 克，桔梗 30 克，甘草 15 克，水 5 000 毫升煎 2 000 毫升灌服。

三十四 霉菌毒素中毒

如果猪长期食用霉变饲料（图 34－1），霉菌及其毒素对猪产生如下影响。一是会降低猪体免疫力。二是喂母猪时会引起假发情，不能正确掌握配种时机，会造成母猪不孕。三是致病性霉菌在含水量和温度适宜的条件下，可在玉米、大麦、小麦、稻谷、豆类制品或其他饼粕中迅速生长繁殖并产生毒素，当猪采食后而发生中毒，常造成大批发病或死亡。笔者在生产实践中体会到：霉菌毒素对目前猪场流行疾病起着至关重要的作用。

根据霉菌生长的条件，把在收割前已产生的霉菌毒素称为田间毒素。影响养猪的田间毒素主要有玉米赤霉烯酮、呕吐毒素、烟曲霉毒素和猪曲霉毒素。在仓储过程中产生的霉菌毒素称为仓储毒素。主要的仓储毒素有黄曲霉毒素和猪曲霉毒素。下面只着重介绍较常见的黄曲霉毒素中毒和玉米赤霉烯酮中毒。

（一）黄曲霉毒素中毒

黄曲霉毒素中毒是人畜共患的、有严重危害性的一种霉败饲料中毒病。临床上以消化机能障碍、全身性出血、腹水和神经机能障碍为特征。病理学特征是肝细胞变性、坏死，出血，胆管和肝细胞增生。长期慢性小剂量摄入含有黄曲霉毒素的饲料，还有致癌作用。黄曲霉毒素能引起多种动物和人发生癌。主要是表现为诱发肝癌，在其他部位也可以引发肿瘤。如胃腺癌、肾癌、肺癌、直肠癌，以及乳腺、卵巢、大肠肿瘤。

临床症状

黄曲霉毒素中毒因动物的品种、年龄、营养状况、个体耐受性、机体防卫功能、毒素摄入量及摄入时间的不同，其临床症状也有不同。本病的临诊特征为全身出血、消化障碍、后肢软弱、步态不稳和神经症状。

猪黄曲霉毒中毒可分为三种：

1. 急性型 发生于2～4月龄的仔猪，尤其是食欲旺盛、体质强壮的猪发病率较高，常表现突然死亡。

2. 亚急性型 患猪体温升高或接近正常，精神沉郁、食欲减退或废绝，口渴，粪便干硬呈球状，表面被覆黏液和血液。可视黏膜苍白，后期黄染，皮肤充血、出血或出血性素质，后肢无力，步态不稳，间接性抽搐。

3. 慢性型 多发生于大中猪或种猪，病猪精神沉郁、食欲减少、生长缓慢或停滞、消瘦、可视黏膜黄染、皮肤表面出现紫斑，随着病情的发展，病猪呈现神经症状，如兴奋、痉挛、角弓反张和共济失调等症状。

病理变化

肝脏严重变性，肿大，浅黄色，质地变硬，有的肝表面出现一些坏死灶或肿瘤结节。全身黏膜、皮下、肌肉可见有出血点和出血斑。肾弥漫性出血。胸腹腔积液。胃肠道可见游离血块。有的可见脾脏被膜微血管扩张和出血性梗死。急性病例胆囊壁和肠袢往往发生严重水肿。慢性病例，由于肝实质严重破坏和纤维化而引起肝变形。病理组织学检查：胆小管纤维变性，肝脏变性、出血、坏死和空泡，严重时肝硬变和肝细胞癌变。

诊　　断

根据病史调查，患病动物有采食霉变饲料的病史，凡食用霉变饲料者中毒，未食者不发病，全身黏膜、浆膜出血，典型的肝脏病变，血清谷丙转氨酶、谷草转氨酶、碱性磷酸酶活性升高，并确认与肝实质的障碍有关。同时在饲料中可检出一定量的毒素可做出初步诊断。确诊需进行饲料中黄曲霉毒的定性检测，将代表性饲料用紫外灯365纳米照射，暗处观察，显蓝光者为B_1、B_2毒素，显绿光者为G_1、G_2毒素。

黄曲霉毒素的检测方法主要包括薄层色谱法、高效液相色谱法、微柱筛选法或微柱层析法、酶联免疫吸附试验、免疫亲和柱-

荧光分光光度法、免疫亲和柱-高效液相色谱法及生物测定法。

治　疗

目前无治疗本病的特效药，一般多采取对症治疗促使毒物排出，保护肝脏和胃肠道，制止出血等措施。

预　防

猪场禁止饲喂霉变饲料，为防止饲草、饲料发霉，饲料应置阴凉干燥处，勿使受潮或淋雨，可通过连续水洗、化学去毒，浸泡等方法去除霉变饲料的毒素。同时宜选用防霉剂，吸附剂如驱毒霸、沸石粉和硅盐，对黄曲霉毒素等有一定的吸附作用。

防治方法

编者单位在20世纪70年代曾处理一起福建省德化某猪场黄曲霉毒素中毒。猪场用发霉花生饼喂猪，由于菜猪生长周期较短，未发现问题，而该场母猪长期喂饲发霉花生饼而发生鼻出血等症状。后经兽医人员做流行病学调查、临床症状观察、病理学检测等证实，黄曲霉毒素具有很强的毒性和致癌性（猪食道癌、胃癌），尔后又请江苏农学院朱坤熹教授等人来猪场指导，并将霉变饲料做生物测定，进一步确定为黄曲霉毒素中毒。通过去除有毒花生饼，改用新鲜饲料，整个猪场生产回归正常。

（二）玉米赤霉烯酮中毒（F-2毒素中毒）

临床症状

菜猪表现拒食和呕吐、精神不振、步态蹒跚。仔猪虚弱，后肢外展（“八字腿”）、畸形，轻度麻痹，免疫反应性降低（图34-2）。

母猪、去势母猪和未性成熟的小母猪表现假发情，阴户红肿，阴道黏膜、充血、肿胀、分泌物增多（图34-3，图34-4）。严重病例，往往因尿道外口肿胀而致排尿困难，不断努责而继发阴道和子宫外翻，甚至直肠和阴道脱垂。乳腺增大，哺乳母猪泌乳量减少或完全无乳。同时，繁殖机能发生障碍，如不孕、妊娠后早产、流产、死胎、木乃伊胎或胎儿被吸收。小公猪出现睾丸萎缩，去势公猪乳腺增大等雌性化现象。种公猪也呈雌性化现象，性欲减退、包

皮水肿和睾丸萎缩。有时还继发膀胱炎、尿毒症和败血症。此外，玉米赤霉烯酮对中枢神经系统也有兴奋作用，出现神经症状。

病理变化

阴唇和乳腺肿大，乳腺导管发育不全，乳腺间质性水肿。子宫肥大、水肿。子宫颈上皮细胞呈多层鳞状。子宫角变粗变长，卵巢萎缩，常无黄体形成，卵泡闭锁、卵母细胞变性。公猪乳腺增大、包皮肿胀，睾丸萎缩、生精细管变性。

诊　断

根据采食霉变饲料的病史，雌性化综合征和生殖道特征性病理变化，可作出初步诊断。必要时取饲料样品进行霉菌培养，分离和鉴别，进行确认。必要时可用薄层色谱法、气相色谱法、高压液相色谱法等对霉变饲料进行玉米赤霉烯酮检测。

防治方法

发现中毒后，撤换霉变饲料，投服泻剂，以清除胃肠内毒素，改喂新鲜饲料，加强饲养管理，同时根据临床症状采取相应的支持疗法和对症疗法，如早期整复脱垂的阴道和直肠等。

◆中兽医对霉菌毒素中毒的辨证施治

［**附方 1**］（猪黄曲霉毒素中毒）用栀子、连翘各 60 克，黄药子、白药子各 90 克，花粉、黄芩各 70 克，大黄、车前、茯苓各 100 克，茵陈 120 克，甘草 30 克，郁金 50 克，每剂 3 煎，每天 2 次，连用 2 天，此方为 60 千克以上成年猪的用量。

［**附方 2**］（霉菌毒素中毒）白附子 70 克，胆南星 70 克，金银花 60 克，薄荷 80 克，佩兰 60 克，大青叶 80 克，黄芪 70 克，磁石 100 克，柴胡 80 克，桔梗 70 克，太子参 70 克，羌活 60 克，藏红花 60 克，党参 70 克，白术 70 克，猪苓 70 克，炙甘草 80 克，煎服，每天 2 次，此方适用于 80 千克以上成年猪。

三十五 母猪子宫内膜炎

病因

子宫内膜炎是由于分娩时产道损伤而引起的感染。难产助产时手术不洁、操作粗暴造成子宫的损伤，产后感染，以及人工授精时消毒不彻底。环境卫生差，各种病原微生物（如大肠杆菌、葡萄球菌、链球菌、化脓杆菌、变形杆菌、克雷伯氏菌等），附在黏液中进入生殖道甚至通过子宫颈进入子宫，病菌不断地繁殖增多，毒性增强，破坏了猪的防御系统，从而导致生殖器感染。自然交配时公猪生殖器官或精液有致病菌，炎性分泌物等亦也引起子宫内膜炎。

本病是母猪常见的一种生殖器官的疾病。子宫内膜炎发生后，常表现发情紊乱或屡配不孕，有时妊娠，也易发生流产，一般为散发，有时呈地方流行性。

临床症状

常分为三型：

1. 急性型 多发于产后及流产后，全身症状明显，母猪时常努责，体温升高，精神不振，食欲减退或废绝。母猪刚卧下时，阴道内流出白色黏液或带臭味污秽不洁、红褐色黏液或脓性分泌物，黏于尾根部，腥臭难闻，病母猪不愿给仔猪哺乳（图 35－1）。

2. 慢性型 多数是由急性子宫膜炎转化而来，全身症状不明显。病猪可能周期性地从阴道内排出少量混浊液体。母猪往往推迟发情或发情紊乱，屡配不孕，严重者继发子宫积脓（图 35－2，图 35－3，图 35－4）。

3. 隐性型 是指子宫形态上无明显异常，发情也基本正常，发情时可见从阴道内排出的分泌物较多（不是很清亮透明、略带浑浊），配种受胎率偏低。

诊　　断

根据临床症状和尿样、子宫分泌物分析，可作出诊断。

防治方法

在预防上，猪舍要定期消毒，保持地面干燥，临产时做好产房消毒，母猪阴户消毒工作。分娩时要防护好母猪产道，尽量避免产道损伤而导致感染。发生难产时，助产应小心谨慎，禁止不洁手术，特别要避免用手反复在产道内拉小猪，否则易、损伤产道。人工取出胎儿，排出胎衣后，要用消毒药或抗生素进行适当消炎处理，必要时还要配合肌内注射广谱抗生素进行预防。人工授精或自然交配时，也要做好常规消毒和预防措施，特别是公猪生殖器官有炎症时，不允许公猪带毒或带菌多次配种。慢性子宫炎以清除子宫腔内炎性分泌物为主，冲洗最好在发情期，采用人工授精的假阴茎或导尿橡胶管进行。但对生殖道有损伤的病例，绝对禁止冲洗子宫。对伴有严重全身症状的病例，或当子宫收缩力差时，禁止冲洗子宫，因为冲洗液很难排出。为了避免引起感染，扩散病情，禁用冲洗疗法，只把抗生素或消炎药物放入子宫内即可，同时要全身应用抗菌药物。冲洗常用0.1%高锰酸钾溶液或双氧水或0.02%新洁尔灭溶液，新型碘类消毒剂如百菌消1∶1000稀释，或0.2%～0.4%宫炎清60～100毫升，0.1%雷佛奴耳溶液，冲洗完毕时需将余液导出，用生理盐水再冲洗一次，并导净，隔半小时后用四环素或土霉素1克加蒸馏水100毫升注入子宫。一般每隔1～3天冲洗一次，如有大量渗出物，则冲洗次数应多一些。同时配合使用子宫收缩剂，如垂体后叶素或缩宫素（20～40国际单位），或氯前列烯醇肌内注射，促进残存的溶液排出。最后，可向子宫内注入160万国际单位青霉素，100万单位链霉素，可有效治疗子宫内膜炎。此外，如出现全身症状，用鱼腥草注射液20～30毫升，阿莫西林2～3克，混合肌内注射，每天一次，连用3～5天。严重时可以采用500毫升生理盐水＋先锋霉素3克＋甲硝唑注射液300毫升，静脉注射，1次/天，连用2～3天。发生过子宫炎的母猪，为了提高受胎率，可以在母猪下个发情时，当母猪允许压背后，用甲硝唑注射液 60～100 毫升输入子宫中，6 小时后可进行配种或人工授精。

◆**中兽医对母猪子宫内膜炎的辨证施治**

根据中兽医的辨证施治，可将母猪子宫内膜炎分为脾肾虚弱型、湿热下注型和热毒壅盛型三种类型。临床上，中兽医认为命门乃生命之源，任督二脉巡于命门百会，使生命生机勃发，而生育出强盛的后代。命门衰微，任督二脉不交合平衡，生育则不正常。子宫炎症大都有合火之衰，宜采用中草药进行标本兼治。临床上可采用金银花 30 克、野菊花 30 克、芙蓉花 20 克、败酱草 30 克、土茯苓 20 克、千里光 40 克、地骨皮 20 克和桑白皮 30 克等组方，每天 1 剂，水煎汁内服或粉碎后拌料，每天 1 次，连用 3 天进行标本兼治。

［**附方** 1］ 当归 60 克、川芎 45 克、桃仁 25 克、益母草 30 克、柴胡 40 克、黄芩 40 克、白术 20 克、炙甘草 15 克，水煎药后取汁混合于饲料中喂服，每天 1 剂，连用 2 剂。本方以益气、活血、清热解毒为治则，适用于急性子宫内膜炎。

［**附方** 2］ 焦栀子、姜炭、泽兰、元胡、荆芥、香附、当归、川芎各 20 克，红花 12 克，焦山楂、益母草各 60 克，苏木 25 克，丹参 30 克，鸡血藤 40 克，煎汤。以红糖为引灌服，每天 1 剂，连用 3 天。此方适用于夏季子宫内膜炎。

［**附方** 3］ 黄芪、五加皮、牛膝、金英子、白鸡冠花各 30 克，当归 15 克，猪大骨 1 500 克，水炖，冲酒 120 毫升灌服。此方适用于脾肾虚弱型。

［**附方** 4］ 清热解毒汤：金银花、黄芩各 100 克，当归、黄芪、黄柏各 50 克，上药共水煎药至 300 毫升，过滤 2 次沉淀后取上清液，加入蒸馏水 500 毫升稀释，每次子宫内注入 200 毫升，每天 1 次，连用 3 天。

［**附方** 5］ 熟地、党参各 45 克，茯苓、白芍、龙骨各 30 克，当归、阿胶、龟板、栀子、白术各 24 克，牡蛎、艾叶各 18 克，水煎药，分 2 次服。

［**附方** 6］ 七白汤加减：白果 90 克，炒白术 60 克，茯苓 45

克，淮山60克，白鸡冠花30克，白椿根60克，萆解45克，巴戟天45克，菟丝子18克，石莲子60克，水煎服。此方为100千克母猪1天的量，分为2次服。

［**附方7**］（慢性子宫内膜炎）生山栀40克，生黄芪50克，丹参30克，赤芍30克，丹皮30克，益母草40克，桃仁25克，川芎30克，红藤50克，败酱草50克，生蒲黄50克，党参50克，白术50克。共为末，开水冲调，候温一次灌服。随症加减：拱背努责者加路路通40克，小茴香30克；带下量多腥臭者去生蒲黄，加薏苡仁60克，皂角刺50克；带下黏稠脓样者加龙胆草40克。每天1剂，连续灌服。此方为80～100千克母猪1天的量，分为2次服。

［**附方8**］若是子宫蓄脓，金银花、升麻、黄芩各50克，益母草120克，当归、川芎、丹皮、郁金、连翘各60克，甘草20克，煎服。此方为80～100千克母猪1天的量，适合于热毒壅盛型子宫内膜炎。

［**附方9**］蒲黄60克，党参45克，黄芪60克，白术30克，醋香附60克，益母草60克，地丁30克，双花40克，连翘60克，红花30克，丹参30克，鱼腥草60克，桃仁30克，黄芩30克，生地30克，当归60克，川芎30克，茯苓30克，秦艽30克，车前子30克，鸡冠花30克，甘草20克，水煎服。此方为80～100千克母猪1天的量。

三十六 母猪乳房炎

母猪的乳房炎是哺乳母猪较为常见的一种疾病。母猪腹部受到损伤、猪舍潮湿、天气过冷或过热、乳房冻创等给微生物的侵入创造了条件。它们通常是通过淋巴管，经血管侵入乳房组织中。也有经过乳头管感染的。

母猪产后无仔猪吸乳，或仔猪断奶后数日内，喂给大量的发酵饲料和多汁饲料，乳汁分泌旺盛，乳房内乳汁积滞，常常引起乳房炎。当母猪患有子宫炎等疾病时，也可并发乳房炎。

临床症状

母猪拒绝哺乳，伏地，乳房压置于腹下，不让仔猪吮乳。仔猪团团围转，发出阵阵哼哼叫声。母猪乳头及乳房潮红、肿胀、皮肤紧张，触之有热感，在乳房基部捏有微弱的波动感。时间一久，形成脓肿，后期乳房溃疡。当母猪发生脓肿性乳房炎和坏疽性乳房炎时，泌乳量显著减少，体温升高，食欲不振，最后废绝。患猪精神委顿，长久卧地，不愿起立（图 36－1、图 36－2、图 36－3、图 36－4、图 36－5）。

防治方法

1. 科学补饲，补料要根据母猪膘情体况、泌乳状况及仔猪大小、多少等灵活掌握。通常情况下，分娩后初期，不宜过早补料，更不宜补充蛋白质含量高的饲料。对已发生泌乳性过剩的，要及时适量添加粗饲料。后期仔猪个体渐大，母猪泌乳即将不足时，应及早补料。改善饲养管理，维护母体健康，保持乳房、乳头清洁，以尽量减少细菌、寄生虫的侵袭。

2. 母猪乳房红肿的，用热敷或鱼石脂软膏涂擦，每天 2 次。

3. 炎症轻者，用恩诺沙星注射液肌内注射，每天 2 次，一般3～4天治愈。母猪乳房硬肿坚实的，对每个患病乳房可用 2.5％氧

氟沙星注射液5毫升与4毫克地塞米松混合后于乳房基部周围作局部封闭注射，每天2次，连用3～5天即愈。或局部用三棱针或中宽针多点穿刺放血100～150毫升，深度0.5厘米，隔天一次，一般1～2次即可。结合局部用0.25%普鲁卡因青霉素进行封闭注射，每天2次，连用3天即有明显好转。

4. 如乳房发炎处已形成脓肿，变软时采用纵面切开排脓，注入0.1%高锰酸钾液冲洗，用纱布条浸0.25%雷佛奴耳溶液，塞入脓腔为其引流，脓腔内注入青霉素80万国际单位。当乳房发生坏疽时，应予切除，处理。

◆中兽医对母猪乳房炎的辨证施治

中兽医将乳房炎称为奶肿、奶黄、乳痈，根据辨证施治，可将母猪乳房炎分为热毒壅盛型和气血瘀滞型两种类型。

热毒壅盛型，乳房肿大，红肿热痛明显，治则以消肿止痛、通经解毒为主，一般内服外敷药兼施，初期可内服栝蒌牛蒡汤加减，同时外敷如意金黄散；成脓期若肿胀未消，虽成脓而不溃，则宜刺破排脓，或内服加减透脓散；乳痈溃后，气血双亏者，可用八珍汤，久不收口者，可加服内托生肌散。

气血瘀滞型，乳房内有大小不等的硬块，皮色不变，触之不热或微热，乳汁不畅，若延误不治，肿块往往溃烂，治则以舒肝解郁、清热散结为主。初期可内服逍遥散加减，同时外敷冲和膏；乳痈溃后，气血双亏者，可用八珍汤，久不收口者，可加服内托生肌散，外敷防腐生肌散。

［**附方1**］　蒲公英100克，全瓜蒌、金银花各80克，赤芍、白芷各30克，连翘40克，花粉50克，柴胡、皂角刺各25克，甘草20克，水煎药去渣，分两次服。

［**附方2**］　浙贝、金银花、陈皮、赤芍、葛根、花粉、乳香、没药各30克，防风、白芷、当归、皂角刺各24克，甘草12克，水煎药去渣，分两次服。

［**附方3**］　荆芥、防风、竹叶各24克，浙贝、蒲公英、丹皮、金银花、赤芍各30克，白芍45克，水煎服。

［**附方4**］ 蒲公英、金银花、防风各15克，赤芍、半夏、没药、白芷各9克，甘草12克，共为末，蜂蜜150克拌匀涂患处。

［**附方5**］ 薜荔30克，防风45克，荆芥45克，路路通40克，王不留行30克，漏芦30克，瓜蒌40克，桑枝30克，牛膝30克，连翘40克，黄芪30克，水煎服，此方为100千克体重母猪1日量，分为2次服。

［**附方6**］ 紫花地丁80克，王不留行40克，土大黄40克，鲜芙蓉根皮120克，蒲公英60克，白芷40克，葱白7个，取上方各味混合捣烂敷患处，每天换1次。口服上方加牛蒡子30克，连翘30克，金银花30克，栀子40克，每日一剂，连服3剂，此方为100千克体重母猪1天量，分为2次服。

［**附方7**］ 虎杖25克，金银花25克，蒲公英25克，连翘25克，紫花地丁25克，丹皮20克，王不留行20克，黄芩20克，黄柏20克，党参10克，通草10克，木香10克，甘草10克。1天1剂，连用3～5剂。食欲不振者加山楂、麦芽各20克；孕者去王不留行、丹皮，加乳香、没药各20克；若破溃日久，脓汁清稀，疮口难收，加黄芪、白术各25克；湿热粪稀，加车前、川连各20克。将上药加水1 300毫升，文火煎30分钟，去药渣过滤，候温用胃管灌服。

［**附方8**］ 木芙蓉60克，紫花地丁60克，蒲公英60克，金银花60克，连翘45克，甲珠、当归、黄芪各30克，青皮25克，通草20克，煎服，此方为100千克体重母猪1天量，分为2次服。

［**附方9**］ 蒲公英2份，仙人掌1份，共捣烂外敷或水煎熬外洗，或将仙人掌去刺后，捣成烂泥，加入适量云南白药粉，混合涂于乳房上，每天1～2次，连用3～4天。

［**附方10**］ 七叶一枝花80克，生大黄120克，皂刺100克，陈醋500毫升，95%酒精300毫升，先将大黄浸泡于陈醋和酒精中，七叶一枝花和皂刺共煎汁3次，将滤液加入陈醋和酒精中浸泡3～7天，然后滤液去渣，文火成膏药状，加入尼泊金甲酯0.1%搅拌即成，涂抹患处。

三十七 母猪无乳综合征

母猪在分娩后无乳或乳量较少，引起仔猪饿死的一种疾病。免于死亡的仔猪也成为僵猪。本病有泌乳失败、产褥热和乳房炎-子宫炎-无乳综合征、泌乳衰竭、毒血性无乳症等别名。

本病病因迄今尚未完全清楚。研究认为，应激、激素失调、传染性因素、营养因素及管理因素，为其四大病因。传染性乳房炎似乎是主要原因，而且多见于炎热季节。

临床症状

母猪分娩后 12～72 小时体温正常或升高达 41～42℃，食欲废绝，伏卧，拒绝哺乳，触摸乳房水肿性肿大，有热感，挤压乳头无乳汁，或挤出絮状、脓状或水样分泌物，外阴部流出的浑浊分泌物，伴有茶褐色半透明的炎性渗出液。吃乳仔猪围着乳房不离开，尖叫，常有腹泻、瘦弱，终因低血糖或感染而死亡（图 37－1，图 37－2，图 37－3）。

诊　断

母猪出现无乳和乳量显著减少，食欲废绝，讨厌仔猪吮乳，多伏卧于地，可做诊断。全窝仔猪呈饥饿状态，致死率高达 80％。

防治方法

1. 加强饲养管理，产前 1 个月调整日粮配方，添加足够的青绿多汁饲料，补充富含蛋白质、矿物质及维生素的全价饲料。为了减轻临分娩母猪饲养环境突变引起的应激反应，在预产期的 7 天前，将母猪转移到分娩舍，尽量保持分娩舍的安静。

2. 为了控制炎症的发生，可采用鱼腥草 20 毫升＋0.5 克阿莫西林 4～5 支，1 次/天，连用 2～3 天；严重时可用 10％葡萄糖 500 毫升、复方氯化钠 500 毫升、氨苄西林 3～5 克、维生素 C

10～20毫升、复合维生素 B 10～20 毫升、安钠咖 5～10 毫升，混合静脉注射，1 次/天，连用 2～3 天。

3. 仔猪采取寄养或用代乳品人工哺乳。倘若母猪便秘，可注射甲基硫酸新斯的明注射液和用 10％甘油液灌肠等，有利于本症的早期治愈。

◆中兽医对母猪无乳综合征的辨证施治

中兽医认为乳汁由气血化生，因此，乳汁的多少与气血的关系极为密切。然而，气血的产生又有赖于脾胃水谷精微的化生，若化生不足或气血凝滞，均可导致母猪缺乳。因此，中兽医对母猪无乳综合征从两方面进行辨证施治。其一为气血虚弱，其二为气血瘀滞所致。气血虚弱多因产前饮喂失调，致使脾胃虚弱，或因分娩失血过多，气随血耗，导致气血两亏，使乳汁化生无源。气血瘀滞所致的无乳原因较为复杂，多种原因都会使乳络运行受阻（如热毒郁滞乳络）而致缺乳。综观无乳综合征，治则应以清热解毒、通经活络为主。方药可选用栝蒌牛蒡汤加减，处方组成为栝蒌、牛蒡子、花粉、连翘、金银花、黄芩、陈皮、生栀子、皂角刺、柴胡、甘草、青皮等进行加减。共研末，开水冲服。若在哺乳期间，宜加漏芦、王不留行、木通、路路通；新产恶露未尽者，宜祛瘀，可加当归、川芎、益母草；热毒盛者，可加板蓝根、黄药子、蒲公英和紫花地丁等。

［**附方 1**］　生化汤加减：桃仁、红花、川芎各 20 克，当归 25 克，益母草 25 克，王不留行、通草、党参各 30 克，路路通、白芍各 20 克。若是母猪产后发热引起缺乳，改用当归 30 克，川芎 20 克，桃仁 20 克，益母草 30 克，丹皮 20 克，蒲公英 30 克，紫花地丁 30 克，金银花 30 克，王不留行 30 克，赤芍 20 克，水煎灌服。若出现高热，加连翘、板蓝根各 20 克，黄连、黄柏各 15 克。若体质虚弱，加黄芪、党参、茯苓、白术各 20 克。此方为 80～100 千克体重母猪 1 天剂量，可分为 2 次服。

［**附方 2**］　加味逍遥散：当归、白芍、王不留行各 45 克，柴胡、白术、茯苓、白芷各 40 克，通草、薄荷各 30 克，甘草 20 克，

水煎服。乳房常用温水按摩。

［**附方 3**］ 路路通、王不留行、白芍、桃仁、阿胶、党参、熟地、白术、花粉、当归各 40 克，益母草 80 克，黄芪 60 克，川芎、防风各 30 克，水煎灌服，每天 1 剂，此方为 80～100 千克体重的母猪 1 天剂量，可分为 2 次服。

［**附方 4**］ 当归 30 克，通草 50 克，王不留行 30 克，红花 20 克，黄芪 30 克，加水 400 毫升煎至 100 毫升，然后加米酒 300 克，1 次喂服。

［**附方 5**］ 漏芦 100 克，赤小豆 500 克，新鲜黄花菜根 200 克，煮熟后加米酒 300 克，1 次性喂食，连喂 3 天。

［**附方 6**］ 漏芦 100 克，当归 30 克，通草 50 克，王不留行 30 克，红花 20 克，黄芪 30 克，加水 400 毫升煎至 100 毫升，然后加米酒 300 克，灌服，每天 1 剂，连服 3 剂。

［**附方 7**］ 若母猪气血不足（虚证）致缺乳，可用当归 20 克，白芍 15 克，生地 20 克，通草 20 克，甲珠 10 克，漏芦 10 克，木香 10 克，水煎服，连用 2～3 剂。

三十八 母猪产后瘫痪

母猪产后瘫痪又称产后麻痹或风瘫，是分娩前后突然发生的一种严重的急性神经障碍性疾病，其临床特征是知觉丧失和四肢瘫痪。

病　因

确切病因尚未充分阐明。一般认为是由于钙的吸收减少或排泄过多引起钙代谢急剧失调而引起，换句话说，母猪饲料营养不平衡、钙、磷或能量不足，在母猪体内出现血钙和血糖降低、血压降低等情况，致使大脑皮层发生机能障碍，同时甲状腺发生机能障碍，失去调节血钙浓度的功能，胰腺活动增强，产生胰岛素增多，导致血糖降低。母猪在分娩后或临近分娩时，常存在一定程度的低血钙，但只有当血钙明显降低时，才有可能发病。

编者在临床发现造成一些母猪低血钙的原因是精料中谷类、豆类过多，妨碍钙的吸收，使猪组织中钙磷都不足，导致其瘫痪。

临床症状

病轻者起立困难，四肢无力，精神委顿，食欲减少。重症者瘫痪，精神沉郁，常呈昏睡状态，反射减弱或消失，食欲显著减退或废绝，便干硬量少，泌乳量降低或无乳。母猪常呈伏卧姿势，不让仔猪吃奶（图 38－1，图 38－2）。

防治方法

给予怀孕母猪全价饲料，加强饲养管理。

饲料中增加钙、磷及维生素 D 的供给，日粮钙含量 0.8%～0.9%，磷含量 0.6%～0.8%，有预防作用。此外，应给母猪补充青绿多汁饲料。当粪便干燥时，应给硫酸钠 30～50 克或温肥皂水灌肠，清除直肠内积粪。必要时投服大黄苏打片 30 片，复方维生素 B_1 10 片。

治疗时，应补钙、强心、补液、维持酸碱平衡和电解质平衡。静脉注射10%葡萄糖酸钙100～150毫升或氯化钙注射液20～50毫升，一天一次，连用3～7天。使用氯化钙注射液时，应避免漏至皮下。对钙疗法无反应或反应不明显（包括复发）的病例，除诊断错误或有其他并发病之外，应考虑是母猪缺磷性瘫痪，宜用15%～20%磷酸二氢钠溶液100～150毫升静脉注射，或者钙剂交换使用。但应注意，使用钙剂的量过大或注射速度过快，可使心率增快和节律不齐。

由于食欲减退或废绝，应注意补充营养物质，可在葡萄糖生理盐水中或10%葡萄糖注射液中加入三磷酸腺苷（ATP）、肌苷和维生素C。为了改善食欲，建议用10%安钠咖10毫克，维生素B_1 10～20毫升，维生素D_3 600～1200国际单位肌内注射，一天一次。

◆**中兽医对母猪产后瘫痪的辨证施治**

中兽医认为产后瘫痪属产后气血双亏，腹部血瘀气滞所致。气与血相互依存、相互为用，气行则血行，血的正常运行依赖于气的推动，因气血不足，中气下陷而虚弱，也因气虚而血运无力，加之产时用力过度，失血过多，营养、管理失调，虚弱有余，风、气温的影响，失血则失气，气不行则血不行。从而气血运行无力，停滞于四肢，气血无力，血行受阻，局部瘀滞肿硬。游走疼痛，四肢跛行，关节屈伸不利而卧地不起，久则导致瘫痪。如单一补中益气，而不配合补阴壮阳、活血化瘀，从而使患畜反补气而血不行，关节伸展障碍，难以痊愈。治则以气血双补、重补肝肾、活血化瘀、祛风除湿为主。由于病程较长，一般要在用药3～7天才见好转或痊愈，仅用中药或西药进行治疗，疗效不甚理想，宜采用中西医结合。西医治标，以补充血钙、血糖、兴奋大脑皮层和镇痛为主；中医治本，气血双补及调补肝肾、祛风除湿。中西药合用，标本兼治，若用药剂量充足、合理，则可收到满意疗效。临床上可运用补中益气汤或配合秦防牡蛎散加减。同时配合穴位注射药物能够显著提高治愈率。

1. 选用方剂

［**附方1**］ 补中益气汤加减：黄芪50克、党参60克、升麻30

克、当归40克、香附10克、白术15克、陈皮20克、红花30克、防风20克、川芎30克、细辛20克、牛膝20克、甘草10克，连服3剂。补中益气汤党参、白术、当归并用，能增加机体耗氧量，加强心脏收缩力，并有促使血清白蛋白及血液中红细胞、白细胞、血红蛋白增加等作用。全方能改善机体蛋白质代谢，增强体力，防止贫血发展，这可能是本方补血升阳的药理基础，因此，加上香附、红花、川芎、熟地的配合有治疗母猪瘫痪之理。

［**附方2**］ 秦防牡蛎散加减：秦艽50克，龙骨50克，牡蛎40克，防己40克，附子30克，党参30克，白术30克，川芎30克，当归30克，薏苡仁20克，杜仲20克，升麻20克，桑寄生20克，牛膝15克，厚朴15克，甘草20克，煎水灌服，日服2次，连服2～3剂。

［**附方3**］ 香附60克，菜豆壳60克，马蹄金60克，鸡内金12克，凤尾草60克，车前草60克，乌豆500克，水煎后加米酒2碗灌服，此方为100千克母猪的量。

［**附方4**］ 桃金娘根（黄土炒）90克，穿山龙（酒炒）120克，一条根90克，野牡丹根（酒炒）90克，苞蔷薇根90克，土牛膝90克，阿利藤60克，地胆草60克，菝葜（黄土炒）90克，水煎，加红糖120克，酒250毫升为引灌服，连服数剂。此方为100千克母猪的量。服药后，结合营养疗法。

［**附方5**］ 钩藤、当归各60克。煎水取汁，1次服，此方为100千克成年猪的量。

2. 穴位注射

（1）取大椎穴和百会穴深部注射，视猪体大小，成年猪大椎穴进针6.5～10厘米，百会穴进针3.3～6.5厘米。鹿茸精注射液20～40毫升，复合维生素B注射液20～30毫升，混合后注入两穴内，轻者1次即可，重者隔日再注射1次。

（2）在双后肢两侧取大胯穴、小胯穴及后海等穴位，用9号长针头轻轻刺入，后接入注射器，回抽无血后缓缓注入复方水杨酸钠注射液，2毫升/穴，隔日再注射1次。

三十九 子宫脱

子宫脱是指子宫内翻，翻转脱垂于阴门之外，是母猪产后危险的重症。子宫脱是母猪常见的疾病。子宫脱出多见于流产和分娩前后的数小时及整个过程，为防止子宫脱出，平时要加强饲养管理，注意运动和补充钙质，猪舍地面保持适当的坡度，如发现子宫脱出，应及时进行整复。

临床症状

多发生于产后24小时以内。

1. 部分脱出 发生前多无明显症状，直到已脱出阴道后，出现不安、努责、举尾等似腹痛一样的表现，做阴道检查时子宫角已翻转脱至阴道内（图39－1）。

2. 完全脱出 子宫全部翻转脱出在阴门外，有的甚至拖到地面。此时可见子宫瘀血水肿，上附草屑、粪渣、血凝块及未脱落的胎膜等污物，时间稍长，表面水分蒸发而结一薄层似牛皮纸一样的痂皮，并出现干裂、糜烂等（图39－2）。

猪子宫全脱，似两条肠管脱垂于阴门外，黏膜层朝外呈绒状，表面有横向皱襞，末端有一凹陷。

防治方法

部分脱出：一旦确诊为子宫部分脱出，应立即治疗，否则会由部分脱出变为完全脱出。

站立保定，前低后高，尾牵向一侧。

用0.1%新洁尔灭洗净母畜外阴及其周围；术者剪平指甲并磨平，洗净消毒，手臂涂油。

肌内注射氯丙嗪8～10毫升，使镇静，以防骚动。

术者手入阴道触到脱出的子宫后，四指收拢，包住大拇指，呈假握拳样，轻而慢地向前推挤脱出的子宫角，边向前推边左右摆动，通常在通过子宫颈后而迅速复位。术者的手应随子宫角进入子宫腔内左右晃动数次，使子宫完全复位。

为防再次脱出，可用1%普鲁卡因作交巢穴封闭疗法，注入20～30毫升。可用0.1%高锰酸钾或生理盐水500～100毫升注入子宫腔，借助液体的压力可使子宫复原。多给饮水，严防腹泻和便秘。

◆中兽医对母猪子宫脱的辨证施治

中兽医认为母猪产后子宫脱出主要是由于母猪产后元气耗损、中气下陷、血虚气衰、脏腑固摄失权而引发的，故应以补气养血、升阳固脱为治则，整复后配合中草药方剂和针灸共同治疗。

1. 选用方剂

［**附方1**］ 活血化瘀汤加减：当归40克，川芎30克，郁金30克，赤芍40克，乳香30克，没药30克，乌药30克，杜仲35克，续断30克，水煎服，白酒适量为引灌服。本方适用于气滞血瘀型。

［**附方2**］ 益气黄芪散：黄芪40克，陈皮35克，茯苓40克，黄柏30克，党参50克，苍术35克，升麻60克，炙甘草20克，生地30克，生姜20克，水煎服，本方适用于中气不足型。

［**附方3**］ 八正散加减：大黄80克，栀子40克，木通30克，滑石40克，茵陈40克，车前30克，甘草20克，灯心草30克，茯苓40克，猪苓40克，泽泻40克，水煎服。本方适用于湿热下注型。

［**附方4**］ 十全大补汤加减：党参50克，白术40克，茯苓40克，当归40克，川芎30克，白芍40克，灵仙30克，香附10克，附子30克，炙甘草20克，水煎服。本方适用于气血两虚型。

［**附方5**］ 骨碎补120克，桔梗60克，当归60克，益母草90克，川芎60克，水煎服。用此方前需先用米汤洗净脱出部分，待温暖后用花生油（或菜油、麻油）涂子宫，用手整复，然后服用此方。

［**附方6**］（子宫外翻）苎麻120克，枳壳30克，桐油30克，

明矾 45 克，混合加热，洗涤脱出部分，然后整复。

2. 针灸 可电针交巢穴、治脱穴，1 次/天，连续 3 天。

3. 醋敷结合手术内送 患部经醋处理，水肿逐渐消除，体积变小，同时努责力减弱，有利内送复位和康复。

方法：将病母猪前低后高保定，百会穴注射普鲁卡因 10～20 毫升，用 0.1%高锰酸钾水清洗脱出部，剥除痂块，用消毒过的针头乱刺水肿部位，边洗边刺，经 10 分钟左右即可，清洗后用干毛巾（温热更宜）擦干，接着用 300～500 克食醋逐次倾倒在干热毛巾上，用此毛巾裹敷脱出部 15～20 分钟，这时脱出部体积变小，再撒上消炎药物。然后将脱出部内送复位。方法是：继续用浸透醋的毛巾裹敷脱出部，助手双手托着两子宫角和固定好裹敷的毛巾，术者从阴道逐次将脱出的各部位内送复位。脱出部复位后，术者的手需继续留在阴道内等脱出部温度和体温一致后方将手徐徐抽出，努责厉害的病猪可进行阴户减张缝合 2 针（3～5 天后拆线），轻轻解除保定，令畜主赶猪缓行 1 小时后，让其自由活动。

四十 仔猪先天性震颤

本病又称仔猪先天性阵痉，俗称小猪跳跳病、小猪抖抖病，是仔猪出生后不久发生的一种以全身或局部肌肉有节律的阵发性的震颤为临床特征的疾病。

流行特点

关于本病的病因有多种学说，如遗传学说、病毒学说及妊娠猪营养障碍学说等。近年来对病毒学说相当重视，如研究认为本病是由于猪瘟病毒、伪狂犬病毒、PCV2 以及肠道病毒或仔猪先天性震颤病毒通过胎盘感染胎儿所致。本病一般发生于猪群的某些窝的部分仔猪，也有全窝发生的。新生仔猪受寒冷、噪声等刺激，可加剧本病的发生。

临床症状

仔猪出生后或出生后数小时、数天出现骨骼肌群发生节律震颤，无法站立，卧地后震颤减轻或停止，再站立再震颤，有的仔猪头、颈部震颤强烈以致不能吮乳，或后躯震颤厉害，仔猪呈跳跃状（图 40－1，图 40－2）。病仔猪体温、脉和呼吸无明显变化。若出生后 4～5 天不死，并能吃到母乳，则预后良好，死亡多由于吃不到母乳饿死或被母猪压死。

病理变化

对发病猪进行剖检，没有发现与症状有关的肉眼变化。诺克斯氏（Konx，1978）报道，妊娠中期口服敌百虫治疗寄生虫病引起的副作用，可见明显的小脑形成减少和脊髓形成障碍。

诊　断

根据发病特点、临床症状和病理变化不难诊断。采病死仔猪脑和脊髓送实验室进行组织学检查可确诊。

防治方法

发生本病时，应对公猪的使用情况进行调查，如果发现与本病有关，应尽早淘汰。做好猪瘟、猪伪狂犬病的免疫接种，不在妊娠期内免疫接种上述嗜神经性弱毒苗。种猪禁用敌百虫治疗体内外寄生虫病，改用伊维菌素针剂或粉剂。

◆中兽医对仔猪先天性震颤的辨证施治

中兽医对仔猪先天性震颤按照风、湿、火邪壅滞经络、气机不宣进行辨证施治，治则以镇痉熄风、通经活络为主。

［**附方 1**］ 福建省德化县畜牧兽医站采用中草药牡荆治疗本病取得一定疗效。可用鲜草茎叶 40 克/头或鲜根 30 克/头，水煎至 20～30 毫升灌服，若次日未愈，再服 1 剂或添加 B 族维生素及增强机能类药物辅助治疗。

［**附方 2**］ 钩藤、地龙、党参各 20 克，生龙骨、生牡蛎、生赭石各 40 克，木瓜 30 克，蜈蚣 4 条，生甘草 15 克，诸药煎药水服，此为 7 头仔猪的量。

四十一 猪疥螨病

猪疥螨寄生于猪的皮肤表层内引起剧烈瘙痒的接触性皮肤病，即猪癞子。

流行特点

各种年龄、品种和性别的猪均可感染。猪疥螨寄生处产生剧痒，由于病猪到处摩擦，导致病猪圈舍、围墙、栏柱、用具等污染虫卵和虫体，都是传播媒介物。健康猪与病猪或媒介物接触，都可受到传染。疥螨的发育过程包括虫卵、幼虫、若虫、成虫 4 个阶段，都在猪的皮肤内完成，整个发育周期为 8～22 天。

临床症状和病理变化

病变部从眼周、颊部和耳根开始（图 41－1，图 41－2），逐渐蔓延到背部、体侧、腹部、四肢甚至全身。患部奇痒，到处摩擦或用肢蹄蹭。患处脱毛并出现红斑、结节、结痂，皮肤增厚、皱褶或龟裂（图 41－3，图 41－4，图 41－5）。严重的病猪减食、精神委顿、消瘦、贫血、发育不良、生长缓慢（图 41－6），严重时衰竭而死。

诊　　断

根据流行特点、患部特征性症状和病理变化可以作出初步诊断。必要时可用小刀刮取患部与健康交界处痂皮屑（刮到微出血），将皮屑及血液置载玻片上、滴加 10％苛性钠 2～3 滴稍等片刻，置显微镜下镜检，发现虫体即可确诊。

防治方法

1. 综合措施　猪舍应保持清洁、卫生、干燥、通风。

2. 药物治疗　为了使药物能充分接触虫体，最好用肥皂水或来苏儿溶液彻底洗刷病猪患部，清除硬痂和污物后再用药。治疗方

法：①用2%敌百虫水溶液，全身喷雾或喷淋猪体，喷到猪身滴水，过4～5天再喷淋一次。②用50毫克/千克倍特（溴氰菊酯）水溶液喷淋猪体，间隔10天再喷一次，每头猪每次约用3升药液。

◆中兽医对猪疥螨病的辨证施治

［**附方1**］（硫矾膏）硫黄20克，绿矾20克，冰片粉1克，食盐10克，黄柏粉15克，苍术粉10克，白芷粉10克，凡士林适量，以上各药共研为极细末，加入凡士林制成软膏，每天涂患处2～3处。

［**附方2**］ 烟梗250克，辣椒120克，水煎涂患处。再用雄黄250克，硫黄120克适量调涂患处。

［**附方3**］ 鲜百部根捣汁，每500克拌食盐30克擦患处，至愈为止。

［**附方4**］ 枫杨树枝叶2份，石碱粉3份，明矾粉1份，石灰粉3份，烟丝3份，猪板油适量，上述诸药混合加猪板油捣成药膏状涂擦。

［**附方5**］ 羊蹄根或土大黄适量，花椒9克，儿茶7克，雄黄4克，冰片4克，明矾5克（1头成年猪的用量）。将上药用水煮沸25分钟过滤去渣，待温洗患处，有结节者用刷子浸药液轻轻洗刷。患猪多则进行药浴治疗，每头猪1次药浴时间不少于15分钟。1天1次，连洗2～3天。

［**附方6**］ 曼陀罗根皮500克，白蜡250克，生菜油2500毫升，先将曼陀罗根皮切细置于生菜油中浸泡8小时，然后置于锅内微火煎炸至黄黑色，滤出药片，加入白蜡溶化，凉后药液成糊状，煎水洗患处再涂。

四十二　猪蛔虫病

猪蛔虫病是由猪蛔虫引起的寄生虫病，主要危害 3～6 月龄的仔猪，造成生长发育不良，饲料消耗和屠宰内脏废弃率高，严重者可引起死亡。

流行特点

猪蛔虫寄生于猪和野猪。寄生于猪小肠中，雌虫产出大量的虫卵，在适当的条件下经 11～12 天发育为感染性虫卵。虫卵随同饲料或饮水被猪吞食后，在小肠中孵出幼虫，并进入肠壁的血管，随血流被带到肝脏，再继续沿腔静脉、右心室和肺动脉而移行至肺脏。幼虫由肺毛细血管进入肺泡，在这里度过一定的发育阶段，此后再沿支气管、气管上行，后随黏液进入会厌，经食管重返小肠。从感染到发育为成虫，共需 2～2.5 个月。

临床症状

病猪一般表现为被毛粗乱，食欲不振，发育不良，生长缓慢，消瘦，黄疸，消化机能障碍，磨牙，采食饲料时经常卧地，部分猪咳嗽、呼吸短促，粪便带血，严重时常从肛门处排出成虫（图 42-1）。

病理变化

虫体寄生少时，一般无显著病变。多量感染时，由于幼虫的移行，常在肝上形成大小不等、边缘不规则、瘢痕化的乳白色的斑点（乳斑肝）（图 42-2、图 42-3、图 42-4），这阶段病猪不显临床症状。虫卵移行至肺时，临床可出现咳嗽、呼吸增快，屠宰时可见肺局灶出血或间质性肺炎。有的见肠中有数量不等的蛔虫，严重时常引起小肠阻塞（图 42-5）。蛔虫进入胆管，阻塞胆管，引起黄疸。蛔虫幼虫在体内移行或大量成虫寄生时，所产毒素均可引起神

经症状——癫痫或出现荨麻疹。

诊　　断

初诊特征：幼虫移行至肝脏时，引起肝组织出血、变性和坏死，形成云雾状的蛔虫斑，有时也称乳斑。移行至肺时，引起蛔虫性肺炎。确诊需作实验室检查。对 2 月龄以上的仔猪，可用饱和盐水漂浮法检查虫卵。

防治方法

搞好猪群及猪舍内外的清洁卫生和消毒工作。清除猪舍的感染性虫卵，母猪转入产房前要清洗消毒，使猪群生活在清洁干燥的环境中。保持饲料新鲜，饮水清洁干净，减少寄生虫繁殖的机会。要定期按计划驱虫，规模化饲养场首先要对全场猪驱虫，以后公猪、母猪每 3～4 个月用伊维菌素驱虫一次，仔猪转群时驱虫一次，新进的猪驱虫后再和其他猪并群。药物驱虫：如伊维菌素或阿维菌素（每千克体重 0.3 毫克，一次口服），左旋咪唑（每千克体重 8 毫克，一次拌料喂服）等药物。对粪便进行集中发酵，做无害化处理，以杀灭虫卵。

◆中兽医对猪蛔虫病的辨证施治

［**附方 1**］　断肠草鲜叶 100～150 克研细，按每 50 千克体重 1 次量拌饲料喂服。

［**附方 2**］　南瓜子 100 克，炒后磨成细末，供体重 50 千克的猪 1 次拌料喂服。

［**附方 3**］　鲜苦楝树二层皮 100～130 克，水煎取浓汁供体重 50 千克的猪 1 次拌少量饲料喂服。

［**附方 4**］　土荆芥、贯众各 10 克，水煎浓汁供体重 50 千克的猪喂服，连续服 2 次。

［**附方 5**］　使君子、苦楝皮各 20 克，共研细末，供体重 50 千克的猪 1 天分 2 次拌料喂服。

［**附方 6**］　使君子、乌梅各 2 份，苦楝皮、槟榔、鹤虱各一份，共研为末，每千克体重 1 克空腹喂服，10 天后再给药一次。

［**附方 7**］　醉鱼草 100 克，乌梅（去核）100 克，贯众 100 克，

鹤虱 100 克，雷丸 100 克，川楝 80 克，槟榔 100 克，甘草 20 克，党参 60 克，当归 60 克，共研粉末，每千克体重喂服 3 克，每天 1 次，连用 3 天。

［**附方 8**］ 鹤虱 10～20 克，研细末喂服，小猪 10 克，中猪 10 克，大猪 10 克。

［**附方 9**］ 苦楝树根皮 15 克，槟榔 12 克，石榴皮 15 克，胡粉 30 克，鹤虱 12 克，白术 25 克，百部 12 克，分 2 次拌料喂服。

四十三 猪毛首线虫病（鞭虫病）

毛首线虫病是由毛首科的猪毛首线虫寄生在猪盲肠和结肠中，破坏肠黏膜而引起肠炎、下痢、食欲减低和贫血等症状的一种疾病。

病　原

病原为猪毛首线虫，虫体前部呈毛发状。整个外形像鞭子，前部细，像鞭梢，后部粗，像鞭杆，故又称鞭虫。虫卵麦粒形或橄榄状、棕黄色，两端有卵塞。

发育史

猪吞食侵袭性虫卵即被感染。猪毛首线虫的发育过程没有中间宿主。成虫在大猪的大肠中产卵，卵随粪便排到外界，在适宜的温度和湿度下，约经 3 周发育为感染性虫卵，卵内含感染幼虫。虫卵随饲料及饮水被宿主吞食，幼虫在肠内脱壳而出，虫体头颈部钻入盲肠黏膜内寄生，经过 30～40 天雌虫开始产卵。成虫寿命为 4～6 月。

临床症状

各种年龄的猪均可寄生猪毛首线虫。但以幼龄和老龄猪多见。成年猪感染毛首线虫时，一般症状不明显，危害较轻，但可成为带虫传播者，对小猪造成很大的威胁。猪毛首线虫感染后，虫体的头颈部深入肠黏膜内，引起急性或者慢性盲肠炎。轻度寄生虫时，症状不明显；重度寄生时，病猪主要表现顽固性腹泻，粪便中带黏液或排水样血色便，食欲不振，消瘦，脱水，贫血，肛门周围黏附有红褐色稀粪，最后由于极度衰弱而死亡。

病理变化

在患猪盲肠和结肠内见到数以百计或者数以万计的乳白色虫体。虫体长 20～50 毫米，头部细而长，尾部粗而短，有的虫体尾端呈螺旋卷曲，有的虫体尾直，末端呈圆形，虫体深深扎入肠黏膜下层甚至肌层，用刀都难刮下，造成盲肠、结肠黏膜卡他性炎症。眼观肠黏膜充血，出血性炎症，水肿，坏死、出血、糜烂、溃疡、肥厚，还可见黏液分泌亢进等（图 43－1，图 43－2，图 43－3，图 43－4）。另外，有与结节病相似的结节。结节有两种：一种质软有脓，虫体前部埋入其中；另一种在黏膜下，呈圆形囊状物。结节内有部分虫体和虫卵。严重感染时造成肠管闭塞，肠血管充血明显，剪开盲肠和结肠，这些部位发生肿胀、出血、溃疡和坏死（图 43－5，图 43－6，图 43－7，图 43－8）。

诊　断

剖检死亡猪尸体，可在盲肠和结肠内见大量形似鞭子的虫体。虫卵检查也是诊断本病的方法之一。可直接取粪便涂片或用饱和硝酸钠溶液或饱和食盐溶液进行漂浮后沾玻片镜检。毛首线虫的虫卵形态比较有特色。虫卵呈棕黄色，橄榄状，卵壳厚、光滑，两端有卵塞，虫卵大小为（52～61）毫米×（27～30）毫米，内含未发育的卵细胞。由于虫卵颜色、结构比较特殊，故易识别而确诊。

防治方法

经常清除猪舍粪便，保持猪舍清洁干燥，使之不适于虫卵的发育。治疗可选用下列药物：伊芬虫灭 500 克（本品 500 克内含伊维菌素 1 克，阿苯达唑 24 克），拌料 500 千克，连用 7 天，间隔 14 天后再用药一次。丙硫苯咪唑每千克体重 5～20 毫克，一次口服。阿苯达唑每千克体重 5～20 毫克，混入饲料内服。芬苯达唑每千克体重 5～20 毫克，一次内服。左旋咪唑每千克体重 15～20 毫克，一次内服。

◆中兽医对猪毛首线虫病的辨证施治

［**附方 1**］　硫黄 500 克，滑石 150 克，甘草粉 75 克，苏打粉 24 克，混合为末，调匀，拌于饲料中喂给，大猪 30 克，中猪 24 克，小猪 15 克，每天 2 次，连服 3 次。

［**附方 2**］　使君子 30 克，雷丸 20 克，槟榔 30 克，火麻仁 20 克，茯苓 10 克，白术 10 克，乌梅 15 克，山楂 10 克，上药共用水煎灌服。

四十四 猪小袋纤毛虫病

猪小袋纤毛虫病是由结肠小袋纤毛虫寄生于猪的肠管里，引起肠炎的一种原虫病。患猪成为引起人感染的主要传染源，在我国的河南、广东、广西、吉林、辽宁等 15 省（自治区、直辖市）均有人感染的报道。

病　原

虫体分为滋养体和包囊体两种形态。体外表膜有全部纵列的 50～70 根几乎等长的纤毛，这种纤毛能运动。虫体前端有口器和开口部。虫体后端有肛门样的排泄孔，称胞肛。虫体内部有一个肾形的大核和一个接近大核的胎状小核。

随粪便排出的包囊体（有时为滋养体）污染饲料和饮水，猪采食后经消化道感染。被采食的包囊在盲肠、结肠内生长发育，成熟时滋养体一部分在肠道管内分裂增殖，另一部分侵入肠黏膜上皮细胞，在肠黏膜固有层上增殖，造成肠黏膜的糜烂、溃疡。病灶部脱落，虫体游出，在肠腔内形成被囊和包囊体。滋养体可进行无性生殖和有性生殖。滋养体和包囊体均可随粪便排出体外。寄生部位主要是盲肠和结肠。

流行特点

本病在猪场是一种常见病、多见病，也是一种条件性疾病。

感染的人和猪均为本病的传染源。人和动物均因食入被包囊污染的食物和饮水而经消化道感染。

在我国，猪感染率很高，如在山东济南、青岛，猪感染率为 60%～70%。该病主要是因猪食入感染性卵囊引起传播。虫体以肠内容物为食，少量寄生对肠黏膜并无严重损害，但如宿主的消化功能紊乱或肠黏膜有损伤时，小袋纤毛虫就可乘机侵入肠黏膜，破坏肠组织，形成溃疡。溃疡主要发生在结肠，其次是盲肠和直肠。

各种年龄的猪都可感染，发病的多为2～2.5月龄的仔猪，尤其是断奶猪。大猪多呈隐性感染，为带虫者。小袋纤毛虫对仔猪致病力强，往往造成严重疾病甚至死亡。

在通常情况下，应激（特别是运输、频繁换料、炎热、阴雨潮湿、不合理免疫注射）或消耗性疾病可诱发本病。

临床症状

患猪轻者表现食欲减退或废绝，体温一般正常（有时升高），拉水样粪便，有时呈绿色、灰色、灰红色、黑色、黄泥状、红泥状软粪便。重症病例拉黏液性血痢，腥臭，耐过后转为慢性时，表现消化机能障碍，出现贫血，全身苍白，腹泻次数增多、排便失禁，以至关节、尾根及肛门周围都沾染粪便，严重者脱水等，进而导致恶病质而死亡（图44－1）。

病理变化

病理变化为溃疡性结肠炎和直肠炎，盲肠和结肠出现肥大，浆膜面潮红，可见大小不等结节状斑点（图44－2）。病变较轻者，黏膜面可见水肿性、卡他性、出血性、假膜性、坏死性及溃疡性肠炎，肠系膜淋巴结肿胀明显，呈“球状”（图44－3，图44－4）。

诊　断

以从患猪的粪便或组织里找到虫体作为诊断根据。取新鲜粪便，用生理盐水稀释，涂于玻片上，盖以盖玻片，置于显微镜下检查，在急性症的病猪粪便黏液中，可检出滋养体，在慢性患猪粪便中检出包囊，亚急性的病猪粪便中可同时检出滋养体和包囊。剖检死猪，刮取肠黏膜病变部位做涂片，用显微镜检查包囊和滋养体时应注意：从采粪到检查的经过时间对检出率有很大影响。据彼得（Peter，1982年）报道，保存材料检出率为0.02%～0.1%，但用新鲜材料检查，检出率可达5.1%，检出率比保存材料高，滋养体特别大。据井上勇氏进行结肠涂抹标本的检查，用新鲜材料能发现无数病原体，而用同一检查材料在冰箱内保存一夜后再次检查就不能发现，这可能是因为在低温条件下，病原体可在数小时内死亡。

编者、曾在某猪场，用新鲜粪便涂片在显微镜下见到很多病原体，该份粪便带回打算让实习生见识见识，当晚放到冰箱，第二天涂片都见不到虫体了。

防治方法

1. 综合措施 应保持猪舍清洁、干燥、卫生、猪场粪便无害化处理，定期进行猪舍消毒，以杀死包囊、避免感染。饲养管理人员亦应注意手的清洁卫生，以免遭受感染。

2. 药物治疗 发现病猪应立即隔离治疗，治疗可用甲硝唑（灭滴灵），小猪每次每头250毫克，中猪每次每头1～4克或每千克体重15～20毫克，每天1次，连用7天。

◆中兽医对猪小袋纤毛虫病的辨证施治

［**附方1**］ 青蒿、板蓝根、淫羊藿、地榆、甘草按一定比例配制，粉碎或粗粉，用水共煎，连煎3次，每次1～2小时，煎熬后将3次煎液合并浓缩至每毫升含生药1克，按每天每千克体重猪2毫升拌料喂服，连服6天。

［**附方2**］ 青蒿按每千克体重200毫克，次硝酸铋5克，酵母片5克，每天2次，连续3天。停药后1周，粪检未查到虫体，粪便转干。

四十五 猪细颈囊虫病

猪细颈囊虫病是由泡状带绦虫幼虫——细颈囊尾蚴寄生于猪的肝脏网膜、肠系膜、胸腹腔网膜等处所致的疾病。

流行特点

泡状带绦虫在犬、猫或狼等动物小肠内寄生，孕卵节片脱落，随粪便排出体外，在自然环境中破裂。虫卵污染食物、饲料、饲草和饮水，被猪食入后，卵壳被胃液消化，六钩幼虫在猪小肠内钻入黏膜血管，随血液到达肝脏（有的可达到肺和胃），穿破血管壁到达肝脏实质组织，边发育边向肝表面移行。有的在肝表面发育到感染阶段，有的在肠系膜、网膜、肾周围的脂肪组织，甚至在骨盆腔内发育为感染阶段。从感染六钩幼虫到发育为感染性虫体，大约要3个月。病猪死亡或屠宰后，犬、猫或狼将含有细颈囊尾蚴的脏器吃下而感染。头节在小肠内伸出，固着于肠壁上，发育为泡状带绦虫成虫。

临床症状

猪细颈囊虫病的症状一般不显著，但在仔猪急性感染时，常可出现消瘦、虚弱、食欲减少或废绝、体温有时升高、黄疸、腹部膨大等症状。严重者突然发作，大叫倒地死亡。

病理变化

细颈囊尾蚴由肝实质向肝包膜移行，进入腹腔进而在网膜或肝表面上发育（图45-1、图45-2、图45-3），有时可破坏肝实质，引起肝出血、肿大及炎性浸润，肝质脆，切面有黑红色病变。常伴发腹膜炎、腹水。肺脏有细颈囊尾蚴寄生时出现支气管肺炎与胸膜炎。

诊　断

生前诊断困难。剖检病猪，检出细颈囊尾蚴可作出诊断，或用

囊尾蚴的囊液作皮内变态反应。

防治方法

1. 防止犬、猫等动物吃到病猪脏器。

2. 注意猪舍、饲料清洁卫生，保护饲料、饲草及饮水不受污染。

3. 坚持肉品卫生检疫制度，严格按规定处理病猪脏器。

4. 治疗药物可选用：丙硫苯咪唑，按每吨饲料 300 克，有一定治疗作用。吡喹酮按每千克体重 20 毫克，分两次口服，连服 6 天；吡喹酮混悬液按每千克体重 80～120 毫克，以一份吡喹酮与五份植物油制成混悬液；或以一份吡喹酮与九份有机溶剂（如聚乙醇-400、二甲基二酰胺等）制成针剂，灭菌，颈部或臀部多点肌内注射。

◆中兽医对猪细颈囊虫病的辨证施治

［**附方 1**］ 每次取 200～250 克干南瓜子，捣碎磨成粉加热水与面粉混合，预先绝食 12 小时后投服。

［**附方 2**］ 按每千克体重 0.5 克槟榔的剂量，将槟榔捣碎磨成粉制成丸药，空腹投服。

四十六 猪球虫病

猪球虫病是一种由艾美耳属和等孢属球虫引起的以仔猪腹泻、消瘦及发育受阻，成年猪多为带虫者为特征的疾病。

猪球虫病多见于仔猪，可引起仔猪腹泻。成年猪多为带虫者，是该病的传染源。猪球虫的种类很多，但对仔猪致病力最强的是猪等孢球虫。

病　原

猪球虫的生活史与其他动物的球虫一样，在宿主体内进行无性世代（裂殖生殖）和有性世代（配子生殖）两个世代繁殖，在外界环境中进行孢子生殖。猪球虫的种类很多，但对仔猪致病力最强的是猪等孢球虫。

流行特点

本病一年四季均可发生，呈世界性分布。猪等孢球虫常见于仔猪。成年猪常发生混合球虫感染。虫体以未孢子化卵囊形式传播，但必须经过孢子化的发育过程，才具有感染力。猪球虫病多见于仔猪，可引起仔猪腹泻。成年猪多为带虫者，是该病的传染源。

临床症状

3 日龄的乳猪和 7～21 日龄的仔猪多发。主要临床症状是腹泻，持续 4～6 天，粪便呈水样或糊状，显黄色至白色，偶尔由于潜血而呈棕色（图 46－1，图 46－2）。有的病例腹泻是受自身限制的，其主要临床表现为消瘦及发育受阻。

病理变化

尸体剖检特征是急性肠炎，局限于空肠和回肠，炎症反应较轻，仅黏膜出现浊样颗粒化，有的可见整个黏膜表面有斑点状和坏死灶。眼观特征是黄色纤维素坏死性假膜松弛地附着在充血的黏膜上。

一般，通过采集腹泻粪便，检查卵囊，作出初步诊断。但有时在腹泻期间卵囊可能并不排出，因此，确定性诊断必须从待检猪的空肠和回肠检查出各种发育阶段的球虫。各种类型的虫体可以通过组织病理学检查，或通过空肠和回肠压片或涂片染色检查而发现，后一种方法对于临床工作者来说是一种快速而又实用的方法。

防治方法

1. 预防 搞好环境卫生：保证产房清洁，及时清除粪便，产房应用彻底进行消毒。应限制非接产人员进入产房，防止由鞋或衣服带入卵囊；大力灭鼠，以防鼠类机械性传播卵囊。

2. 治疗 可试用百球清（5%混悬液）治疗猪球虫病，剂量为每千克体重20～30毫克，口服，可使仔猪腹泻减轻，粪便中卵囊减少，必要时可肌内注射磺胺-6-甲氧嘧啶钠，可提高治疗效果。

◆中兽医对猪球虫病的辨证施治

［**附方1**］ 苦参5份，鸦胆子1份，蛇床子4份，共为细末，每天20克混于饲料中喂服，连用5～7天。

［**附方2**］ 鸦胆子15克，薜荔10克，煎水50毫升，分2次服。

［**附方3**］ 苦参500克，地榆1 000克，金樱子根1 500克，黄柏500克，白头翁500克，以上各药晒干粉碎，装罐备用。小猪每只用量20～30克，拌料内服，每天1次，连用7天。

［**附方4**］ 常山、柴胡、甘草各等份，共研末，每次20克混于饲料中喂服，每天2次，连用10天。

［**附方5**］ 黄连、黄柏各10份，黄芩25份，大黄8份，甘草13份，共为细末，混于饲料中喂服，每天2次，连用5天。

［**附方6**］ 常山3份，柴胡、青蒿各5份，乌梅1份，共研细末，每天20～30克拌料喂服，每隔3天用药3天。

［**附方7**］ 白僵蚕6份，生大黄、桃仁泥、土鳖虫各3份，生白术、桂枝、白茯苓、泽泻、猪苓各2份，混合研末，每次15克混于饲料中喂服，每天2次，连用5～7天。

四十七 仔猪低糖血症

仔猪低糖血症又称乳猪病或憔悴猪病，多见1周龄内的新生猪仔（且多在出生后的第2～3天）发病，病死率高，可占仔猪总数的25%。

流行特点

本病是由多种原因引起仔猪吮乳不足、饥饿、血糖显著降低的一种营养代谢病，特别是母猪患子宫炎-乳房炎-无乳综合征或发热及其他疾病，致泌乳障碍，造成产后乳量不足或无乳，导致仔猪饥饿；仔猪先天性衰弱，生活力低下而不能充分吮乳，窝仔数量过多，仔猪因吃不饱而饥饿。此外，低温、寒冷和温度过高也能诱发本病。

临床症状

仔猪最初精神沉郁，软弱无力（图47-1），不愿吮乳，对外界刺激冷漠，耳尖、尾根及四肢末端厥冷并发绀。体温降到常温以下，最终陷于昏迷状态，衰竭死亡。

病理变化

尸体脱水，胃肠道空虚，肝橘黄色、胆囊肿大，肾盂和输尿管有白色沉淀物。

诊　断

根据对母猪及环境因素的检查及仔猪对葡萄糖治疗的反应能作出初步诊断。确诊需进行血糖含量测定（一般血糖由正常的5～6.1毫摩尔/升下降到1.6毫摩尔/升时出现症状，下降到1.1毫摩尔时发生痉挛）。

防治方法

补糖，临床多用5%～10%葡萄糖15～20毫升腹腔注射，每

4～6小时一次，直至症状缓解并能自行吮乳为止。亦可灌服20%糖水，每次10～20毫升，每2～3小时一次，连用3～5天。为促进糖原异生，可用氢化可的松25～50毫克或者促肾上腺皮质激素15～20国际单位。同时小猪应置于温暖的环境中，避免受寒。此外，还可以把小猪寄养给其他泌乳充足的母猪。

◆中兽医对仔猪低糖血症的辨证施治

中兽医学认为仔猪低糖血症属于虚证，其发生原因是因仔猪先天发育不良，后天营养不足，导致仔猪气血阴阳俱虚所致。治则以调理脾胃，补气养血为主。常用方剂为八珍汤和归脾汤加减。

［**附方1**］（健脾补血糖浆）当归60克，茯苓30克，白术30克，生地60克，槟榔50克，使君子30克，甘草10克，上药共用水1000毫升煎至200毫升，加入红糖50克，按每千克体重一次内服3～5毫升，日服2次。

［**附方2**］ 黄芪60克，党参60克，熟地黄30克，白芍30克，大枣30克，当归40克，何首乌30克，阿胶30克，五味子30克，麦冬30克，山楂50克，麦芽50克，此方为10～15千克仔猪的量，分为3天，每天1次，3天为1疗程，连用3～5个疗程。

［**附方3**］ 附子30克，干姜30克，党参40克，黄芪50克，甘草20克，水煎两次液，加红糖100克，1次内服，每天1剂，连服2～3剂。西药用0.1%肾上腺素6～8毫升，1天1～2次肌内注射，连用2～3天。以上方药为成年猪用量。

［**附方4**］ 黄芪、茯苓、白术各30克，白芍、陈皮、青皮、砂仁、神曲各24克，枳壳20克，厚朴、当归、川芎各18克，共为细末，开水调服，每天1剂，连用3天。此方为30～50千克架子猪用量。

四十八　猪胃溃疡

本病是胃食管区上皮黏膜角化、糜烂、溃疡、穿孔引起疾病的总称，随着现代化养猪业的发展，胃溃疡发病率有所升高。本病发病率随地域环境、饲养条件、营养状况和机体抵抗力不同而有很大差异。

病　因

本病病因比较复杂，尚不十分清楚。但普遍认为与下列因素有关：

1. 感染因素　许多病毒、细菌、真菌和寄生虫的感染使本病发病率上升或加剧病情。笔者在一个养殖规模1 180头的母猪场发现，曾暴发猪瘟病毒、猪繁殖与呼吸综合征病毒、猪圆环病毒混合感染的54头保育猪中有26头患有胃溃疡。猪链球菌感染、玉米霉菌毒素中毒的猪群的病猪也有2%～3%出现胃溃疡。猪胃虫、猪蛔虫移行也可引起胃黏膜损害。猪幽门螺旋杆菌也可以引起胃腺体区溃疡。

2. 饲料因素　饲料中粗纤维不足，维生素E和硒缺乏，可加剧胃溃疡的病情。颗粒过细的粉料比粗颗粒料发病率高，饲喂优质的颗粒饲料与饲喂粉料的同样饲料相比，可提高增重效率大约6%，但颗粒饲料有增加猪胃角化或溃疡化的趋势。

3. 应激因素　生理及其他应激：恐惧、饥饿、拥挤、温度、湿度、新老猪只混群、换料、抓捕、注射疫苗、断奶、母猪的产仔、运输等都是胃溃疡发生的应激因素。各种应激因素可引起肾上腺皮质机能亢进，从而引起胃酸过多引起。笔者20世纪70年代在福州某屠宰场，一个晚上见过多例肥猪胃溃疡，卖主为了增加猪只重量，运动前给猪喂食大量热地瓜，结果因地瓜发酵膨胀加上运输应激，引致胃破裂大出血死亡。

临床症状

由于溃疡程度和持续时间的不同，病猪在临床上表现为最急性型、急性型、亚急性型和慢性型。

1. 最急性型 表现可视黏膜苍白，在猪只剧烈运动或受到强刺激后，即刻发生虚脱猝死。剖检见食管贲门部或胃底部大面积糜烂溃疡灶，胃内有大凝血块。笔者见一例母猪分娩努责过度致胃破裂出血、死亡。

2. 急性型 患猪常磨牙、空嚼、咬铁栏栅、阶段性厌食、呕吐（先吐出胃内全部内容物，过一段时间后，又重新将呕吐物全部重新吃进去）、粪干便血，表现贫血状态（图 48－1）。

3. 亚急性型和慢性型 一般无明显的临床症状，病程较长，贫血、厌食、磨牙、消瘦或增重缓慢、粪便呈沥青样或干硬，轻微病例溃疡灶可自愈（图 48－2，图 48－3）。

病理变化

多限于胃的食管区，病初可见黏膜表面起皱纹、变得粗糙，进而黏膜上皮被破坏，形成糜烂或溃疡，或破裂穿孔，出血严重时食管区凹陷，边缘隆起成堤状（图 48－4）。

诊　断

表现全身贫血、吐血及煤焦油状血便疑为本病，对血便可进行潜血反应确诊。有血便的病例，注意与猪痢疾、增生性出血性肠炎、沙门氏菌病等进行类症鉴别。有贫血的病例，应与子宫出血、血尿症、体内寄生虫病等进行类症鉴别。

防治方法

1. 综合措施 加强饲养管理，保证饲料中维生素和硒的正常含量，饲料无霉变，避免饲喂粗硬不易消化饲料，适当添加纤维素，停喂易发酵和富有刺激性的饲料。减少抗原性因素的刺激，避免应激。保持猪舍良好通风，舍内温度不要过高或过低，适当猪群密度。

2. 药物疗法 宜用苯海拉明或扑尔敏等抗组胺药物，消除应激反应。用于中和胃酸，减少胃液分泌或促进胃溃疡的愈合，碳酸氢钠是较常用的，或用西咪替丁、雷尼替丁、聚丙烯苏打，以0.2%的比例拌料。治疗贫血宜选用铁制剂、复合维生素B等；止血可选用维生素K_3、止血敏等。添加硫酸甲硫氨酸可降低胃溃疡的发生并使症状减轻。

◆**中兽医对猪胃溃疡的辨证施治**

中兽医防治猪胃溃疡以疏肝、理气、健脾、止血为治则，与西兽医的抗酸、消炎、制酵治则一致。临床上常选用收敛止血、理气健脾的中草药组方。

［**附方1**］　胃溃疡散：乌贼骨200克、甘草100克、白及50克、陈皮50克、香附50克、白芍100克，研末，每次用20～30克和蜂蜜20克拌料饲喂，2次/天，连用5～7天。

［**附方2**］　白芍30克、黄芪30克、白及25克、麦芽30克、陈皮20克、元胡20克、仙鹤草30克、酸枣20克、甘草20克、乌药30克、神曲20克、山楂30克，水煎，体重50千克的猪1剂/天，分2次服，连用3剂。

［**附方3**］　黄连粉30克，白及粉30克，阿胶50克，大黄粉10克，六一散100克，海螵蛸50克，上药共研细末，开水冲后加蜂蜜50毫升灌服，此方为80千克以上成年猪用量。

四十九 疝 症

疝症是由于疝孔闭锁不全或没有闭锁，疝部化脓或腹壁发育不全，加之奔跑等诱因，使腹腔内压增大，肠管由疝部挤入皮下形成。常见腹股沟疝、阴囊疝、脐疝和腹壁疝。

病 因

本病大多是由于先天因素所致，与近亲繁殖、外伤、手术处理不当及应激因素有关。

临床症状

患部膨隆突出，触诊内容物软，状如半球形，无痛性肿胀。肿胀大小可由鸡蛋大至排球大（图 49－1，图 49－2，图 49－3，图 49－4，图 49－5）。没有发生粘连时，猪呈现适当体位，疝囊中的肠管可回缩腹腔。如肠与疝囊壁发生粘连，则病猪发生不安、呕吐、臌气，常可导致死亡。

防治方法

1. 淘汰产本病乳猪多的种猪。

2. 加强饲养管理，如正确断脐、减少应激等。

3. 根据病情进行手术治疗和非手术治疗。对于疝孔小的外疝，可用皮外缝合法处理：即将脐疝猪仰卧保定，腹壁疝采取侧卧保定，阴囊疝采取倒提后肢保定。常规术部消毒，局部麻醉，先将疝内容物还纳入腹腔，然后用左手食指插入疝孔内，右手持针线（12～18 号）进行闭锁缝合，从皮外离疝孔约 1 厘米处进针，以左手食指肚面试着进针深度，穿过皮肤、肌层、腹膜，再透出皮外为一针，依次进行均匀的皮外缝合，打结时，要狠提勒紧。线头留出 2～3 毫米，用碘酊消毒后，轻提皮肤，将线结埋入皮下。对于疝孔大的外疝，最好切开皮肤进行缝合，以免腹膜撕裂。难复性疝宜常规手术切开，分离粘连的肠管。注意术后护理。

五十 猪锌缺乏症

猪锌缺乏症是由于饲料中锌含量不足或是饲料中存在干扰锌吸收利用的因素（如钙、磷、铁、锰、铜、镉、植酸或纤维素含量过高）所致。本病临床特征为生长发育受阻，繁殖能力下降，皮肤角化不全。

临床症状

病猪生长发育缓慢，皮肤角化不全，食欲减退，消化不良。皮肤出现血斑、丘疹，以后互相融合，外被鳞屑，脱毛，骨骼发育异常。有的猪蹄变形和开裂，蹄壳横裂或纵形，跛行，行走有血印，严重时蹄冠肿胀，患肢站立时常抖动或悬蹄（图 50－1，图 50－2）。病猪起立困难或卧地不起，患蹄易感染、难愈。公猪常因裂蹄感染疼痛，性欲减退。母猪的受胎率、产仔性能均受到影响或因肢蹄病等问题被迫淘汰。

诊　断

根据临床症状可做出初步诊断。必要时可取被毛、饲料或抽血分离血清检测锌含量进行确诊。种猪正常时被毛锌含量为 163.75 毫克/千克，同品种裂蹄种猪被毛锌含量只有 130.90 毫克/千克。检测 12 例病例血清锌含量平均值为每 100 毫升 76.97 微克，与正常值 160 微克相比约下降 108%。值得注意的是：被毛和血液中的锌含量易受许多因素的影响，如被毛被含锌物质污染、装盛血样的瓶盖是橡皮塞（内含锌量高）等。因此，诊断本病时，宜结合症状及有无缺锌病史来进行综合分析判断。若病猪经补锌后症状得到改善，也就可以讲是锌缺乏症。

防治方法

饲料中添加生物素，用量为 0.57 毫克/千克，饲料中添加钙磷，比例应为（1～1.5）∶1。注意添加维生素D，并补加0.02%的硫酸锌。此外，也可肌内注射碳酸锌或皮肤（或患蹄局部）外涂10%氧化锌软膏或10%硫酸锌凡士林，伴发感染时，配合抗生素或磺胺类药物等对症治疗。值得一提的是：硫酸锌是最常用于临床治疗的。但缺陷也多，长期服用可引起较重的消化道反应，如食欲减退、恶心呕吐，甚至胃出血。若用葡萄糖酸锌或锌酵母则安全。同时，谨防治疗药物对锌干扰。不少药物可以干扰补锌的结果，如四环素可与锌结合成络合物，维生素C与锌结合成不溶性复合物。补锌时应尽量避免使用这些药物。

◆中兽医对锌缺乏症的辨证施治

中兽医认为锌缺乏症主要是因饲养管理不当引起，临证若见生长发育缓慢，消化功能紊乱，免疫功能低下、精神差、被毛脱落或有缺锌病史，以健脾益气为治则。辨证若是脾气虚弱型，以健脾益气、调中助运为治则。

［**附方1**］（基础方）：太子参、白术、茯苓、山药、白扁豆、焦山楂各10克，陈皮5克。有积滞者，加神曲、麦芽、鸡内金；湿困脾阳者，加藿香、佩兰、苍术、砂仁；伴胃阴不足，加沙参、麦冬、玉竹；伴胃气虚，加枸杞子、山茱萸、女贞子、益智仁，每天1剂，水煎2次分服，每周5剂，停药2天，疗程1～2个月。

［**附方2**］ 药用：太子参、白术、茯苓、山药、白扁豆各10克，牡蛎15克，焦山楂6克，陈皮、木香各4克，甘草3克。10剂，每天1剂，水煎2次分服。每服5剂，停药2天，以上均为体重50千克猪的量。

［**附方3**］ 以四君子汤加味治疗。处方：党参、白术、茯苓、陈皮各6克，焦山楂9克，木香、甘草各5克。加减：病程久长、体弱多病者，加黄芪10克；体毛枯者，加当归、牡蛎各6克。每天1剂，水煎，分2次口服。治疗1个月为1个疗程，一般1～3个疗程。

五十一 猪肢蹄病

猪肢蹄病是指猪四肢和四蹄疾病的总称，又称跛行病，是以姿势、步态和站立不正常，支持身体困难为特征的一种疾病。该病已成为现代集约化养猪场淘汰猪的重要原因之一。

病　因

引起猪肢蹄病的因素不是单一的，十分复杂。本病包括变蹄、变形肢、遗传性肢蹄病、传染性肢蹄病和非传染性肢蹄病。

1. 品种因素　国外引进的瘦肉型猪较地方猪种多发，如长白猪因四肢细长发病率高于大白猪和杜洛克猪。因外来纯种猪长势快，生育期间蹄部承受压力大，若长期限饲在水泥地面上，后备母猪和青年妊娠母猪蹄壳薄嫩，由于磨损易患蹄病，出现蹄裂。

2. 营养因素　笔者于 2011 年冬至前后接诊一个猪场的新引进 70 多头后备母猪由于营养过剩而发生肢蹄病。

（1）猪日粮能量缺乏或过高都会引发肢蹄的发生。

（2）高蛋白含量的日粮结构易引起猪肢蹄病的发生。

（3）矿物质和微量元素不足或过高或比例不当也会引起肢蹄病。

（4）维生素，尤其是维生素 D 不能满足猪的需要，或生物素缺乏，常致猪后腿痉挛，蹄开裂，病蹄不能着地，易伴发猪缺锌，表现皮肤角化不全、皮炎、脱毛、蹄裂，母猪产仔减少等。高钙、高磷、高植酸等影响锌的吸收，或利用霉菌毒素吸附剂如硅酸盐类，导致矿物质、维生素大量流失，导致蹄裂，造成细菌感染终致蹄病发生。

3. 环境因素

（1）地面粗糙或过滑，猪易摔跌造成肢蹄损伤；铸铁漏缝地板

光锐不平部分易磨损刮到蹄部（图 51－1）。

（2）地面倾斜度过大，导致猪步态不稳，影响猪蹄结实度，引起姿势不正等缺陷。

（3）圈舍湿度大或常有积粪积尿，猪蹄长期浸泡其中，蹄壳变软，耐压强度降低，加上地面易滑，肢蹄部损伤机会加大。据笔者观察，集约化水泥地面限位饲养的猪及漏缝地板饲养的猪，其蹄病发生率高于水泥地散养的猪。

（4）新水泥圈舍未经清洗、消毒、冲洗的地面，仍具有碱性或腐蚀性，直接养猪，其肢蹄常受侵害。

（5）母猪肢蹄病的发病率随着母猪胎次、年龄的增加而上升。蹄裂、蹄变形尤为突出。

（6）长期固定在限位栏，缺乏运动，易发肢蹄病（图 51－2）。

4. 疾病因素 猪链球菌病、副猪嗜血杆菌病、支原体病、坏死杆菌病、葡萄球菌病、化脓性棒状杆菌病、口蹄疫等细菌、病毒性疾病易致关节炎，进而引起肢蹄病。

临床症状

患猪采食正常，蹄裂，局部疼痛，不愿站立走动，驱赶后起立困难，病蹄不能着地。对躺卧猪的蹄部检查：发现触压猪有疼痛反应，关节肿大或脓肿，蹄面有长短不一的裂痕，少数患猪蹄底面有凸起，类似赘生物。蹄壳开裂或裂缝处有轻微出血，继而创口扩张，出血并受病原菌感染引发炎症，最终被迫淘汰。其他症状轻微，但生长受阻，种猪繁殖力下降，严重者患部肿胀，疼痛，行走时发出尖叫声，体温升高，食欲下降或废绝（图 51－3，图 51－4）。

公猪群通常会出现四肢难于承受自身体重，导致无法配种和性欲下降，最后部分猪出现瘫痪、消瘦、卧地不起，因卧地少动可继发肌肉风湿。猪群的淘汰率大幅上升。

防治方法

喂给全价饲料，保证能量、蛋白质、矿物质、微量元素、维生素达到饲养要求。精心选育种猪，不要忽视对四肢的选育，选择四肢强化，高矮、粗细适中，站立姿势良好，无肢蹄病的公母猪作种用；严防近亲交配，使用无血缘关系的公猪交配，淘汰有遗传缺陷的公母猪和个体，以降低不良基因的频率，特别是纯繁种猪场和人工授精站应采取更加严格的清除措施，不留隐患，提高猪群整体素质。另外，有条件的猪场可保持种猪有一定时间的户外活动，接受阳光，有利于维生素 D 的合成。运动是预防肢蹄病的主要措施之一。

圈栏结构设计合理，猪舍地面应坚实、平坦，不硬，不滑，干燥，不积水，易于清扫和消毒。损坏后及时维修，地面倾斜度小于3°。坡度过大，易导致猪步态不稳，影响猪蹄结实度，引起姿势不正、卧蹄等缺陷。猪舍过度潮湿，猪蹄长期泡在水中，蹄壳变软，耐压程度大大降低，加上湿地太滑，蹄部损伤机会加大。

抗炎应用抗生素、磺胺类药物等。在关节肿病例较多时，应在饲料中添加磺胺类药物或阿莫西林预防，同时患部剪毛后消毒，用生理盐水冲洗，再用鱼石脂软膏或氧化锌软膏涂于患部或涂布龙胆紫、0.1%硫酸锌、鱼肝油、松馏油。种猪配种前，踏4%～6%硫酸铜湿麻袋或10%甲醛溶液进行消毒。

流血或已感染伤口涂碘酊，有条件的进行包扎，里面上“药”(比如填塞硫酸铜、水杨酸粉或高锰酸钾、磺胺粉)，类似穿“保健鞋”的做法。桐油250克加硫黄100克混合烧开，趁热擦患部。血竭桐油膏（桐油150克，熬至将沸时缓慢加入研细的血竭50克并搅拌，改为文火，待血竭加完，搅匀到黏稠状态即成），以常温灌入腐烂空洞部位，灌满后用纱布绷带包扎好，10天后拆除。在此期间不能用水冲洗。

◆中兽医对猪肢蹄病的辨证施治

中兽医对猪肢蹄病的辨证施治是从内因与外因两方面进行综合辨证。引起猪肢蹄病的因素十分复杂，内因多为饲养管理不当，营养不良，气血津液不足，不能充盈肢蹄，引起肢蹄变软变形，而外因多为六淫之邪，特别是风、寒、湿，或单一为病，或合而为病。治则除了祛湿、祛风、祛寒之外，都要配合活血、补血、理气，共起气旺生血的作用，才能使肢蹄强健，若为长久未愈者，可在方剂中加些动物骨头或蛇肉，往往会起到很好的作用。

［**附方 1**］ 两面针 90 克，武靴藤 120 克，海芙蓉 90 克，穿山龙 120 克，胡颓子根 120 克，鸡血藤 120 克，大金樱根 90 克，水煎候温，加酒 250 毫升灌服，此方针对风湿等外因引起的肢蹄障碍，剂量为 80～100 千克成年猪 1 天用量，可分为 2 次，3～5 次为 1 个疗程，连续 3～5 个疗程。

［**附方 2**］ 若是外因引起的肢蹄障碍或烂蹄，用煅红砒 1 克，硫黄 1.5 克，轻粉 1 克，五倍子 1.5 克，血余 1.5 克，诸药共为末，调桐油敷患处。

五十二 猪高热病

猪高热病是以高致病性猪蓝耳病为主的一种高热综合征，主要为猪高致病性蓝耳病、猪瘟、猪伪狂犬病、圆环病毒病、猪流感、支原体病、附红细胞体病、链球菌病、弓形虫病等混合感染。2006年5月以来猪高热病在江西、湖南等地发生，传播速度快，来势凶猛，呈“地毯式”发病，对所有年龄的猪都造成危害，以高热、高死亡率、高发病率为特征。笔者曾在江西的东乡、余江、南昌、抚州、上高、高安，以及湖南、四川等地上百个猪场（规模为几十头母猪到上千头母猪）进行疾病诊断控制，通过采取综合措施进行控制，取得很好的效果。

病　　因

引起猪“高热病”的原因很多，主要有气候因素和免疫不合理。

由于江西、湖南等地属亚热带气候，夏季高温高湿，此环境中有利于各种病毒、细菌的生长和繁殖；高温高湿的气候也对猪群造成恶性应激影响，使其抵抗力下降；高温高湿的气候极易引起饲料发霉、腐败变质，猪食入这些霉败变质的饲料后很容易引起猪免疫抑制病的发生及传染病的流行。

许多猪场本身的防疫体系不健全，对一些主要的传染病未进行免疫预防，如猪高致病性蓝耳病、猪伪狂犬病。部分猪场虽然进行免疫预防，但是免疫程序不合理或选用疫苗不规范或免疫剂量不足等。这也是发病的一个重要原因。

临床症状

1. 种猪　突然发病，体温升高达40～41.7℃，采食量急剧下降，不同程度的呼吸困难，少数母猪在耳等末梢出现一过性淡紫色的斑块，呈现“波浪式”传播，几天后妊娠母猪开始发生流产，发病率为15%～60%，个别达到80%。个别产死胎，早产，产弱仔及木乃伊胎等。少数母猪产后少乳或无乳，胎衣滞留。母猪发生繁殖障碍后，出现严重的子宫炎。部分猪场母猪死亡率达10%～20%。部分母猪表现神经症状，公猪表现厌食，轻度呼吸困难，性欲下降，精液品质下降，少数公猪出现死亡（图52－1，图52－2，图52－3，图52－4，图52－5，图52－6）。

2. 哺乳仔猪 体温升高，拉稀，粪便呈黄色或黑色，黏性或水样，部分有神经症状，如尖叫、转圈、后退等，部分呼吸困难，腹式呼吸，用抗生素、磺胺类药物及抗病毒药物治疗无效。发病猪群死亡率为30%～50%（图52－7，图52－8，图52－9）。

3. 商品猪 体温升高，采食量下降，消瘦，苍白，部分耳部、背部、四肢末梢出现红斑或紫斑，指压不退色，有时下腹有少量至大量的蓝紫色斑点。部分有神经症状，如尖叫、角弓反张。有的后肢瘫痪。随后表现不同程度呼吸困难等。有的商品猪出现全身败血，拉黄色稀粪。部分保育猪群出现大量死亡（图52－10，图52－11，图52－12，图52－13，图52－14，图52－15，图52－16，图52－17，图52－18）。

病理变化

1. 哺乳仔猪 腹股沟淋巴结外观肿大明显，全身淋巴结肿大、充血，外观呈紫色，部分切面呈黄白相间，有时淋巴结有坏死，有时淋巴结切面周边出血呈大理石样变，肝脏颜色呈淡黄或表面有少量灰白色坏死灶，胆囊充盈，胆汁浓稠，肾脏呈现贫血，表面有少量至多量针尖状出血点、出血斑，部分表面凹凸不平，切面肾盂、肾小球有出血斑。脾脏变薄呈淡紫色，有时有少量针尖状突起。肺脏表面淡紫色，有时有少量出血点、出血斑，呈现间质性肺炎。膀胱有出血点，有时扁桃体有坏死灶、出血点，脑膜有时有充血、出血。

2. 商品猪 四肢末梢皮肤发绀，皮下毛细血管出血。全身淋巴结肿大、充血，部分外观呈蓝紫色，部分切面周边出血呈大理石样变，部分切面黄白相间。肾脏表面颜色变淡，有时呈蓝紫色，表面有针尖状出血点、出血斑，肾盂有出血点、出血斑，肾门淋巴结呈大理石样变。肝脏肿大，有时有少量灰白色坏死灶，有时表面有少量出血斑，胆囊充盈，胆汁浓稠，呈尘埃样、残渣样。肺尖叶、心叶呈“虾肉样”或“肉变”，间质增宽，有时表面有少量出血斑，呈紫灰色。心外膜有时有出血斑点。脾脏有时肿大，边缘有少量的梗死灶，有时变薄呈蓝紫色。肠浆膜、胃浆膜有时表面有少量出血点，肠黏膜、胃黏膜有时也有出血点、出血斑，回盲瓣有时有纽扣状溃疡，偶见会厌软骨、膀胱黏膜、扁桃体有出血点、出血斑（图52－19，图52－20，图52－21，图52－22，图52－23，图52－24，图52－25，图52－26，图52－27）。

诊　断

通过临床症状、病理变化及实验室诊断（血清学试验、PCR技术）分析，此次疫情是由猪高致病性蓝耳病、猪瘟、伪狂犬病、圆环病毒病等引起的混合感染。多病原引起病毒和细菌的多重感染：猪高致病性蓝耳病＋猪瘟＋猪伪狂犬病＋圆环病毒病＋猪流感＋支原体病＋附红细胞体病＋链球菌病＋弓形虫病等双重或多重感染。多重感染必须要弄清：猪高致病性蓝耳病、猪瘟、猪伪狂犬病、圆环病毒病、支原体病为原发性感染，巴氏杆菌病、链球菌病、沙门氏菌病、附红细胞体病、弓形虫病等为继发感染。

防治方法

1. 受威胁猪场

（1）对受威胁猪场，首先，加强饲养管理和消毒工作，减少外来人员的流动，特别是对外来车辆要进行严格的消毒，严禁从外界携带猪肉进场，做好同外界的隔离措施。

（2）种猪方面：加强猪场的免疫工作，特别是猪高致病性蓝耳病、猪伪狂犬病及猪瘟的免疫工作。对猪高致病性蓝耳病初次免疫后间隔15天再免疫一次。对猪伪狂犬病最好选用进口疫苗，初次免疫后间隔21天也再免疫一次。接种猪瘟疫苗时，要注意免疫剂量的掌握（普通苗10头份/头或脾淋苗2～3头份/头）。必要时加强猪细小病毒疫苗的接种。接种以上疫苗时每次要间隔1周以上。适当添加药物进行保健，适当提高饲料营养水平，但不能使用抗病毒性药物。

（3）对商品猪采用加强免疫接种和药物保健相结合的方式。采用对保育猪群（体重30千克以上的），首先，加强猪瘟疫苗的接种，采用普通苗10头份/头或脾淋苗2～3头份/头，肌内注射一次。用药可以采用20%泰美妙1 500克+强力霉素300克+碳酸氢钠1 000克，拌料1 000千克，连用15天。如果周围猪群中猪伪狂犬病很严重，可以10天后加强猪伪狂犬病（弱毒苗或基因缺失苗）的免疫，1头份/头。

2. 发病猪场

（1）加强饲养管理和消毒工作　可以采用敏感消毒药进行消毒如用“卫可”（Virkon S）按1∶300对猪及用具等进行消毒，1次/天。对发病猪进行隔离治疗，减少相互间直接接触传播，对空栏用2%～3%氢氧化钠溶液消毒1～2次。淘汰没有治疗价值的病猪，特别是公猪。对病死猪、流产胎儿等进行严格的无害化处理。要求猪场各级管理人员，确实落实各项猪场管理措施。

（2）加强猪场免疫　①种猪，原来接种猪瘟普通苗5头份/头以下的，建议，首先加强猪瘟疫苗的接种（普通苗15～20头份/头或脾淋苗3～4头份/头，肌内注射）。其次，间隔1周，必须加强猪高致病性蓝耳病疫苗的接种，方法如下：猪高致病性蓝耳病疫苗1头份/头，接种全场母猪。接种后间隔15天必须以同样剂量、同样方法加强免疫一次，以后采用每3～4个月免疫一次或采用产后6天和怀孕60天各免疫一次。对于猪场原来没有免疫过猪伪狂犬病疫苗的，或者原来接种疫苗但是免疫时间超过3个月的，必须加强猪伪狂犬病疫苗的免疫接种，可采用（进口）弱毒苗或基因缺失苗，对全群公、母猪2毫升/头免疫接种。接种时要与其他疫苗间隔1周以上。②商品猪，大剂量猪瘟疫苗注射，方案如下：用猪瘟普通苗10～15头份/头或脾淋苗3头份/头，进行紧急免疫。免疫时从健康猪群到可疑猪群再到发病猪群，要求每头猪保证使用一根针头，减少交叉感染。待相对稳定后，再按免疫程序加强猪高致病性蓝耳病疫苗、猪伪狂犬病疫苗的免疫接种。

（3）药物治疗　①种猪采用饲料中添加 80%乐多丁 150 克＋强力霉素 300 克＋碳酸氢钠 1 000 克，拌料 1 000 千克，连续使用 7 天。猪场为了减少流产，可以结合肌内注射黄体酮，同时配合阿司匹林 8 克/（头·天），口服。猪场中母猪出现子宫炎时，可以采取如下措施：发病母猪肌内注射氯前列烯醇 2 毫升/头；5%～10%葡萄糖 1 000 毫升＋鱼腥草 20 毫升＋0.5 克先锋霉素 5 支＋维生素 B_1 20 毫升＋维生素 C 20 毫升混合静脉注射，每天 1 次，连用 3 天；严重的，结合达力朗 2 粒塞入子宫内，以减少母猪的淘汰率。②商品猪采用饲料中添加 20%泰美妙 1 500 克＋先锋霉素 200 克＋多维 300 克，拌料 1 000 千克，连用 15 天。投药前期如果猪群采食量很低，可以在以上方案中按 20%的量增加投药浓度。按照以上方案执行，可以控制猪场中大部分的细菌性疾病及某些寄生虫病，以减少这些疾病对猪体的侵害，提高接种病毒性疫苗的效果。但应注意的是在注射病毒性疫苗时，抗病毒性药物、糖皮质激素类药物不能使用。

（4）恢复已出现免疫抑制猪的免疫功能　可选用盐酸左旋咪唑，按每千克体重 5～7 毫克拌料混饲；无食欲猪可按每千克体重 5～7 毫克，肌内注射。用法：接种疫苗时，1 次/天，连用 3～5 天。盐酸左旋咪唑可促进猪免疫功能的恢复，促进病猪的康复。结合使用霉菌吸附剂如驱毒霸，每吨饲料 1 千克，以减少霉菌毒素对猪体造成的危害。通过以上方案的落实，猪场疫情得到有效控制。

讨　论

根据目前发病情况推测，猪场中种猪繁殖障碍和商品猪呼吸道综合征将在一定时期内长期存在，因此，对于复杂的多重感染、混合感染的控制方案如下：一是要及时、正确查清猪病发生现状，先控制原发性疾病；二是树立保健意识，建立完善的药物预防方案，最大限度的控制细菌感染；三是建立完善的生物安全体系，实施全进全出的饲养方式；四是科学饲养管理，不喂发霉变质饲料，减少

各种应激因素，增强猪体免疫力。

◆**中兽医对猪高热病的辨证施治**

中兽医对猪高热病的辨证施治以肺经辨证为主，热为六淫之邪，易耗损津液，而且多与风、暑、湿结合为病，即疫毒混合感染，病变表现错综复杂。其中发热、气喘和呼吸困难是本病的主要症状。疫毒混合致病，导致气机升降失常，腠理郁闭，肺气壅塞，宣降无序，上逆为喘。或风热之邪由口鼻入肺，郁而化热，热壅于肺，肺失清肃，燥热伤肺。应以清热凉血、滋阴生津、补肾纳气、降逆平喘为治则。组方可选定银翘散、麻杏石甘汤、清瘟败毒饮和清热凉血、利水生津的中草药加减。

［**附方1**］ 葎草1 000克，土牛膝600克，大青叶900克，忍冬藤500克，水煎至3 000毫升高压灭菌肌内注射。小猪每次5～10毫升，大、中猪20～30毫升。

［**附方2**］ 丹皮30克，生地30克，金银花30克，连翘30克，黄芩30克，荆芥30克，杏仁30克，黄连20克，桔梗30克，防风25克，甘草20克，水煎服。此方为50～80千克体重1天用量，分2次服。

［**附方3**］ 栀子20克，黄芩30克，黄柏30克，金银花30克，连翘30克，白术25克，厚朴30克，三仙各60克，蒲公英25克，大黄15克，木通20克，陈皮30克，山药30克，茯苓30克，地骨皮50克，生地30克，白头翁100克，香附75克，甘草20克，上药共研末，冲开水调服。此方为80～100千克体重成年猪1天用量，分2次服。

［**附方4**］ 半边莲60克、洗净，舂烂，加鲜洗米水60克调匀，作一次内服，每天1次，连服2天。

［**附方5**］ 采用六月雪提取物、黄芪多糖作为饲料添加剂喂猪，有效地控制了猪的高热病，并已经在许多地区推广应用。具体方法为小猪日粮加入0.1%六月雪提取物、黄芪多糖粉剂，中猪时加入0.2%六月雪提取物、黄芪多糖粉剂。

［**附方6**］ 水蜈蚣30克，金银花30克，连翘30克，黄芩30

克，荆芥30克，杏仁30克，黄连20克，桔梗30克，防风25克，甘草20克，水煎服。此方适用于70～80千克的育肥猪。

［**附方7**］ 石膏150克，知母30克，甘草18克，大黄50克（后下），芒硝90克（冲服），金银花30克，元参21克，生地21克，麦冬21克，竹叶30克，栀子21克，滑石粉25克，水煎2次，候温胃管投服，每天1剂，连服4剂。此方适用于80千克以上的大猪。

［**附方8**］ 淡竹叶30克，芦根30克，连翘30克，金银花30克，党参45克，桔梗20克，牛蒡子20克，柴胡20克，黄芩20克，薄荷15克，荆芥15克，煎汁候温后用胃导管投服，连用2剂。

五十三 遗传缺陷疾病

图 53－1　种猪蹄部多长出一对蹄
图 53－2　右后肢蹄部发育不全
图 53－3　后躯、后肢发育不全、畸形
图 53－4　猪背部长出尾巴
图 53－5　猪腰、荐部表皮形成不全、无毛
图 53－6　猪脾脏发育异常

五十四 猪不良的饲养管理

随着我国养猪业的不断发展，养猪模式逐渐趋向规模化、集约化。随着养猪模式的不断转变，猪不良的饲养管理引起的疾病也越来越突出。这些疾病由于致病因素不同，表现的症状及后果也不同。

图 54－1　饲养密度太大，导致商品猪休息区不足
图 54－2　产床结构不合理，造成仔猪吃乳困难
图 54－3　仔猪没有剪齿，造成母猪乳房损伤
图 54－4　母猪外阴部损伤
图 54－5　妊娠母猪长期缺乏运动，造成蹄甲过长
图 54－6　母猪蹄部损伤，造成感染
图 54－7　公猪脊髓损伤，造成瘫痪
图 54－8　商品猪咬伤，导致耳朵坏死
图 54－9　将不同日龄的猪饲养在一起，给疾病传播创造机会
图 54－10　营养不平衡导致仔猪异食癖
图 54－11　逆行感染引起尾巴坏死
图 54－12　猪脱肛
图 54－13　猪晒斑
图 54－14　消毒剂选用不当导致猪皮肤过敏
图 54－15　阉割不当，造成严重感染
图 54－16　不洁的注射，造成注射部位感染
图 54－17　管理不当导致母猪大面积烧伤
图 54－18　猪舍环境湿度过大，造成皮肤病难于控制
图 54－19　猪舍环境太差，增加真菌感染机会
图 54－20　技术人员不负责任，造成注射部位感染

图 54 - 21　限位栏结构不合理、材质不好，造成母猪肩胛部损伤

图 54 - 22　母猪外阴部划伤严重

图 54 - 23　猪舍遭受雷击，造成母猪乳头受伤

图 54 - 24　药物使用不当，造成哺乳仔猪肾盂、肾乳头大量药物结晶

图 54 - 25　商品猪肾脏中留存磺胺类药物结晶

图 54 - 26　药物使用不当，造成颈部肌肉坏死，留存大量未吸收药物

附件 规模化猪场疫病控制与净化措施

规模化猪场综合防疫体系是规模化猪场控制与净化疫病的基本内容。这一体系主要包括隔离、消毒、杀虫灭鼠、免疫接种、驱虫、药物预防、检疫监测、诊断治疗与疫情扑灭等基本内容。

一、隔离

将猪群控制在一个有利于疫病预防和生产管理的范围内进行饲养的方法，称为隔离。

1. 场址选择 场址的选择要依据本地的地理位置、地形地貌和水文气象资料进行。理想的场址应是背风向阳、地势高燥，不受洪水灾害影响，利于排污和污水净化，有充足洁净水源，交通及电力较为便利，较为偏僻易于设防的地区，更为重要的是大型猪场还必须有一个安全的环境，应远离各种动物的饲养场及其产品加工厂、工厂、矿山、城镇居民区和村落，与交通干道、河流和水渠、污水沟等保持足够距离。

2. 场内布局 猪场内按功能可划分为三区，即生产区、生活区、管理区。生产区内不同的猪群应实行隔离饲养，相邻猪舍间也应保持相应距离。

3. 隔离设施 场区外围应使用隔离网、隔离墙、防设沟等建立隔离带，以防止野生动物、家畜家禽及人进入生产区内。生产区只能设置一个专供生产人员及车辆出入的大门，一个只供装卸猪的装猪台；粪便收集和外运系统。此外，还应在生产区下风向处设立病猪隔离的治疗舍、尸体剖检及处理设施等。

4. 全进全出生产制度 这是控制和净化疫病的根本。这一制度在规模化、集约化养猪业中应用的必要性日益迫切。

5. 隔离制度　其要点应包含以下几个主要方面：本场工作人员、车辆出入场（生产区）的管理要求；对外来人员、车辆进入（生产区）内的隔离规定；场内猪群流动，猪只出入生产区的要求；生产区内人员活动、工具使用的要求；粪便管理、场内禁养其他动物及禁止携带动物、动物产品进场的要求；患病猪和新购入种猪的隔离要求等。

二、消毒

主要有日常定期对栏舍、道路、猪群的消毒，定期向消毒池内投放消毒剂等；临产前对产房、产栏及临产母猪的消毒，对仔猪的断脐、剪耳号、断尾、阉割时的术部消毒；人员、车辆出入栏舍、生产区时的消毒；医疗器械如体温表、注射器、针头等的消毒。

三、杀虫灭鼠

杀灭蚊、蝇等节肢媒介昆虫和老鼠类等野生动物，是消灭疫病传染源和切断传播途径的有效措施，在控制猪场的传染性疾病、保障人畜健康方面具有十分重要的意义。

四、免疫接种（略）

五、驱虫

与免疫接种一样，驱虫在规模化猪场综合防疫体系中，是建立生物安全体系、提高猪群健康水平的又一重要措施。

六、药物预防

在规模化猪场，除了部分传染性疫病可使用疫苗来加以预防外，许多传染病尚无疫苗或无可靠疫苗使用，一些在临床上已经发生而不能及时确诊的疫病可能蔓延、流行，一些非传染性流行病、群发病也可以大面积暴发流行，因此，临床上必须结合对整个猪群投放药物进行群体预防。

七、检疫监测

对猪群中常见疫病及日常生产状况的资料收集分析，监测疫情和防疫措施的效果，对猪群健康水平的综合评估，对疫病发生的危险度的预测预报等是检疫监测的主要任务，在规模化猪场综合防疫体系中甚为重要，但也是当前规模化猪场防疫体系中最薄弱的环节。

八、诊断治疗与疫情扑灭

兽医技术人员应每天深入猪舍，巡视猪群，对猪群中发现的病例应及时进行诊断治疗和处理。

对内、外、产科等非传染性疾病单个病例，有治疗价值的及时给予治疗，对无治疗价值者尽快予以淘汰。

对怀疑或已确诊的常见多发性传染病病猪，应及时组织力量进行治疗和控制，防止疫情扩散。

主要参考文献

福建省中兽医专业委员会．2000．福建中兽医经验选编．北京：中国国际广播出版社．

胡元亮．2005．中药饲料添加剂的开发与应用．北京：化学工业出版社．

胡元亮．2008．新编中兽医验方与妙用．北京：化学工业出版社．

李国平，周伦江，王全溪．2012．猪传染病防控技术．福州：福建科学技术出版社．

林太明，雷瑶，吴德峰，等．2006．猪病诊治快易通．福州：福建科学技术出版社．

刘钟杰，徐剑琴．2012．中兽医学．第4版．北京：中国农业出版社．

潘树德．2013．畜禽疫苗使用手册．北京：化学工业出版社．

潘耀谦，张春杰，刘思当．2004．猪病诊治彩色图谱．北京：中国农业出版社．

芮荣，王德云．2007．猪病诊疗与处方手册．北京：化学工业出版社．

斯特劳（Barbara E. Straw），等．2008．猪病学．第9版．赵德明，张仲秋，沈建忠，主译．北京：中国农业大学出版社．

汪溥钦．1980．猪寄生虫病．福州：福建科学技术出版社．

吴德峰，陈佳铭，庞海，等．2009．动物实用中草药．福州：福建科学技术出版社．

吴德峰，陈佳铭．2014．中国动物本草．上海：上海科学技术出版社．

宣长和，马春全，陈志宝，等．2010．猪病学．第3版．北京：中国农业出版社．

宣长和，王亚军，邵世义，等．2005．猪病诊断彩色图谱与防治．北京：中国农业科学技术出版社．

宣长和．2005．猪病学．第2版．北京：中国农业科学技术出版社．

于船，陈子斌．2000．现代中兽医大全．南宁：广西科学技术出版社．

于船，张志春．1991．中国兽医秘方大全．太原：山西科学技术出版社．

中国科学院植物研究所.1972. 中国高等植物图鉴·第一册.北京：科学出版社.

中国科学院植物研究所.1973. 中国高等植物图鉴·第二册.北京：科学出版社.

中国科学院植物研究所.1974. 中国高等植物图鉴·第三册.北京：科学出版社.

中国科学院植物研究所.1975. 中国高等植物图鉴·第四册.北京：科学出版社.

中国科学院植物研究所.1976. 中国高等植物图鉴·第五册.北京：科学出版社.

中国兽药典委员会.2000. 中华人民共和国兽药典·二部.二〇〇〇版.北京：化学工业出版社.

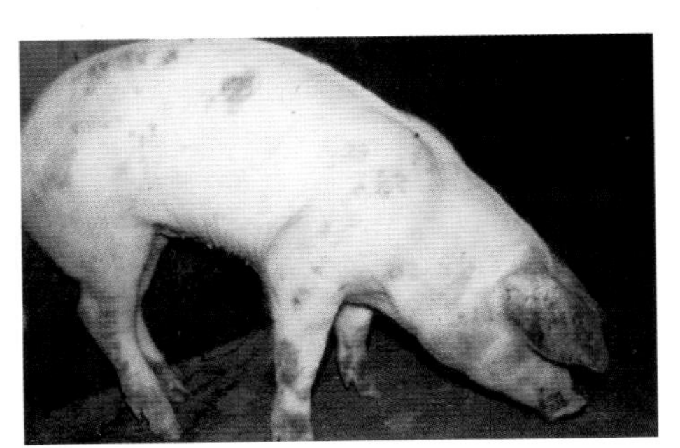

图1-1　病猪的下颌、四肢末梢、皮肤呈现暗紫色出血

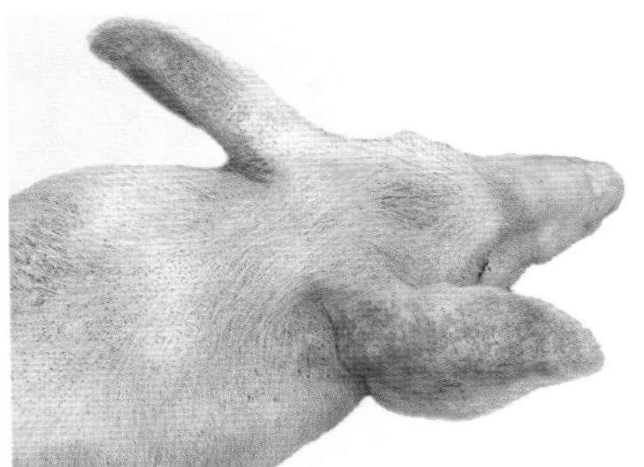

图1-2　病猪耳部、颈部出现针尖状出血点、出血斑

图1-3　仔猪呈现黄疸，耳部、背部出现出血斑

图1-4　病猪扎堆、发热，行动迟缓

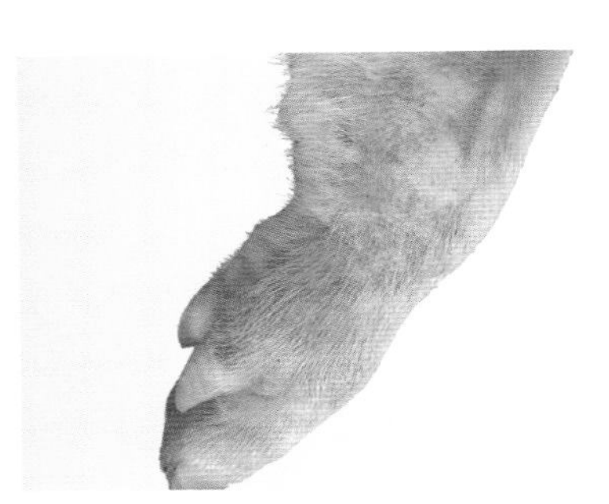

图1-5　病猪腿部皮肤出现出血斑

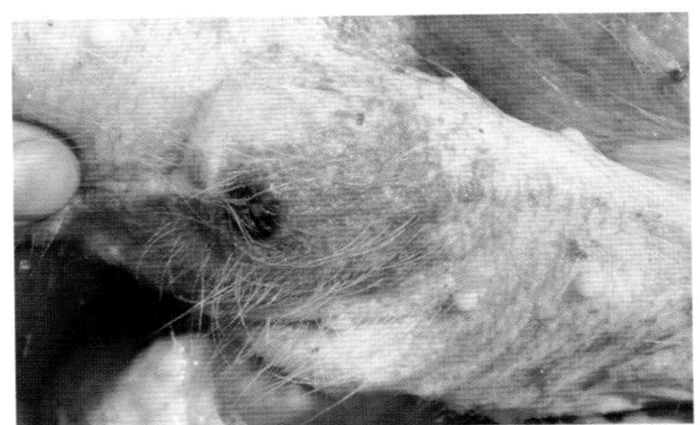

图1-6　病公猪包皮有红色出血斑

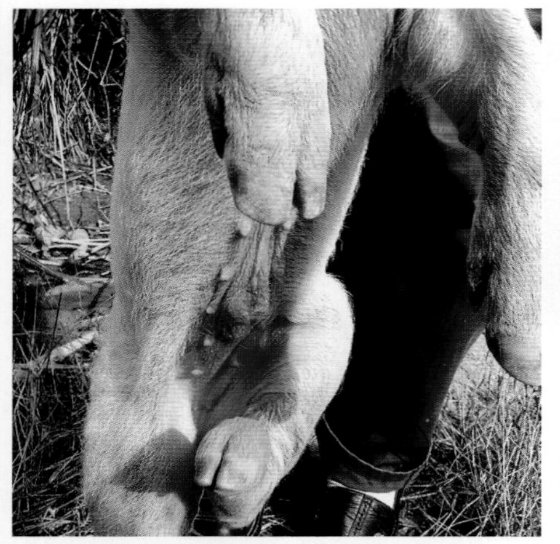

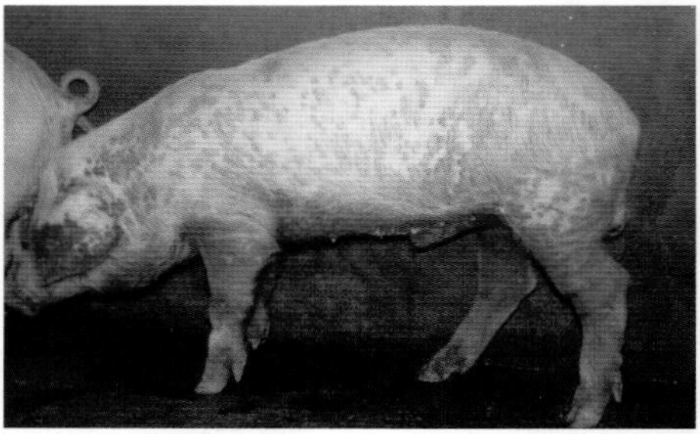

图1-8　病猪后期全身皮肤呈现紫红色、出血

图1-7　下肢、下腹皮肤有出血斑，公猪包皮皮肤出血

图1-9　病猪四肢末梢、外阴部、尾根等部位出现出血斑点

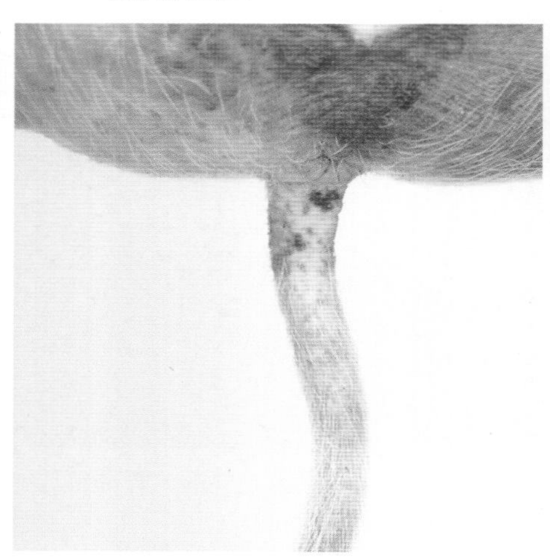

图1-10　病猪尾根出现出血斑点

图1-11　病猪腿部、外阴部、尾根等部位出现出血斑点

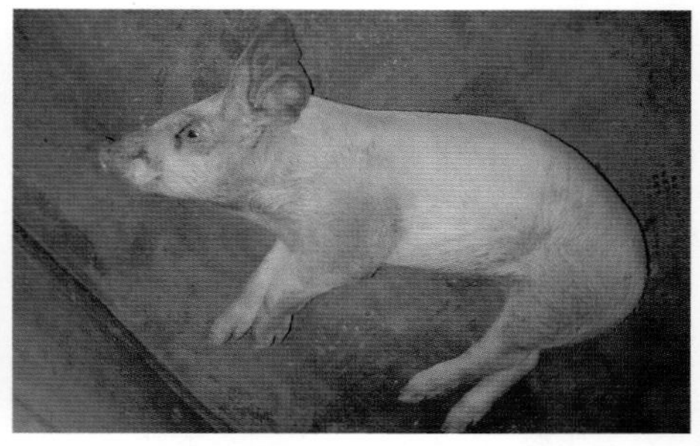

图1-12　病猪四肢末梢出现出血斑点，口吐白沫等神经症状

图1-13　怀孕母猪有时出现流产

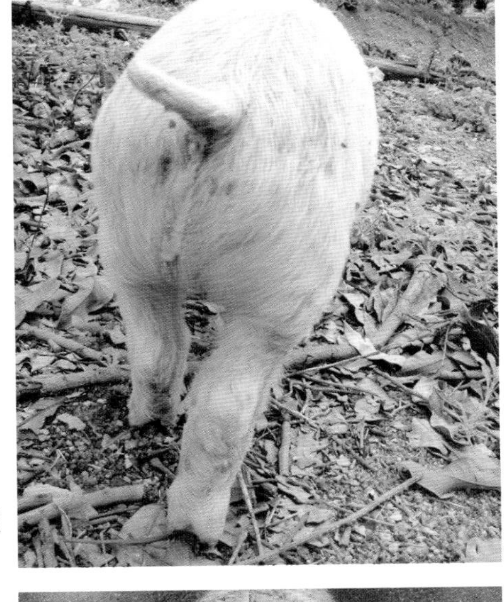

图1-14　病猪拉黄色黏性粪便

图1-15　病猪后期拉黄色稀粪

图1-16　病猪颈部淋巴结外观呈紫黑色

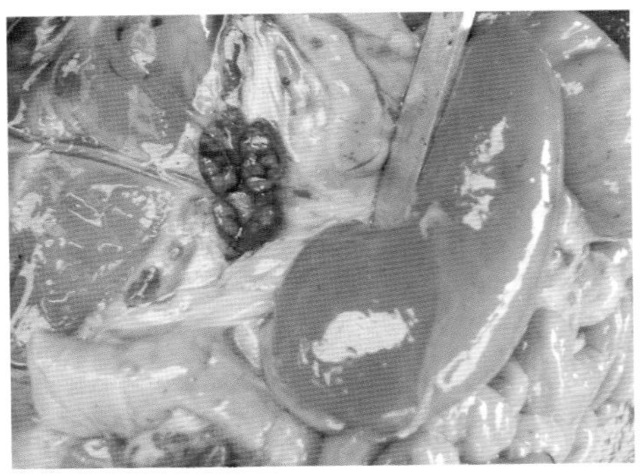

图1-17　病猪肾门淋巴结切面出血严重、高度紧张

图1-18　病猪肠系膜淋巴结外观呈紫黑色

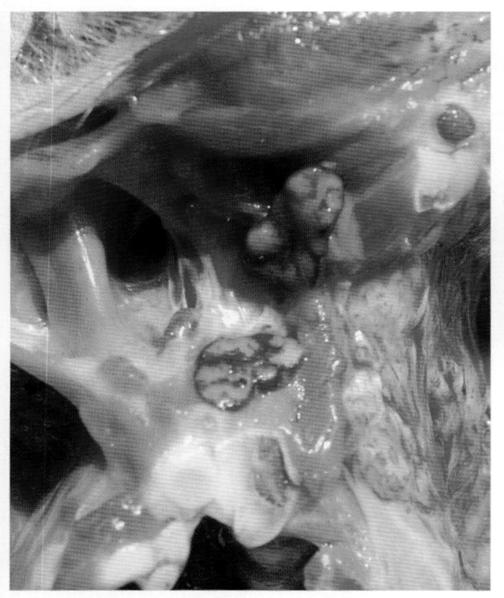

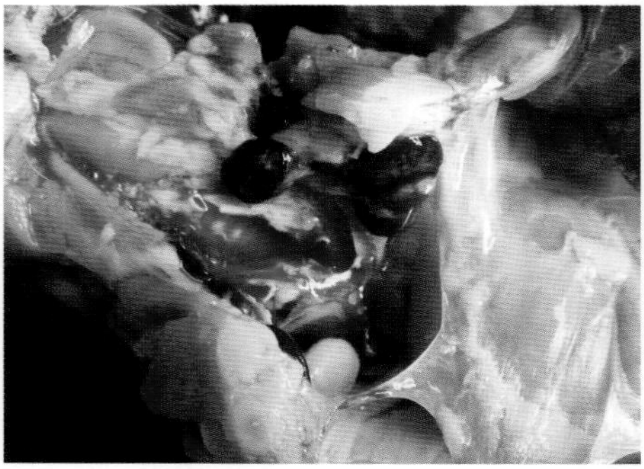

图1-20　病猪肺门淋巴结外观呈紫黑色

图1-19　病猪肺门淋巴结切面红白相间，呈大理石样变

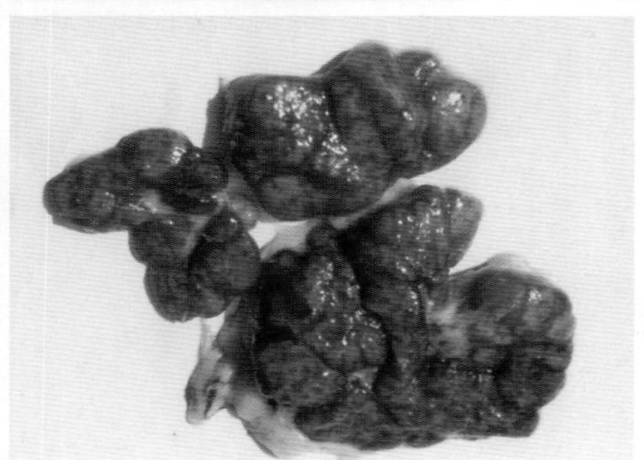

图1-21　病猪淋巴结切面出血严重、高度紧张

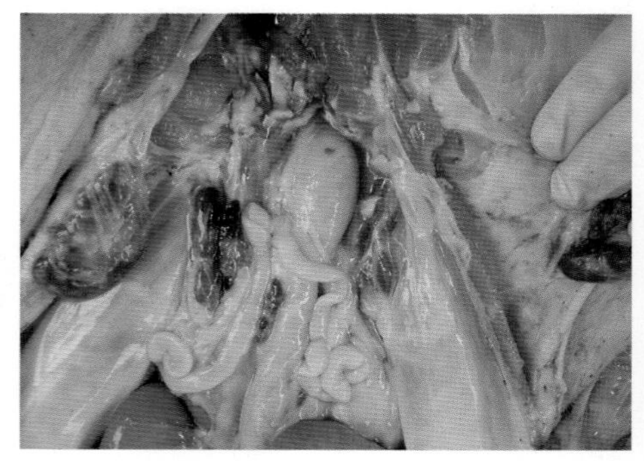

图1-22　病猪腹股沟及附近淋巴结外观呈紫黑色

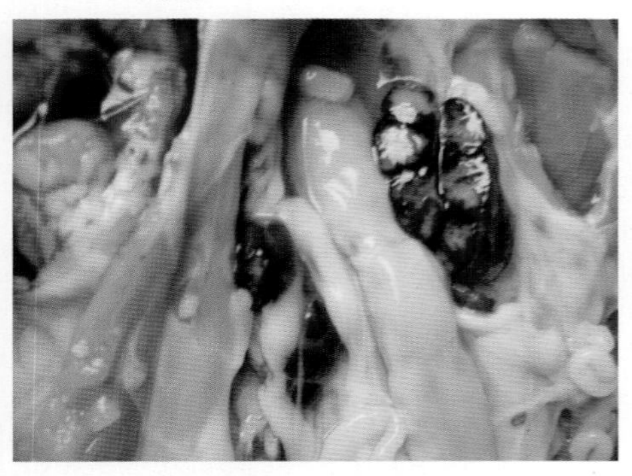

图1-23　病猪腹股沟淋巴结外观呈紫黑色

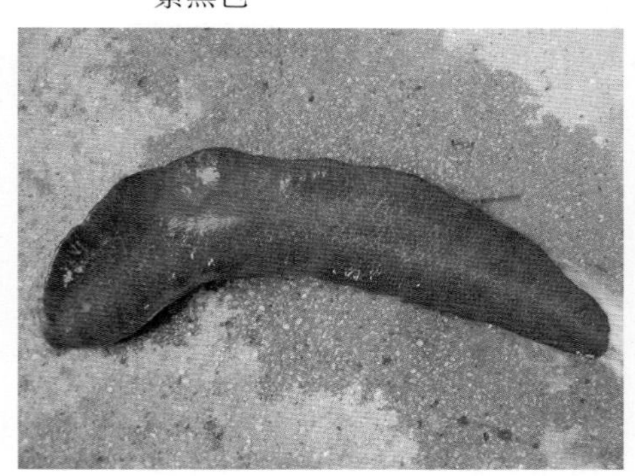

图1-24　脾脏梗死

图1-25　脾脏表面有隆起的梗死灶

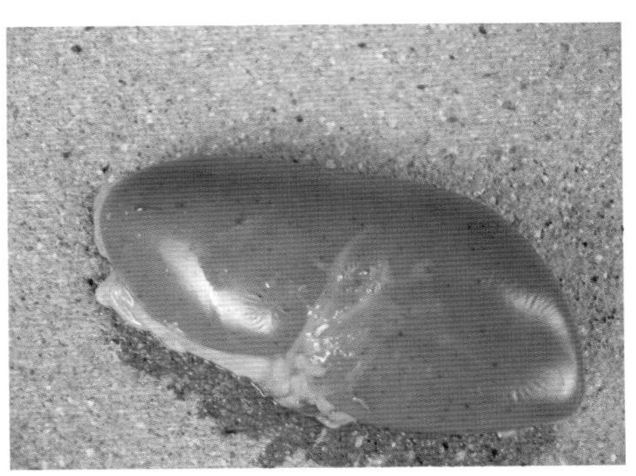

图1-26　病猪肾有针尖大小出血点

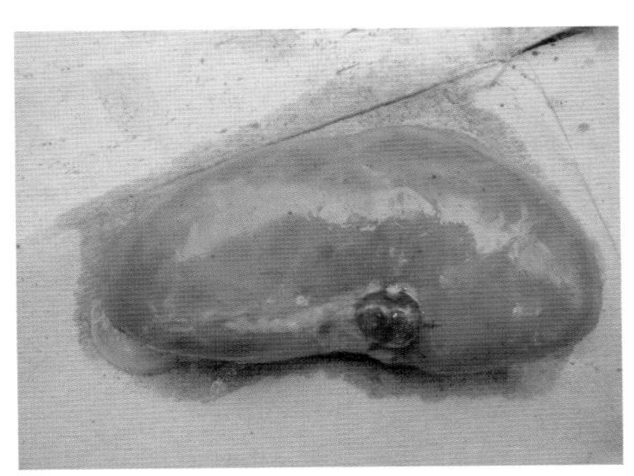

图1-27　病猪肾有出血点、色泽变淡

图1-28　病猪肾脏呈现“贫血肾”，表面有针状出血点

图1-29　病猪肾脏有针尖状出血点

图1-30　病猪肾脏有针尖状出血点

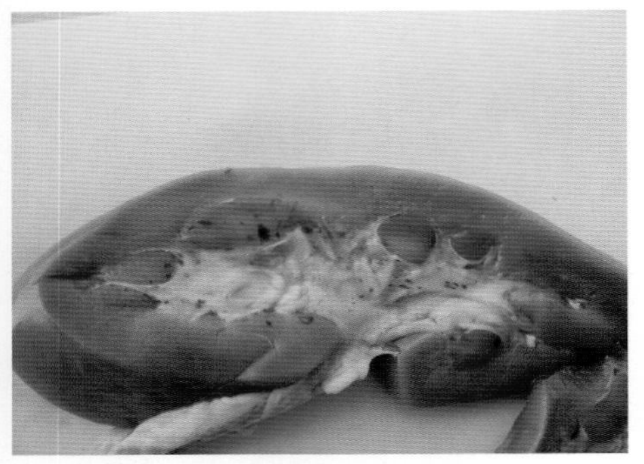

图1-31　保育期病猪肾盂严重出血

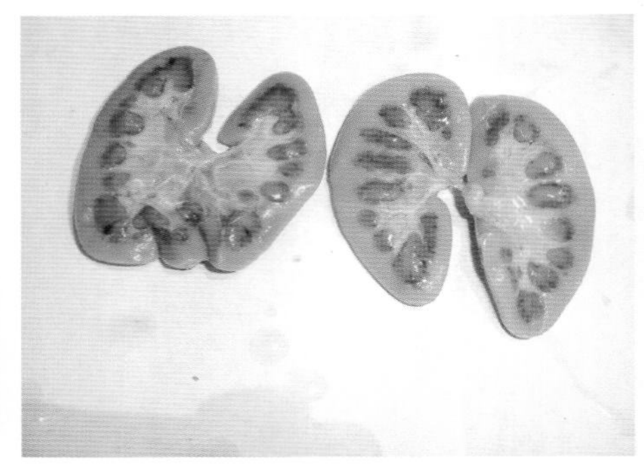

图1-32　哺乳期病仔猪肾盂、肾小球出血

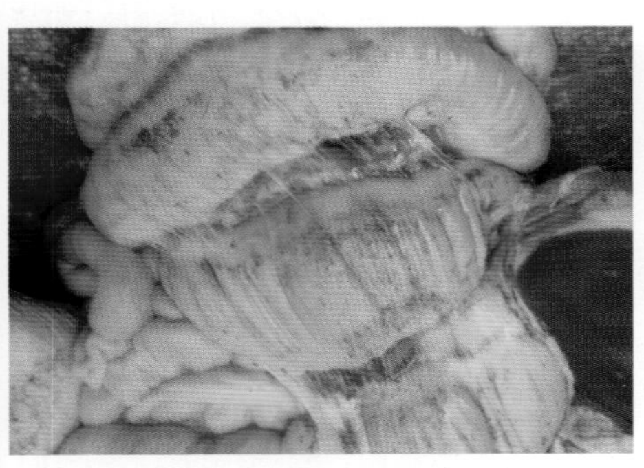

图1-33　病猪大肠浆膜出血

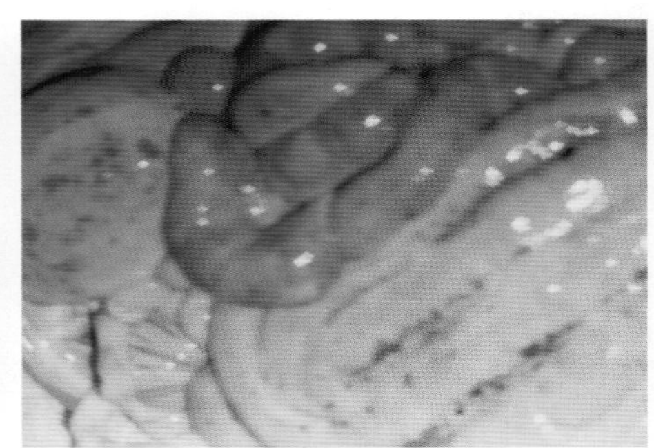

图1-34　病猪膀胱、结肠浆膜出血

图1-35　病猪小肠黏膜有出血斑点

图1-36　病猪回肠黏膜有出血点

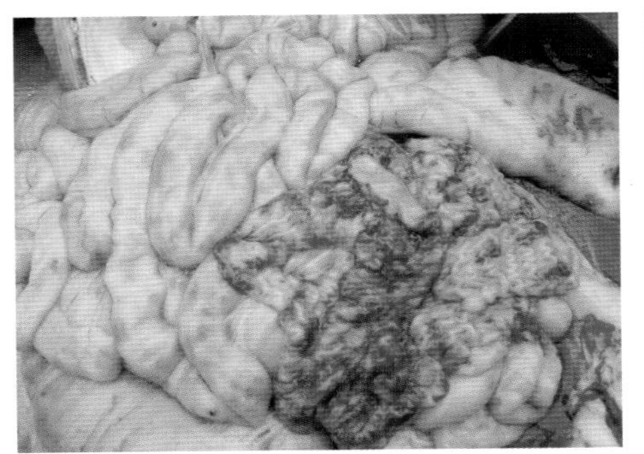

图1－37　病猪肠道黏膜出血、坏死

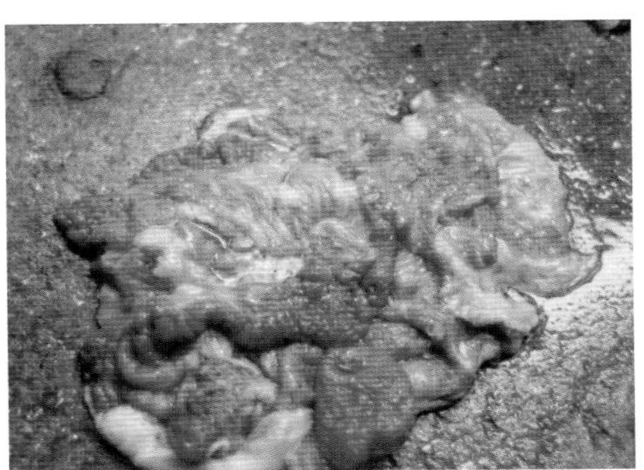

图1－38　病猪结肠纽扣状溃疡

图1－39　病猪回肠纽扣状溃疡

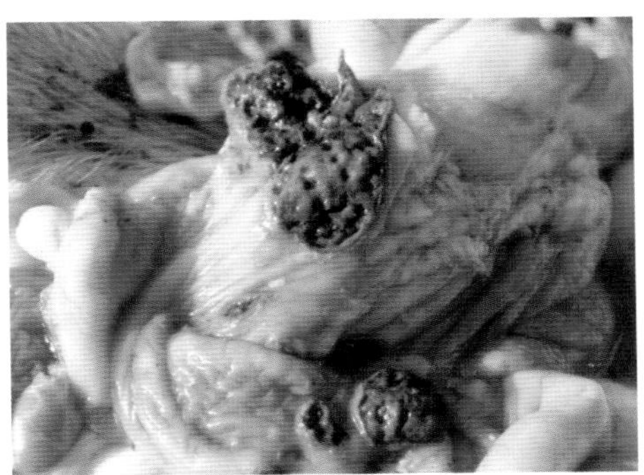

图1－40　病猪回盲瓣有纽扣状溃疡

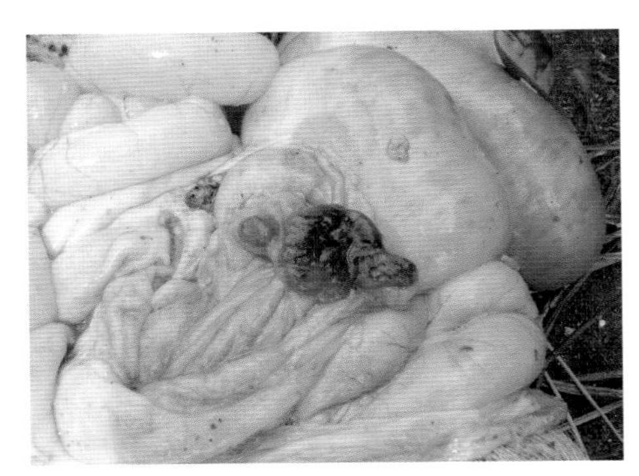

图1－41　病猪回盲瓣有纽扣状溃疡、坏死

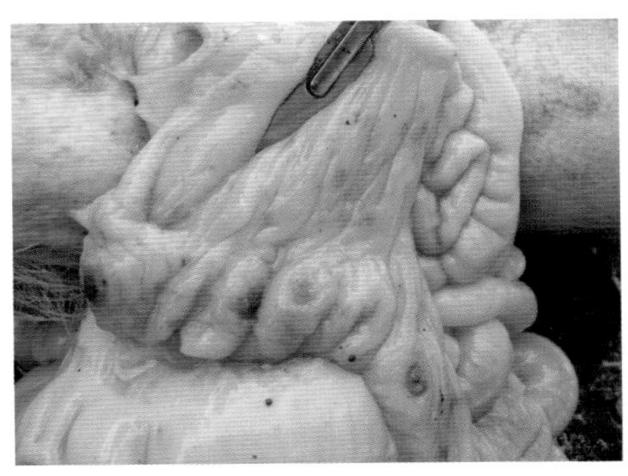

图1－42　病猪回肠有纽扣状溃疡灶

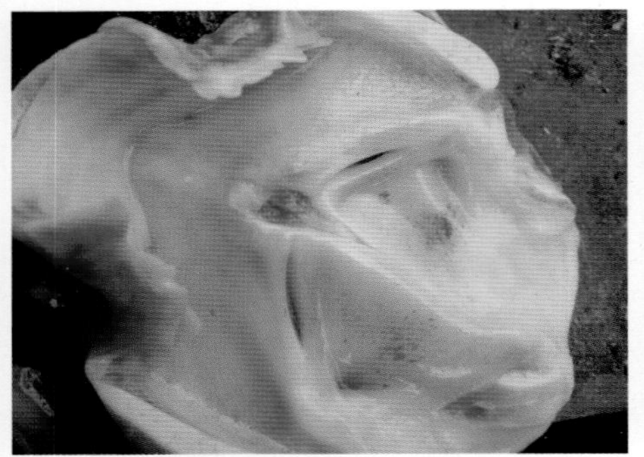

图1-43　病猪喉头有出血点

图1-44　病猪会厌软骨出血斑

图1-45　病猪会厌软骨出血斑点

图1-46　病猪会厌软骨出血斑

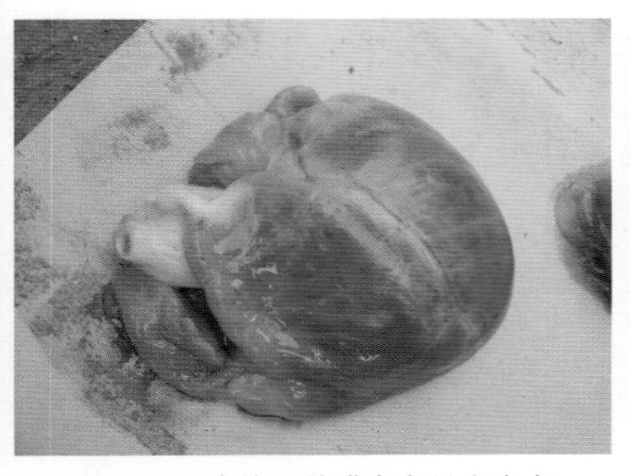

图1-47　病猪心外膜有大量出血点

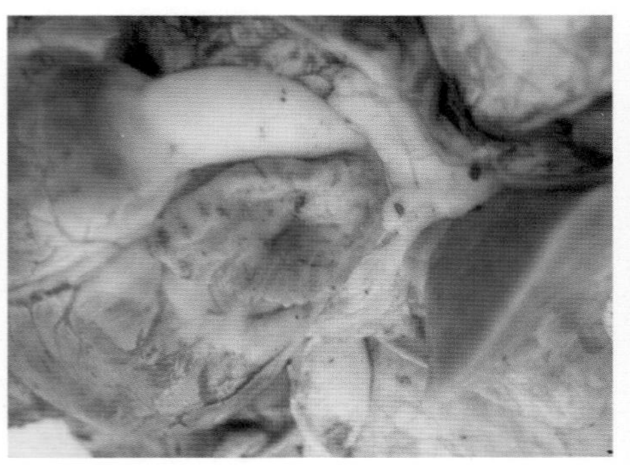

图1-48　病猪心耳出血

图1－49　病猪肺鲜红色出血斑点(7日龄仔猪)

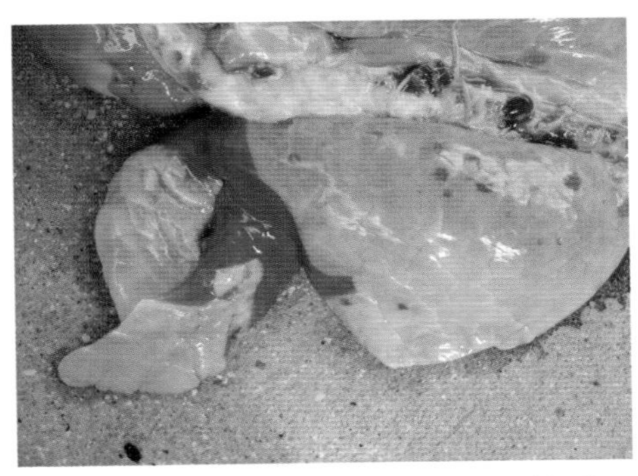

图1－50　病猪肺暗红色出血斑点（保育仔猪）

图1－51　2日龄仔猪膀胱黏膜出血

图1－52　病猪膀胱浆膜有出血斑

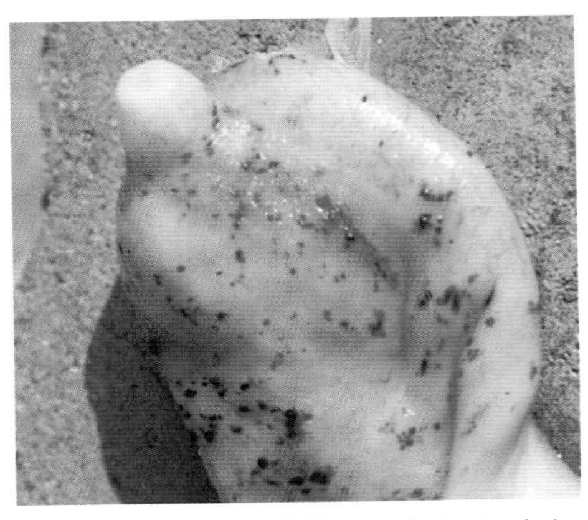

图1－53　病猪膀胱黏膜有出血点、出血斑

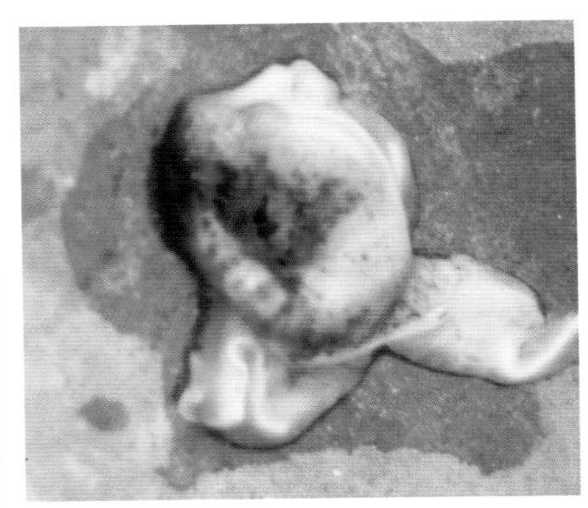

图1－54　病猪膀胱黏膜有出血斑

图1-55　肝脏表面有出血斑

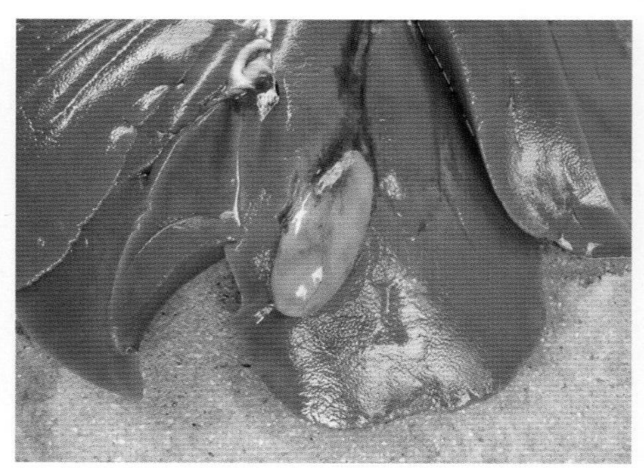

图1-56　病猪肝脏、胆囊出血

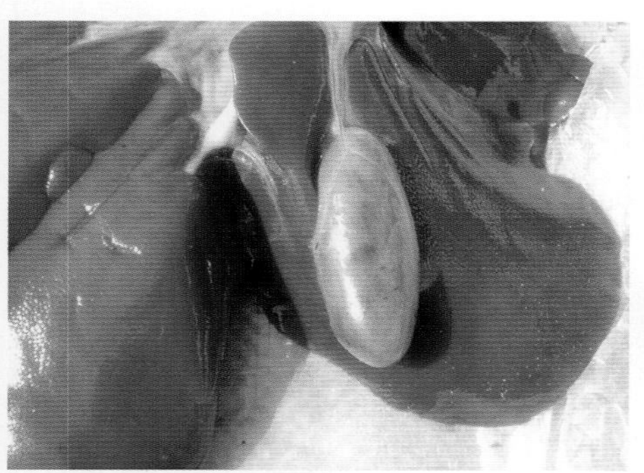

图1-57　病猪胆囊表面有少量出血点

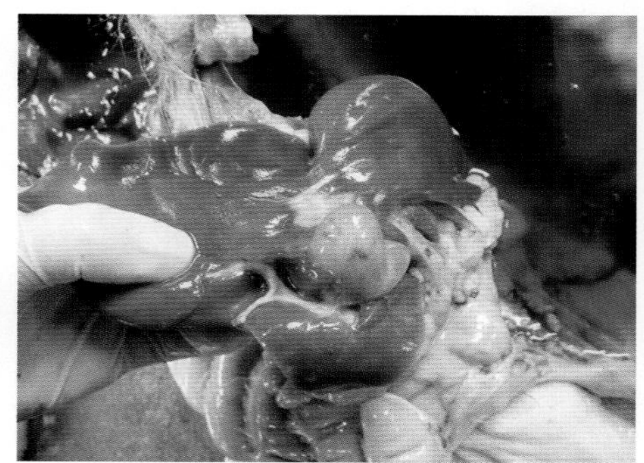

图1-58　病猪胆囊表面有大量出血斑

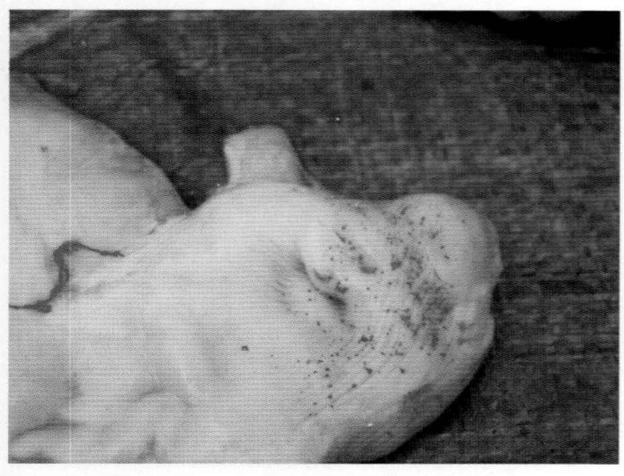

图1-59　病猪胃浆膜出血明显

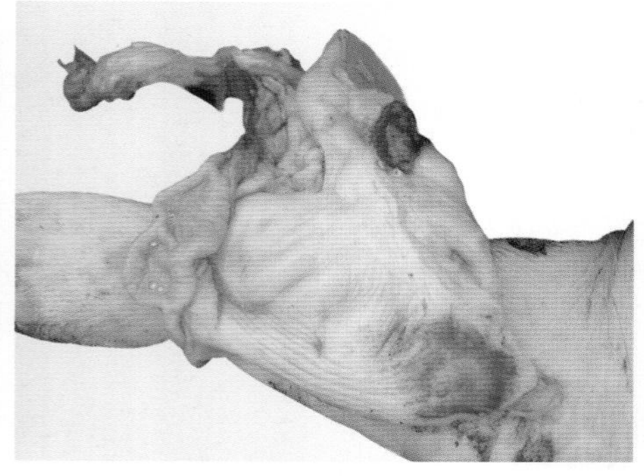

图1-60　病猪胃浆膜有出血斑

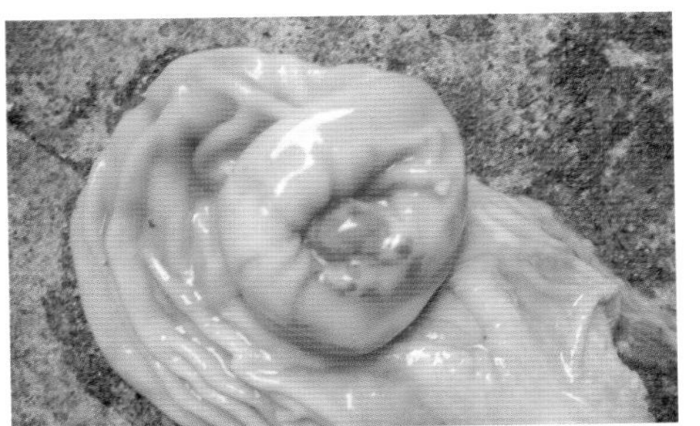

图1-61　病猪胃黏膜出血

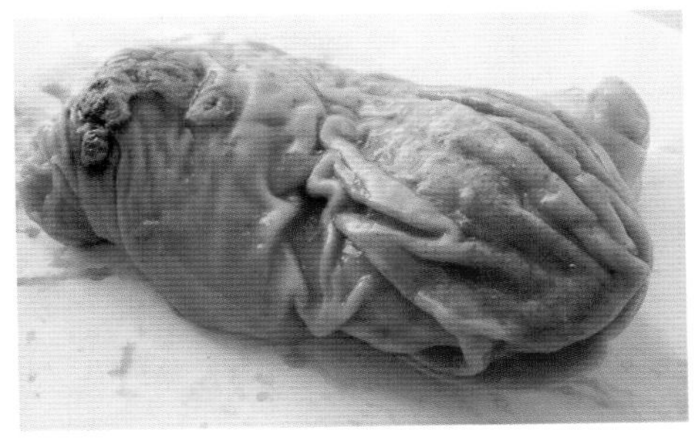

图1-62　病猪胃黏膜出血、溃疡

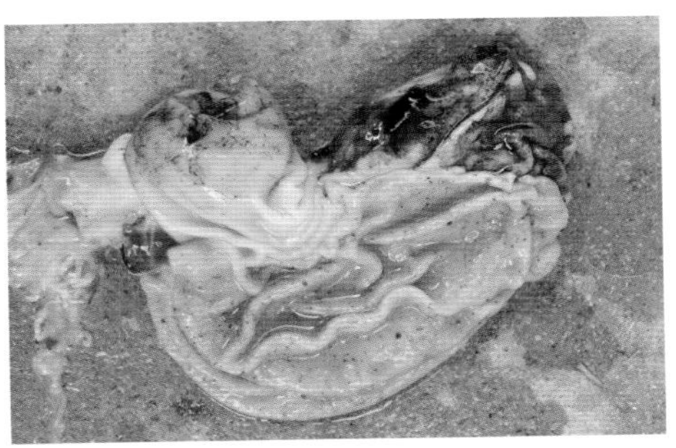

图1-63　病猪胃黏膜有大量出血斑

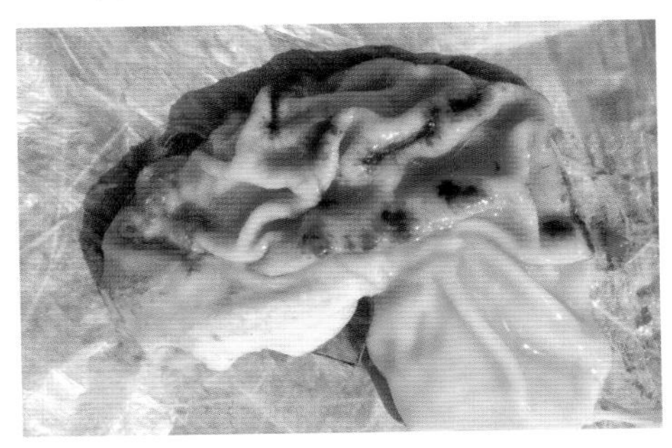

图1-64　病猪胃黏膜有大量出血

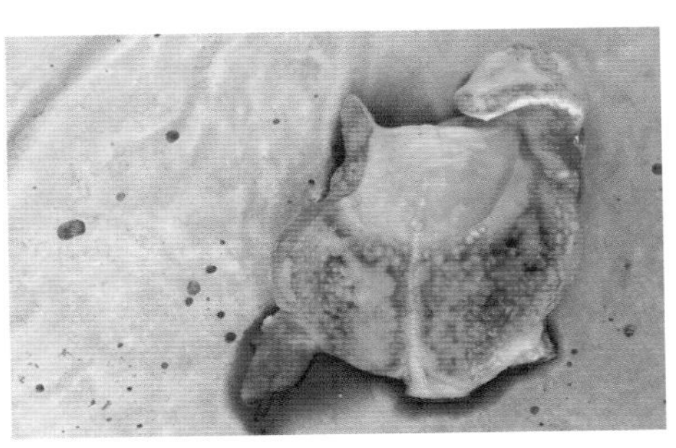

图1-65　病猪扁桃体有出血点

图1-66　病猪腹壁有出血点

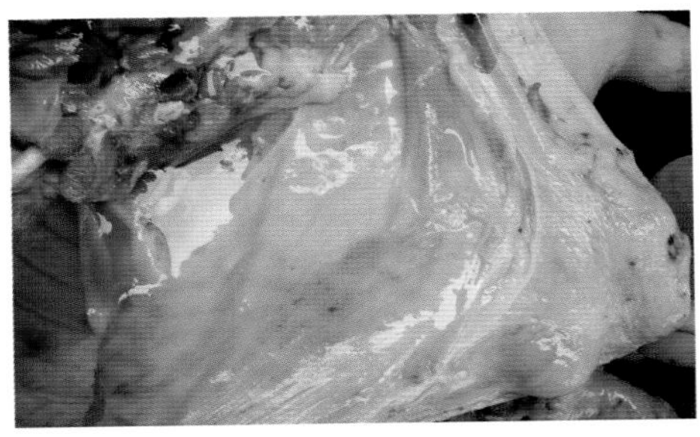

图1-67　病猪腹壁、皮下有出血点

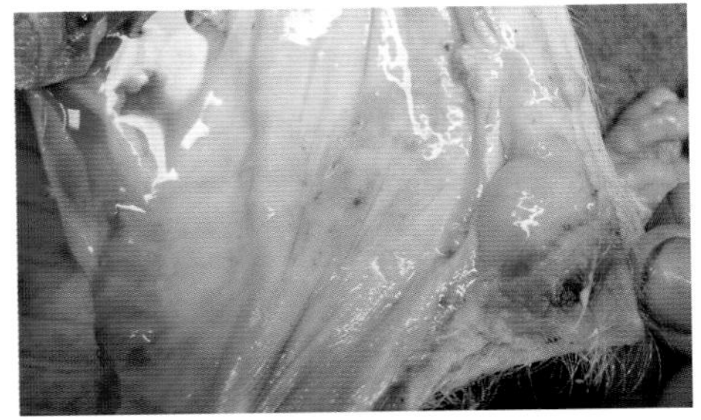

图1-68　病猪腹壁有出血点，包皮有出血斑

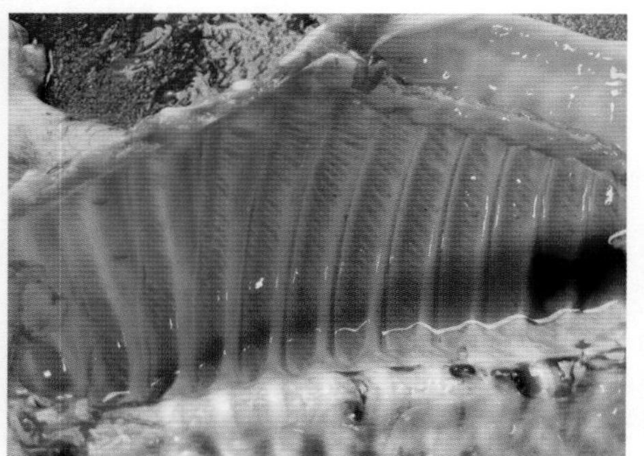

图1-69　肋膜有出血斑

图1-70　病猪肋壁有出血点

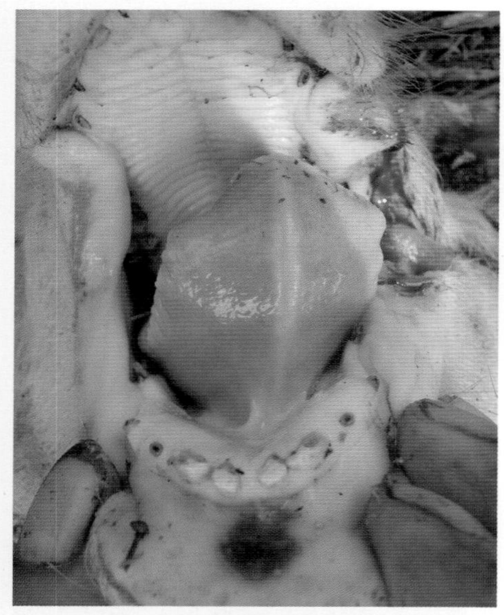

图1-72　口腔有纽扣状溃疡、坏死

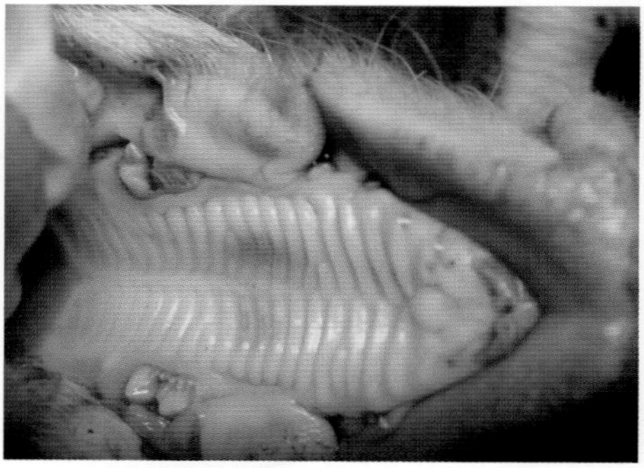

图1-71　病猪上腭有出血斑

图1-73　口腔有纽扣状溃疡

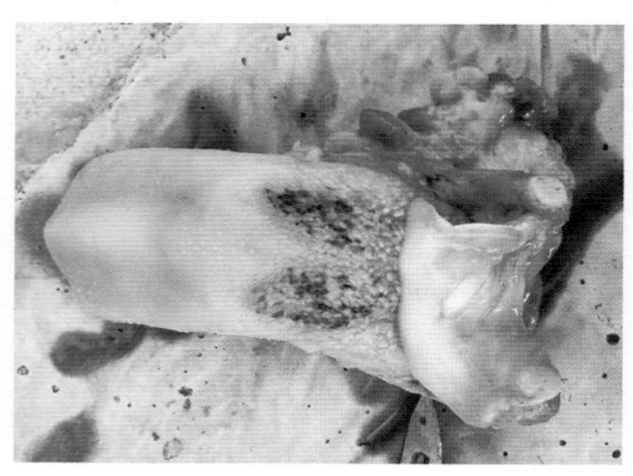

图1-74　病猪舌部有出血斑、坏死灶

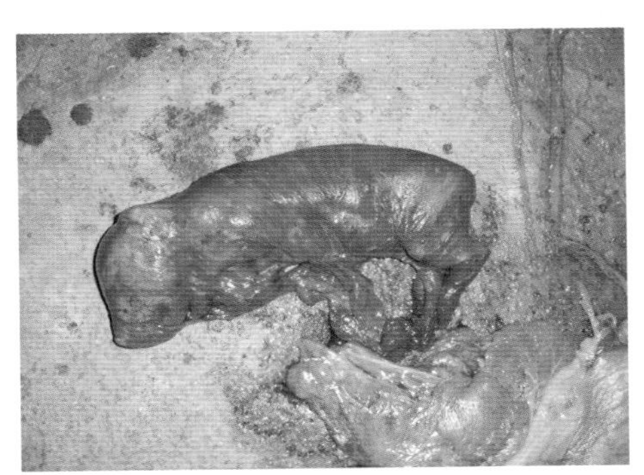

图2-1　感染母猪产出死胎

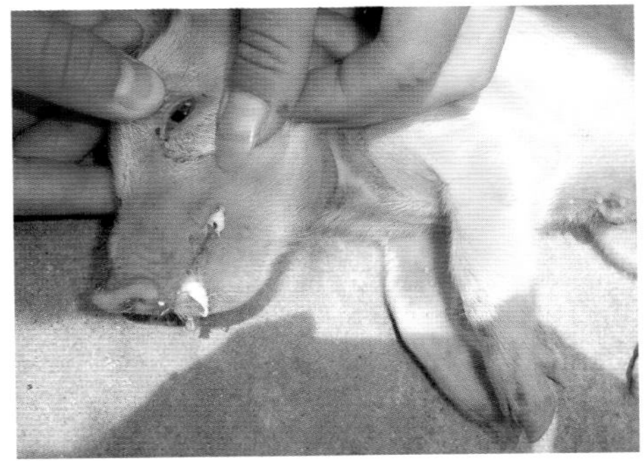

图2-2　哺乳仔猪眼结膜充血、口吐白沫

图2-3　病猪鸣叫、口吐白沫

图2-4　3日龄仔猪口吐白沫

图2-5　两肢交叉，站立困难

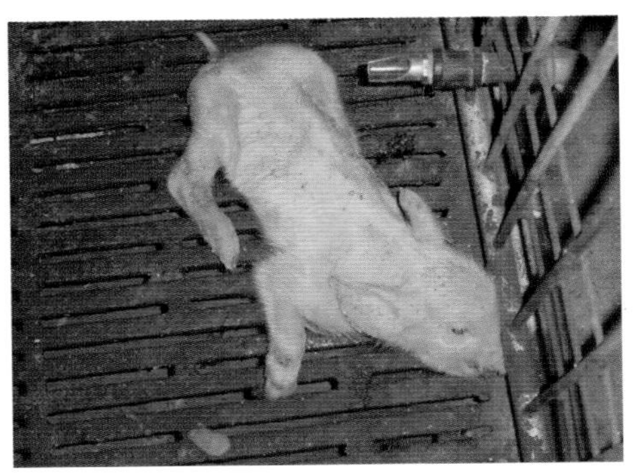

图2-6　发病仔猪头抵墙，尖叫

图2-7　整窝发病，表现口吐白沫、角弓反张等神经症状

图2-8　病猪神经症状，四肢呈“划水样”

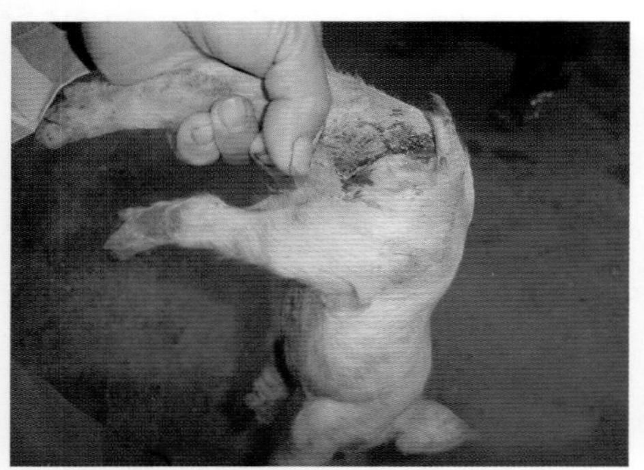

图2-9　哺乳仔猪经常出现拉黄色黏性粪便

图2-10　受刺激后呈现角弓反张

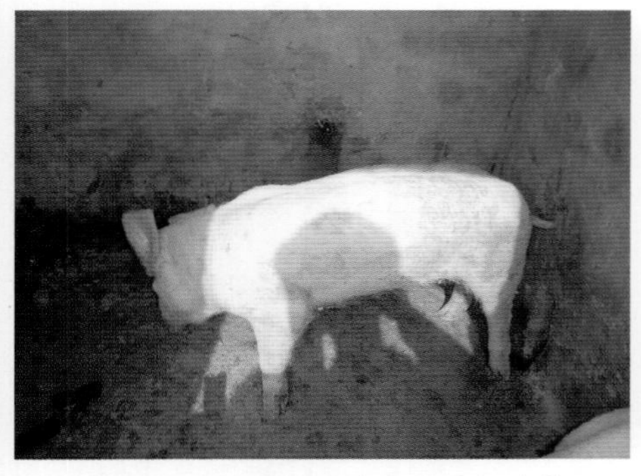

图2-11　仔猪出现转圈等神经症状

图2-12　断奶仔猪头歪向一侧

图2-13　商品猪头歪向一侧

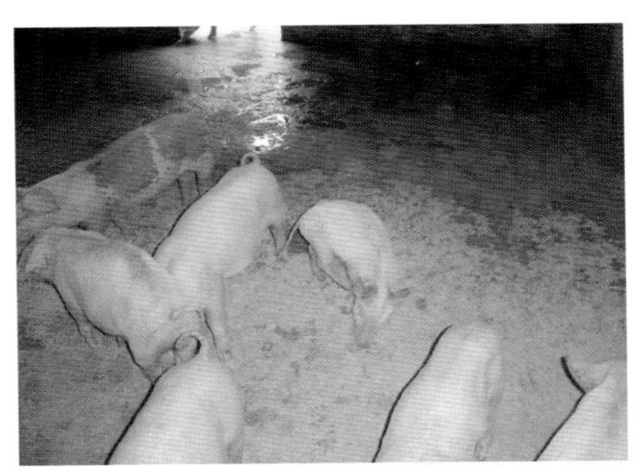
图2-14　仔猪出现抓痒现象

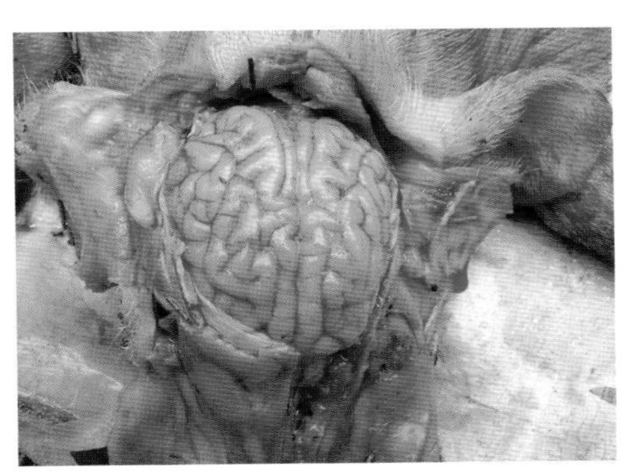
图2-15　脑膜充血、出血

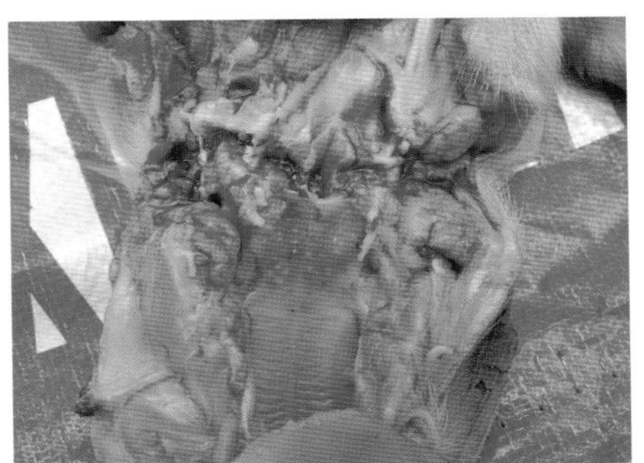
图2-16　病猪扁桃体炎、坏死

图2-17　部分病猪出现喉部纤维素性坏死性炎症

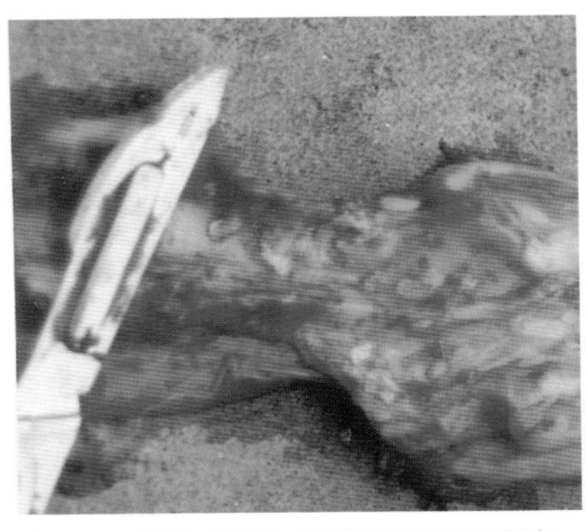
图2-18　部分病猪出现纤维素性坏死性气管炎

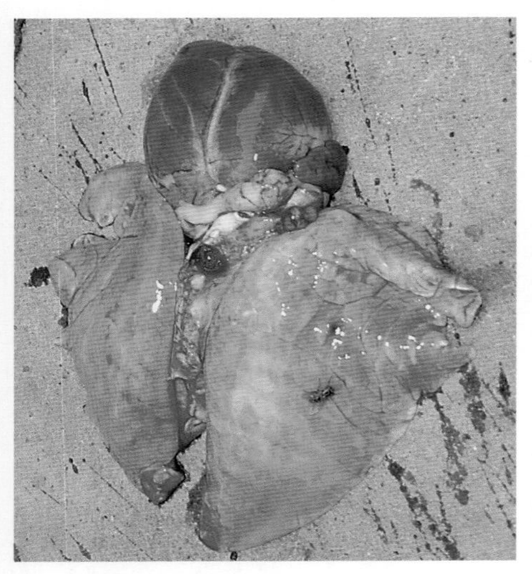

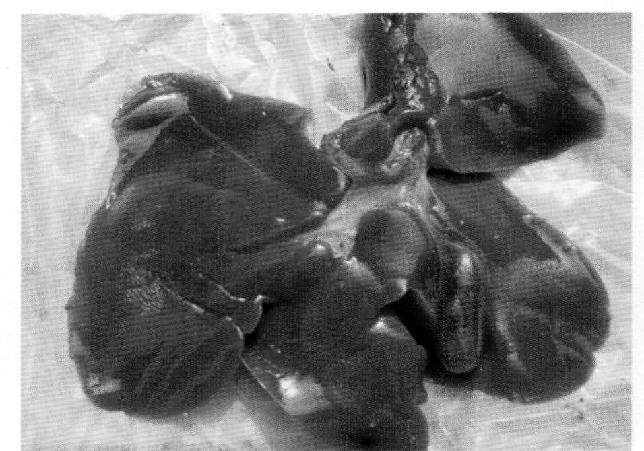

图2-20　肝脏有少量灰白色坏死灶

图2-19　肺肿胀

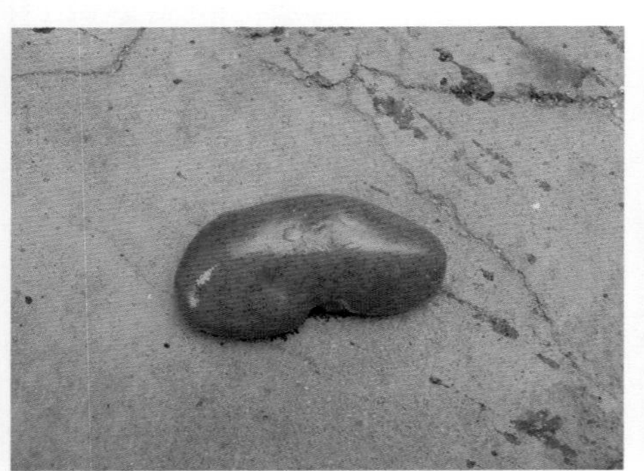

图2-21　肾皮质有针尖状大小出血点

图2-22　脾脏出现坏死灶

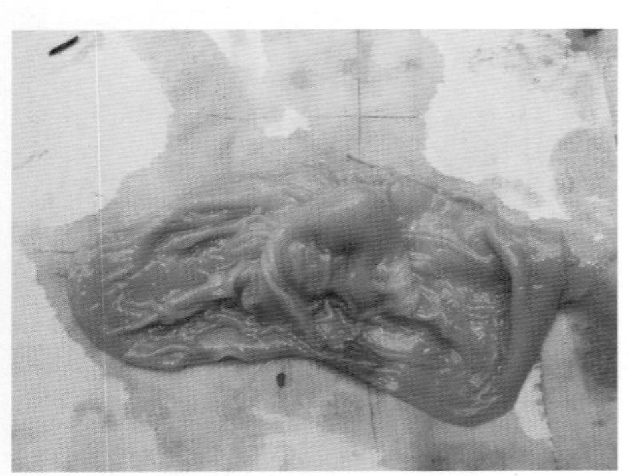

图2-23　胃底部出血性卡他

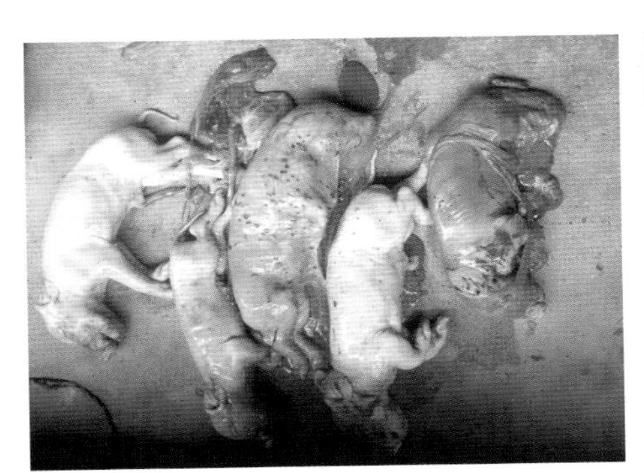

图3-1　流产、死胎

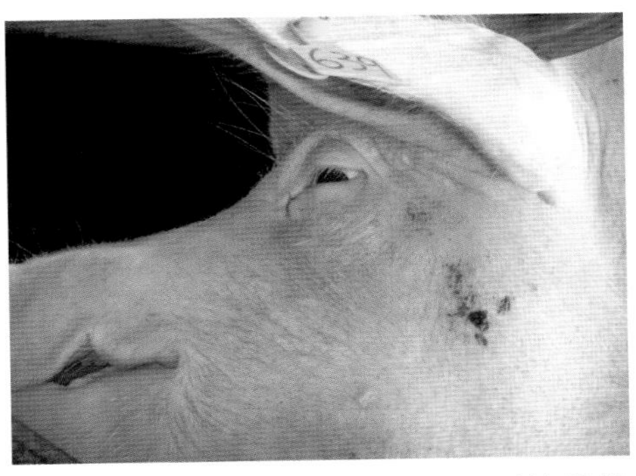

图3-2　发病母猪有时出现眼圈一过性蓝紫色

图3-3　胎膜上有红紫色血疱，血疱呈硬感

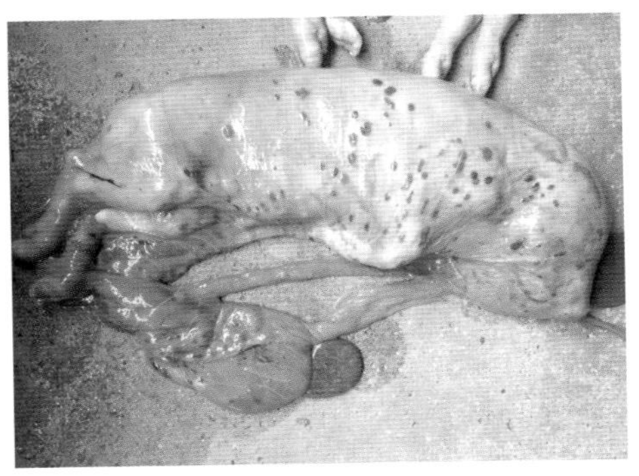

图3-4　流产胎儿胎膜上有血疱

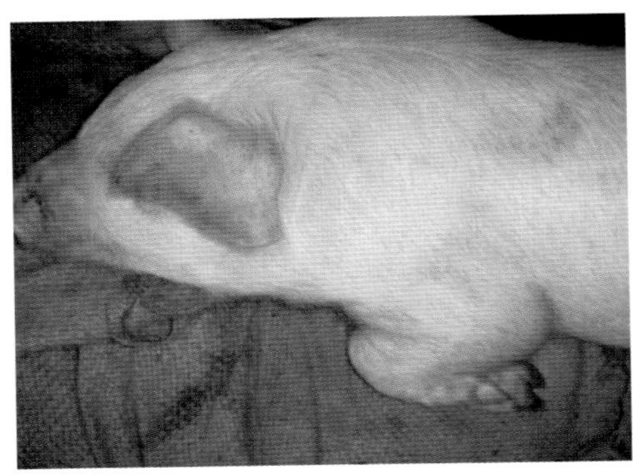

图3-5　哺乳仔猪呼吸困难，耳朵有蓝紫色斑点

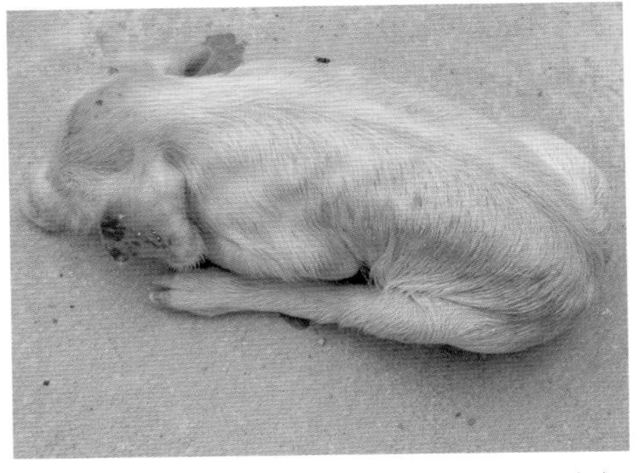

图3-6　哺乳仔猪呼吸急促，全身有蓝紫色斑点

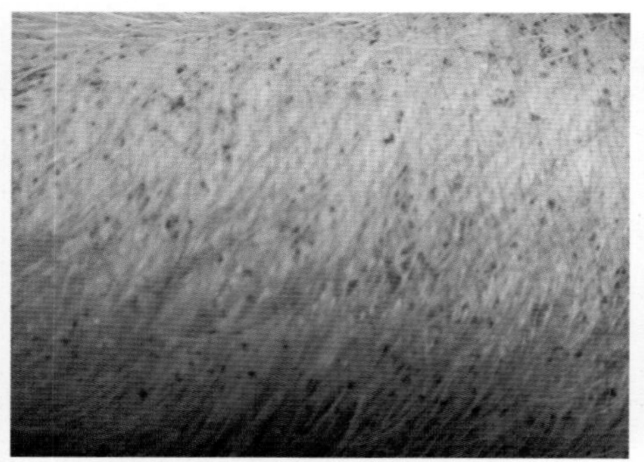

图3-7　背部皮肤有铁锈色或蓝紫色出血点

图3-8　病猪体温升高，四肢末梢出现红斑

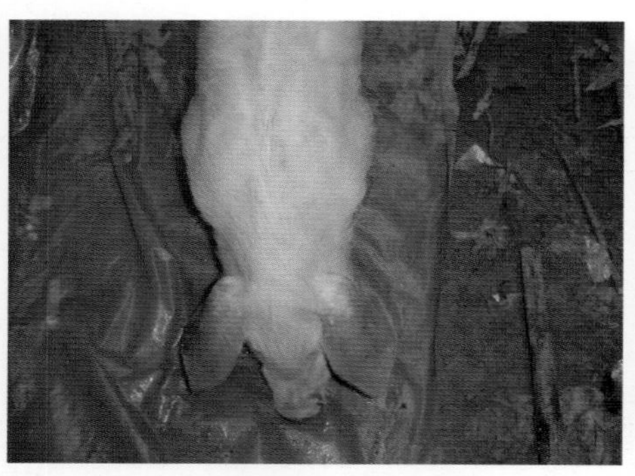

图3-9　病猪呼吸困难，耳朵呈现出蓝紫色

图3-10　病猪精神沉郁，绝食，表现呼吸困难

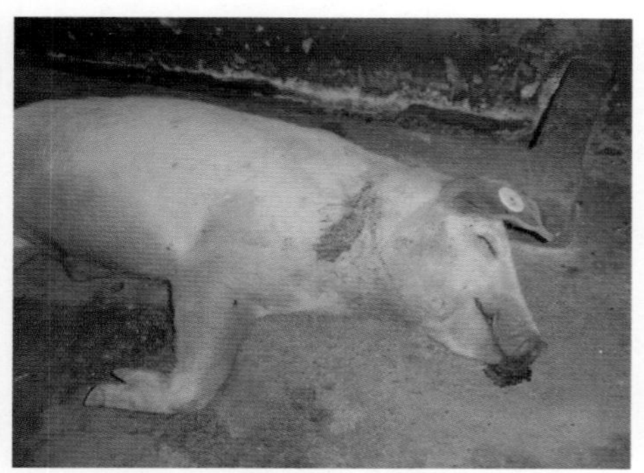

图3-11　继发猪瘟病毒感染后，病猪全身出现蓝紫色

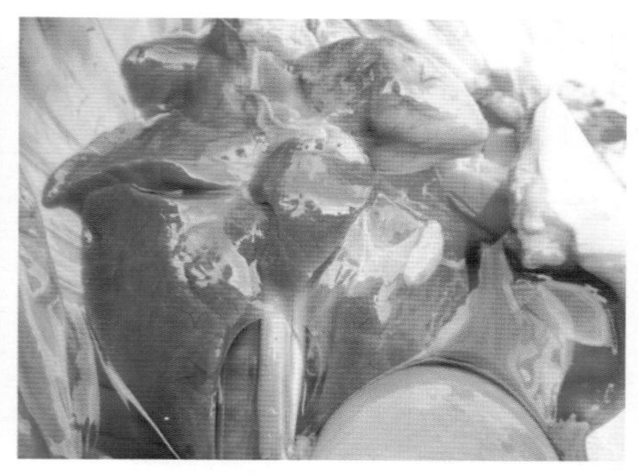

图3-12　流产胎儿出现肺间质增宽和水肿

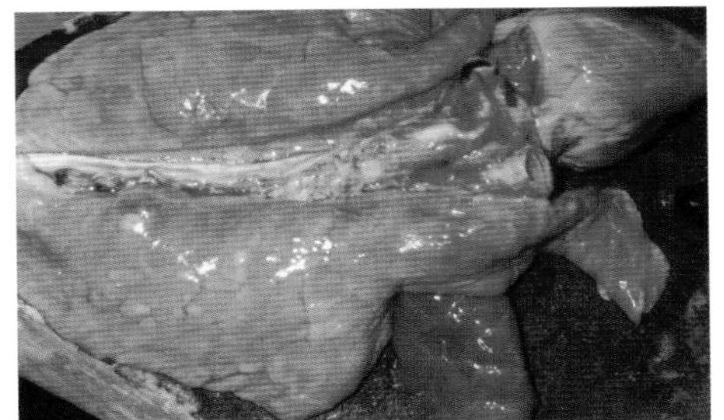

图3-13　发病前期肺呈淡紫色，间质少量增宽

图3-14　猪肺脏暗紫色、肿大、出血，呈间质性肺炎

图3-15　猪肺脏水肿、出血，间质增宽

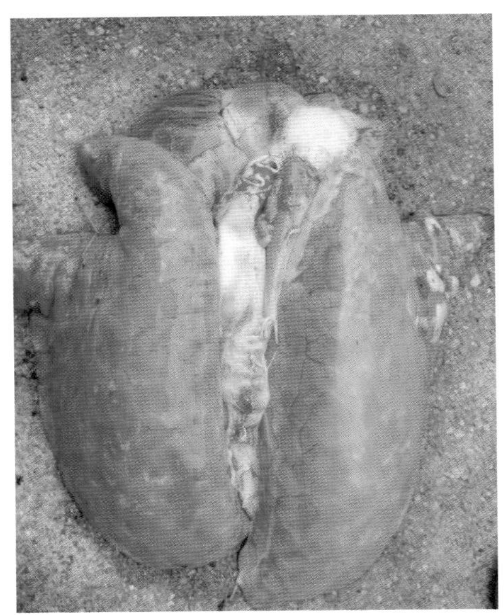

图3-16　猪肺脏水肿，呈现出间质性肺炎

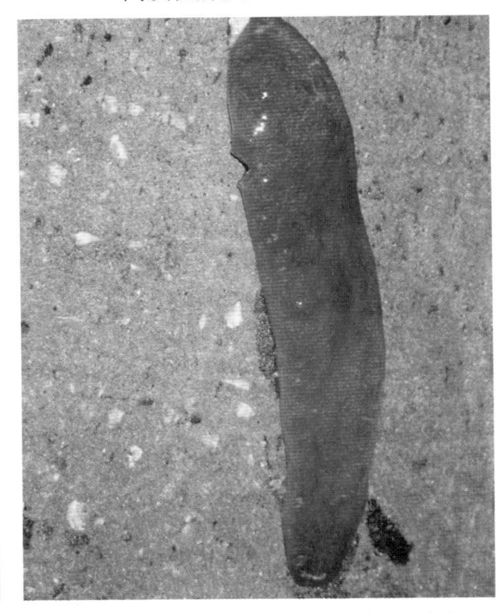

图3-17　病猪脾脏呈现蓝紫色，脾炎

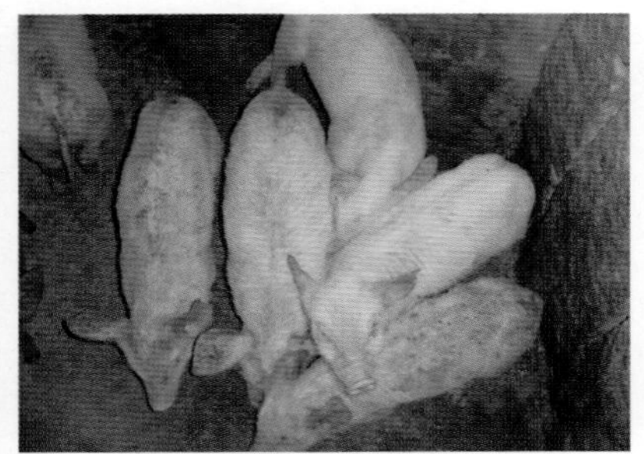

图4-1　断奶时落脚猪明显增加

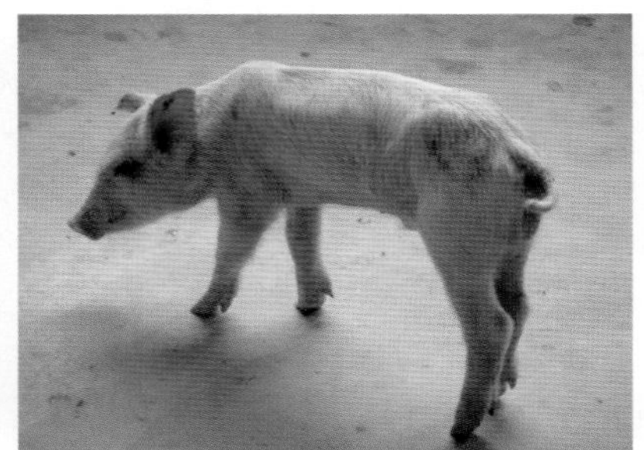

图4-2　病猪消瘦，黄疸

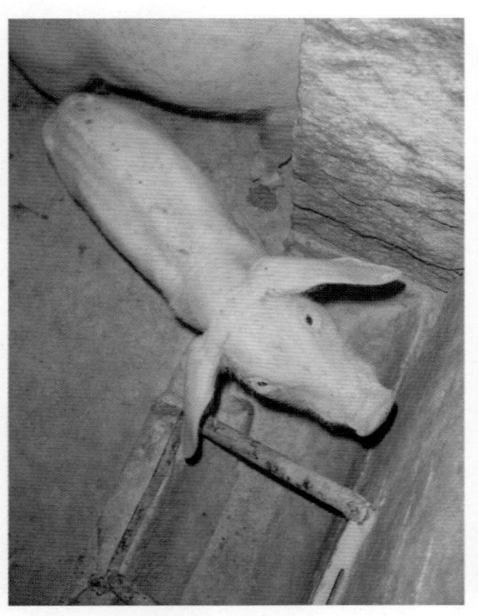

图4-3　发病猪消瘦、苍白、脊椎外露

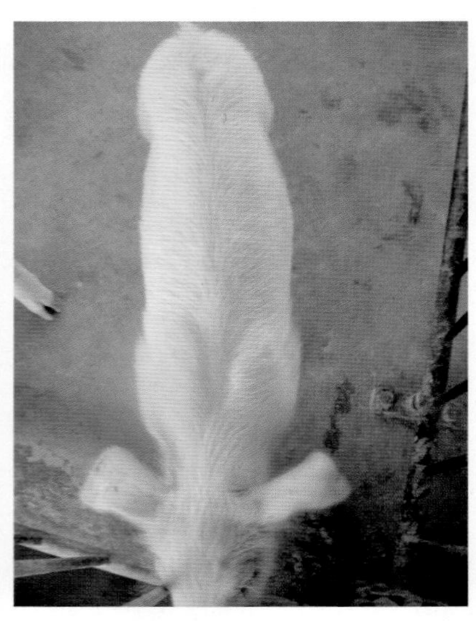

图4-4　发病猪消瘦、苍白

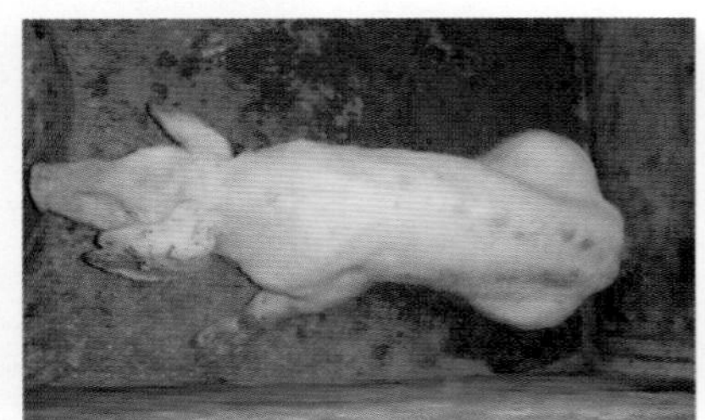

图4-5　发病猪消瘦、脊椎外露

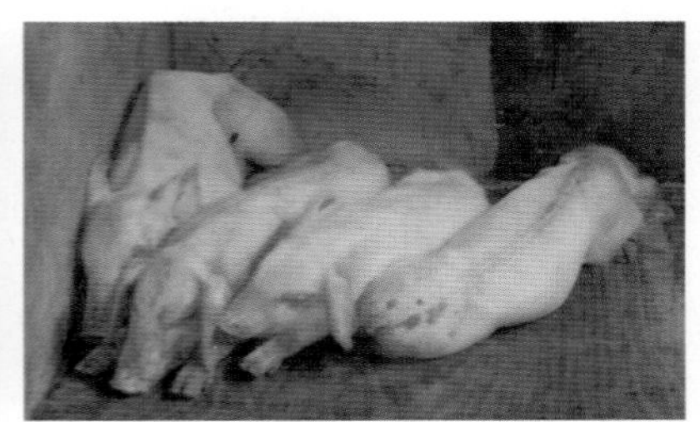

图4-6　保育猪消瘦、呼吸困难

图4-7　同日龄保育猪个体差异明显

图4-8　同日龄猪个体差异明显

图4-9　耳朵、腹部布满红色豆状小粒

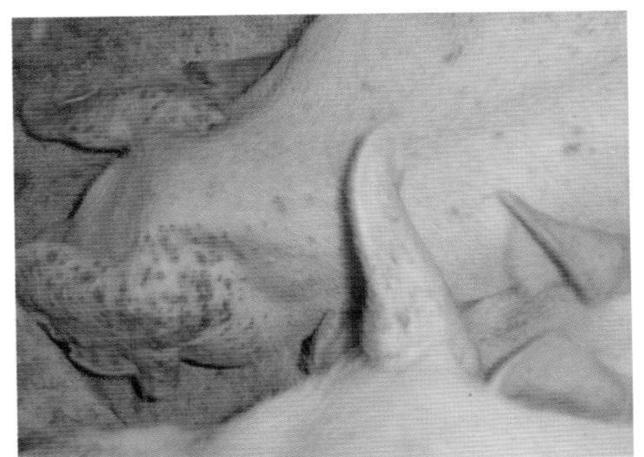
图4-10　耳朵布满红色豆状小粒

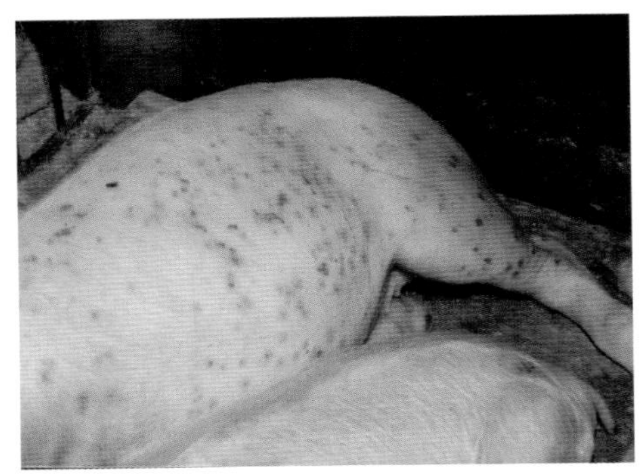
图4-11　下腹部有多量红色小粒

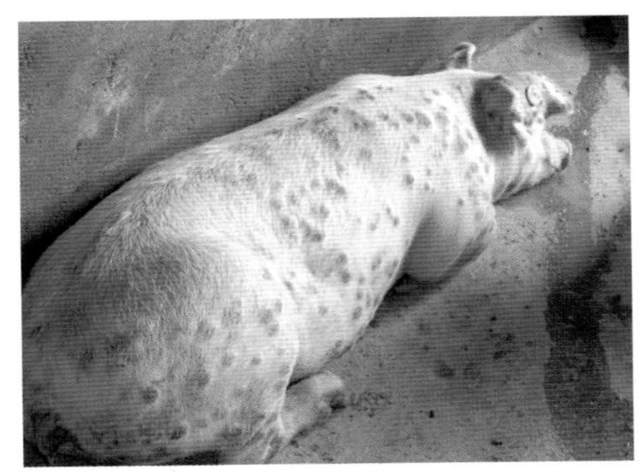
图4-12　严重时病猪全身布满豆状小粒，由红色向暗紫色转变

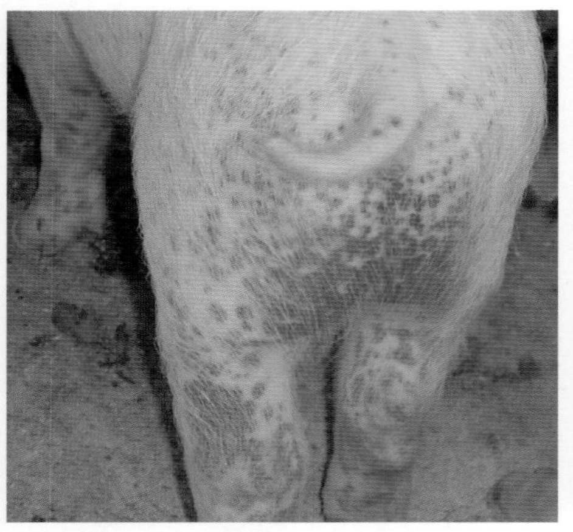

图4-13　臀部一片暗紫色斑点

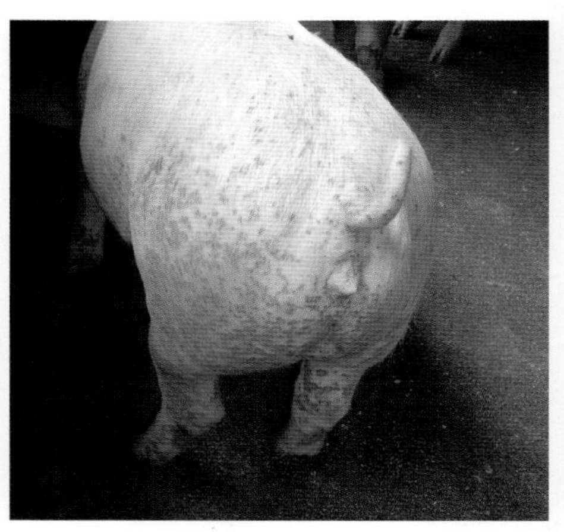

图4-14　臀部一片暗紫色斑点

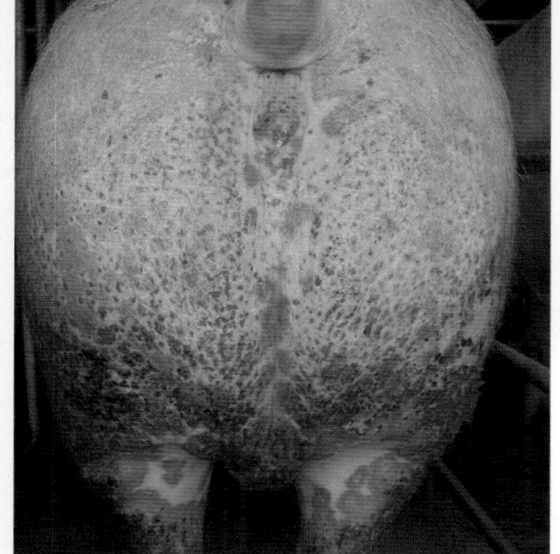

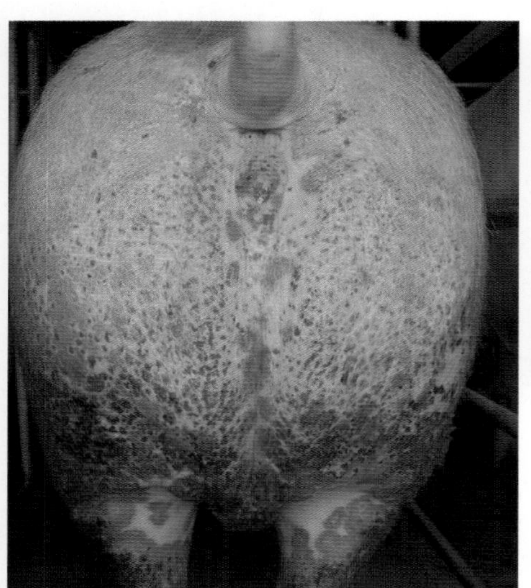

图4-16　耳肿胀明显，有暗紫色坏死灶

图4-15　臀部一片暗紫色斑点、斑块

图4-17　病猪后期苍白、消瘦

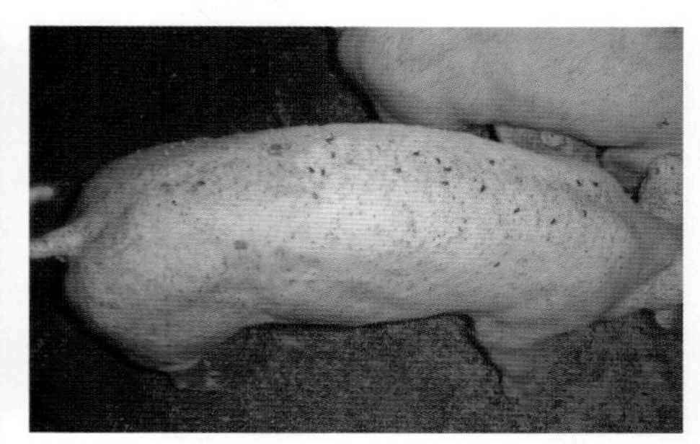

图4-18　病猪厌食和体重减轻

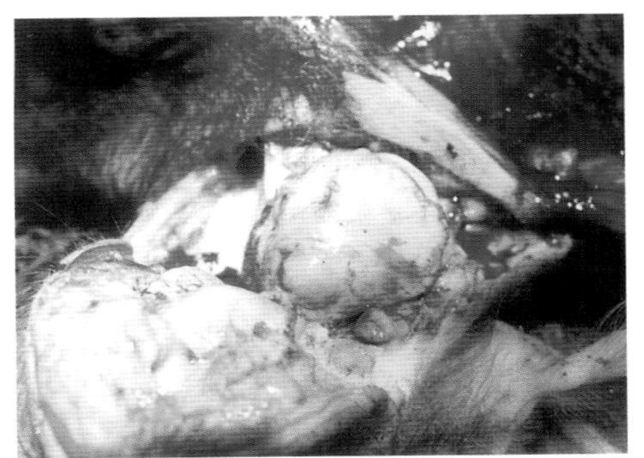

图4-19　淋巴结肿大明显

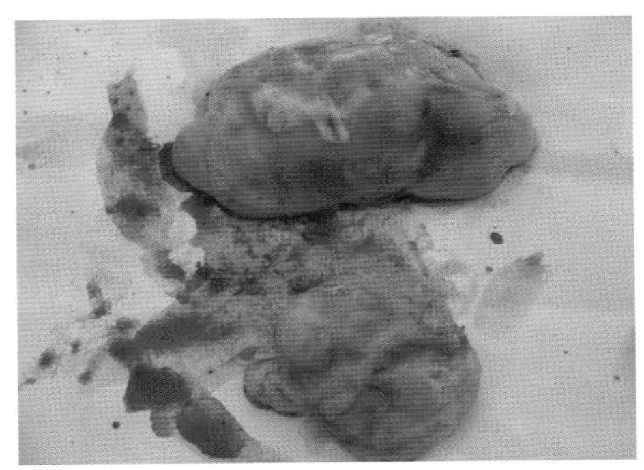

图4-20　淋巴结肿大明显，特别是腹股沟淋巴结

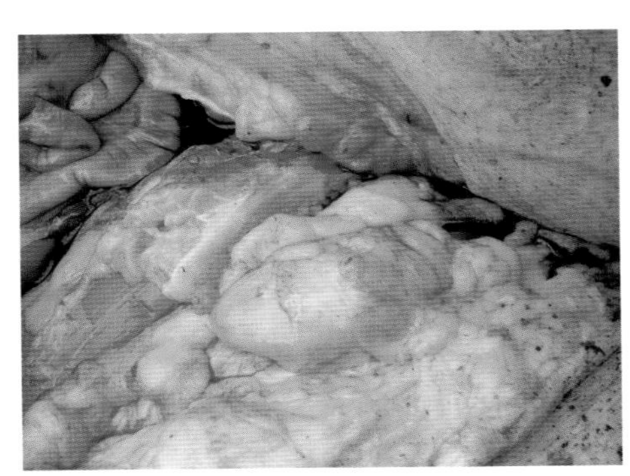

图4-21　腹股沟淋巴结肿大至正常3倍以上

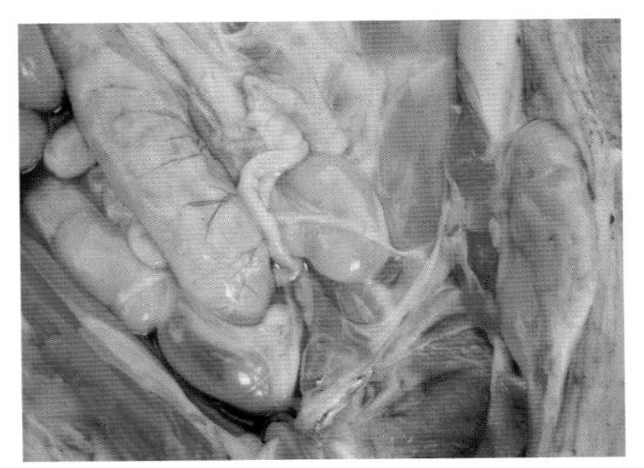

图4-22　腹部淋巴结肿大明显

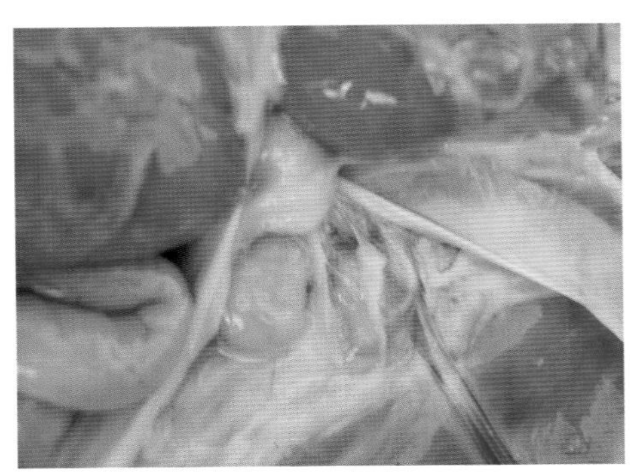

图4-23　肾门淋巴结肿大

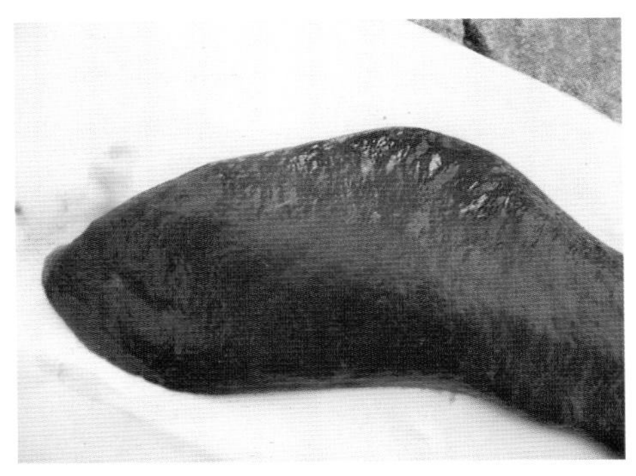

图4-24　脾脏头部大约1/3肿胀，出血

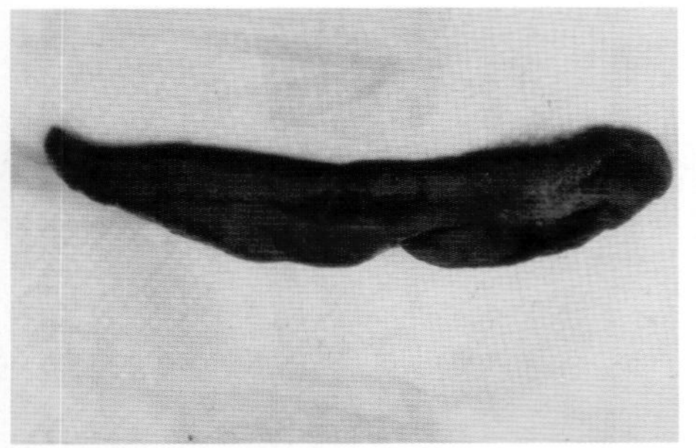

图4－25　脾脏有少量灰白色坏死灶萎缩，呈现脾炎

图4－26　肾脏色泽变淡，有少量灰白色坏死灶

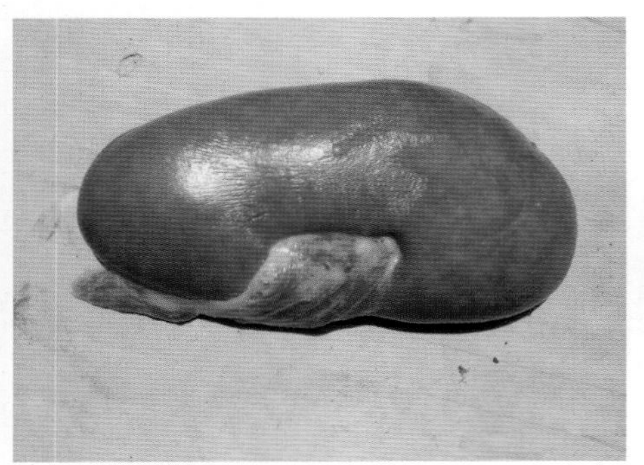

图4－27　肾脏肿胀、色泽变淡呈淡黄色，有少量灰白色坏死灶

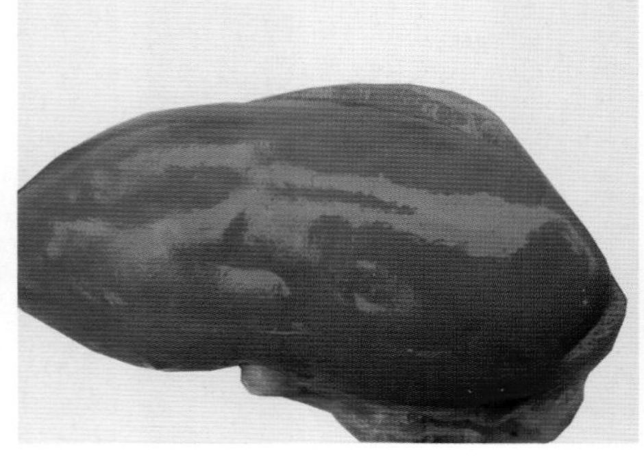

图4－28　肾脏肿胀、色泽变淡呈淡黄色

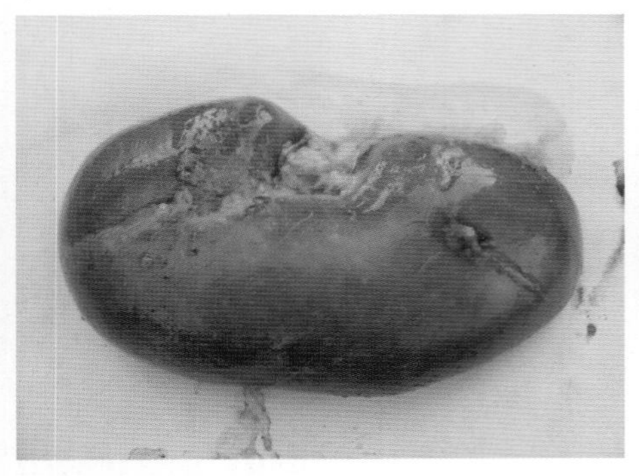

图4－29　肾脏肿胀、呈淡黄色，有少量灰白色坏死灶

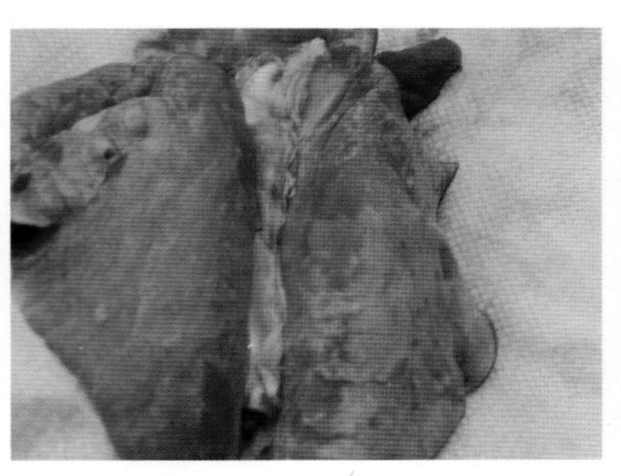

图4－30　肺呈现斑驳状

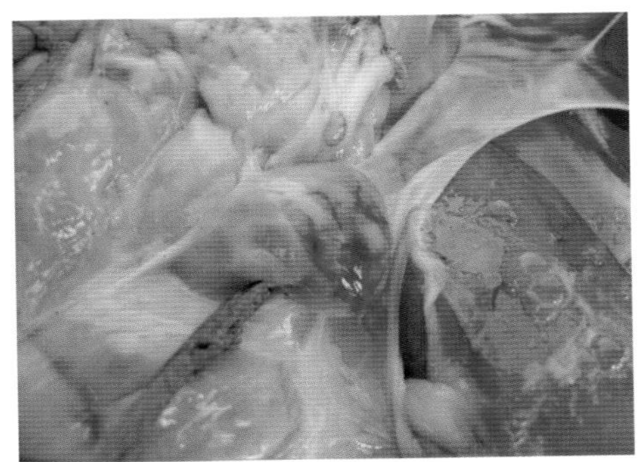

图4-31　个别病猪胰腺出血、坏死

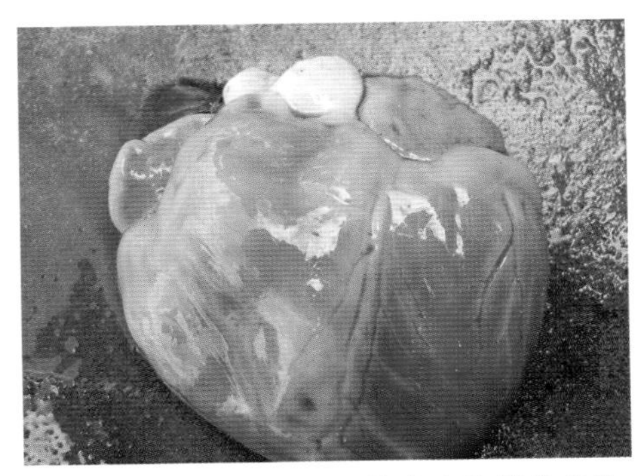

图4-32　心肌变软，冠状沟脂肪萎缩黄染

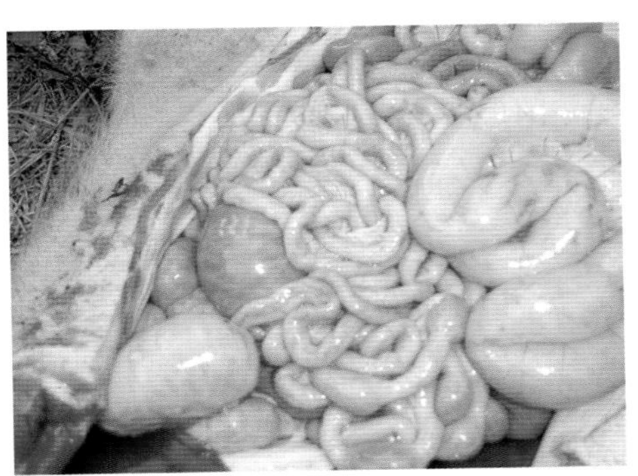

图4-33　病猪小肠变细，呈鸡肠样

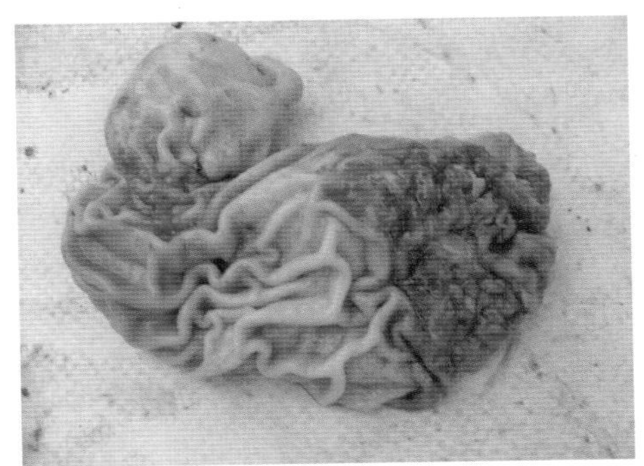

图4-34　病猪胃黏膜苍白，表现轻度胃溃疡

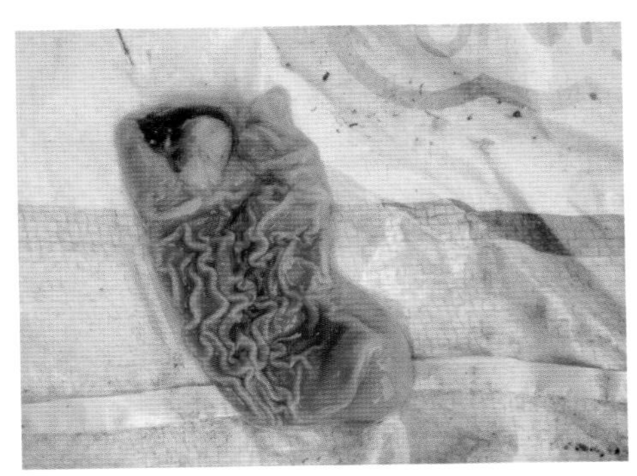

图4-35　病猪胃黏膜充血，胃溃疡

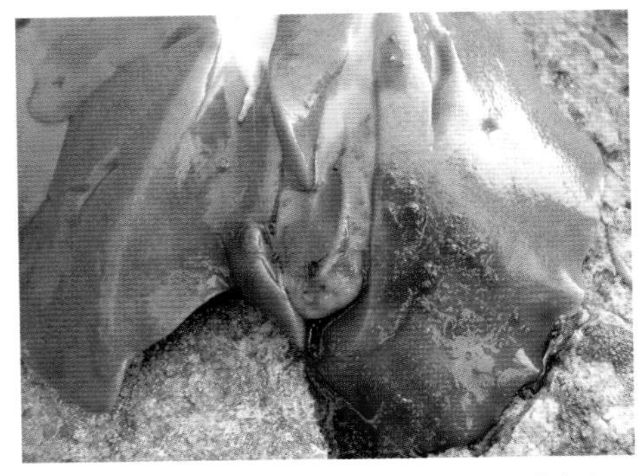

图4-36　肝有不同程度变性，表面时有灰白色散在病灶，胆汁浓稠，内有尘埃样残渣

图5−1　前期病猪四肢站立困难

图5−2　病猪跛行，有明显痛感

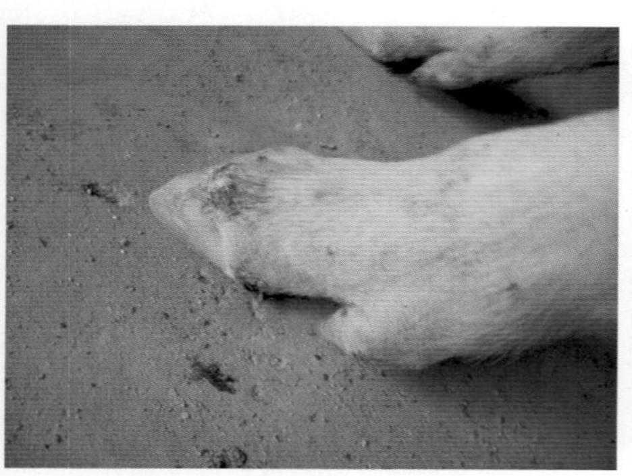
图5−3　猪蹄冠上的条形水疱

图5−4　个别猪发病时蹄甲与蹄壳裂开

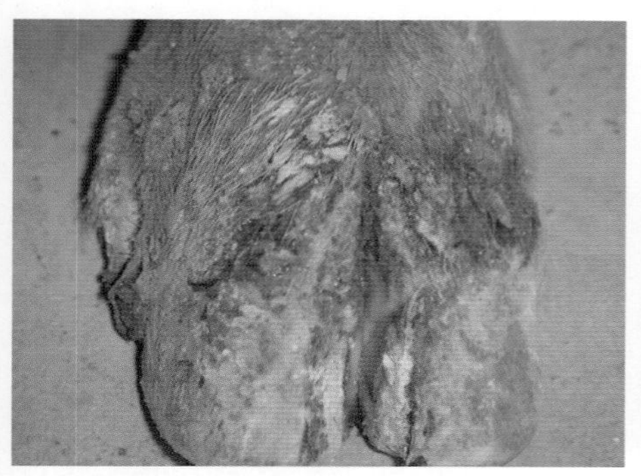
图5−5　蹄部皮肤出现溃烂

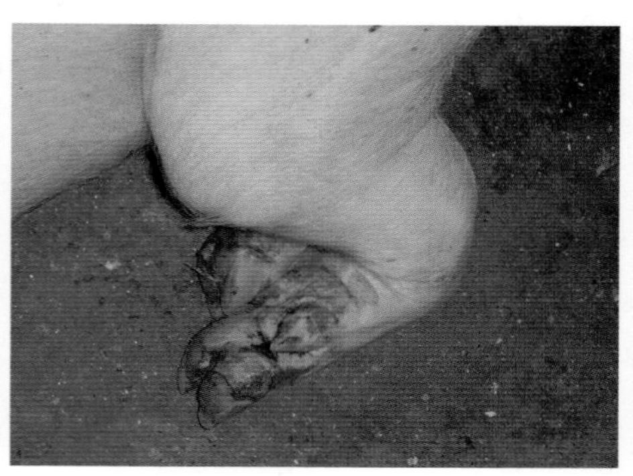
图5−6　蹄壳松动、溃烂

图5-7　蹄壳脱至一半

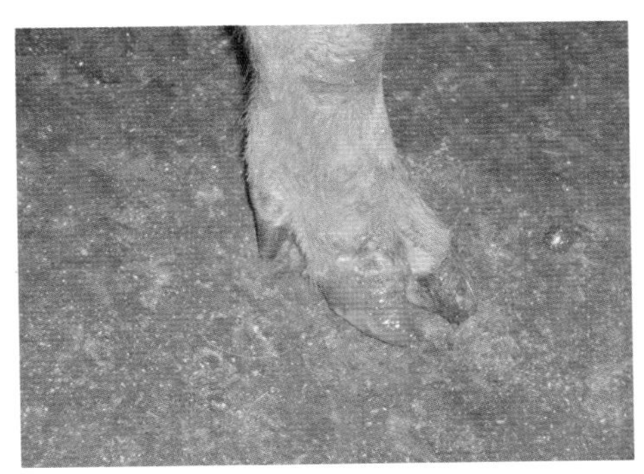

图5-8　蹄壳脱落后呈现肉蹄

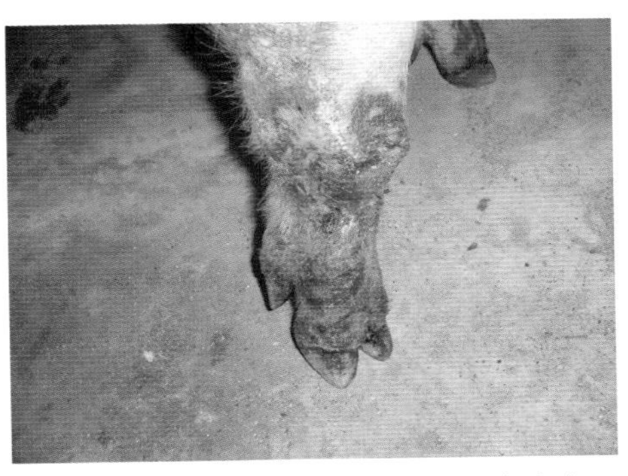

图5-9　前肢蹄部、腕部皮肤水疱破溃

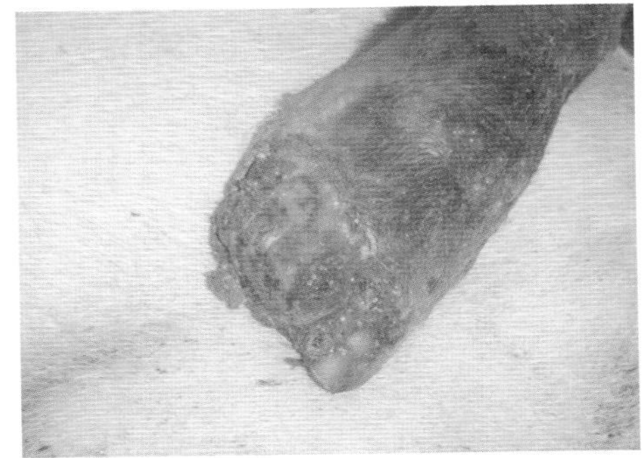

图5-10　蹄壳脱落，蹄甲骨磨损严重

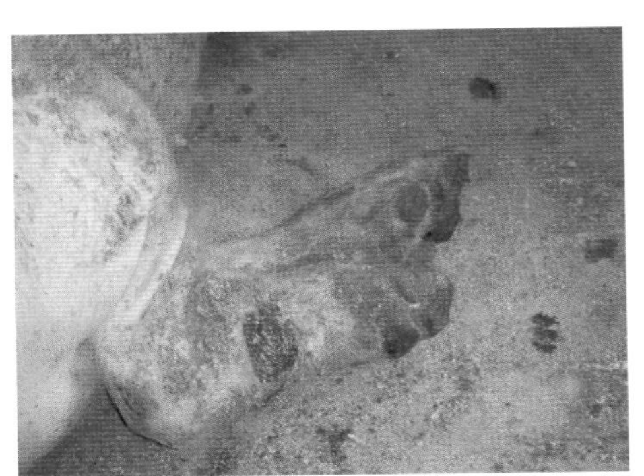

图5-11　发病猪形成肉蹄，造成蹄部、后肢感染溃烂

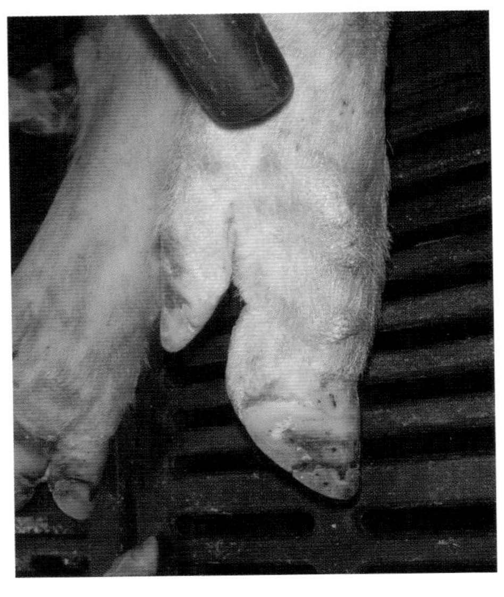

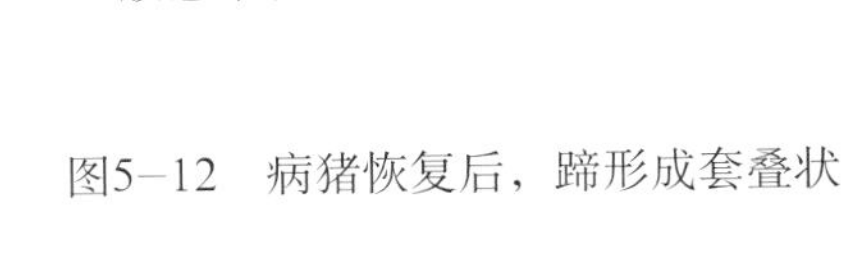

图5-12　病猪恢复后，蹄形成套叠状

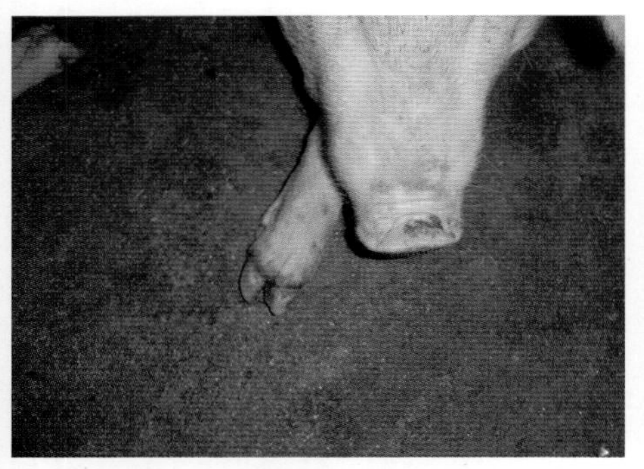

图5-13　鼻吻突部水疱破溃后溃烂

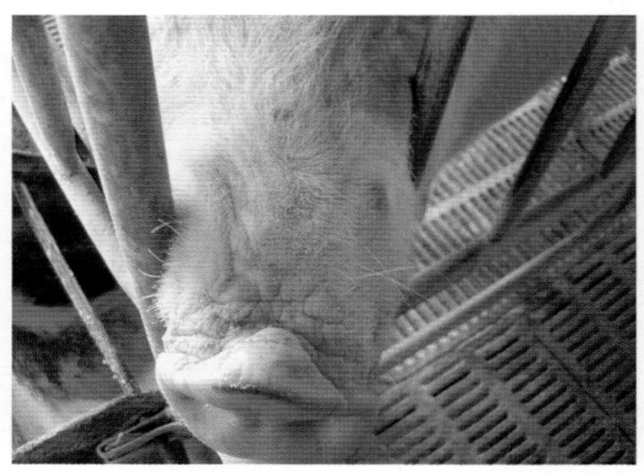

图5-14　发病初期鼻端出现水疱

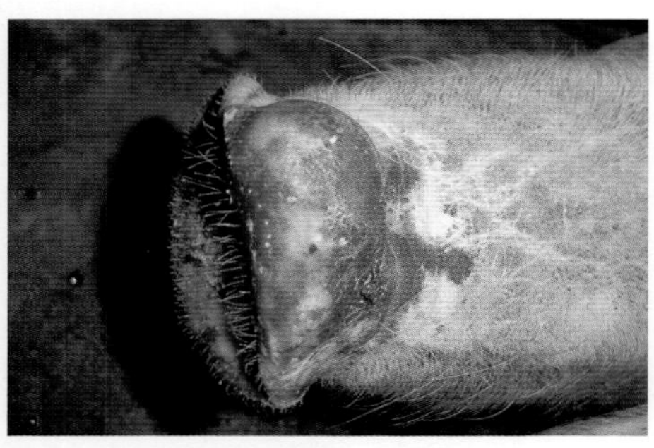

图5-15　鼻盘出现“乒乓球”大小的水疱

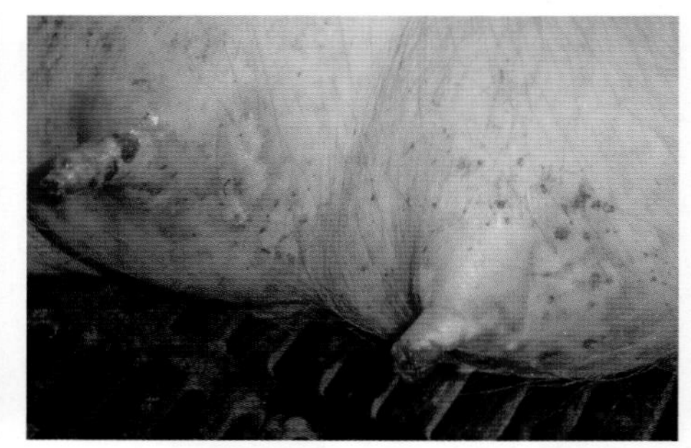

图5-16　乳房皮肤水疱破溃、糜烂

图5-17　哺乳仔猪因急性心肌炎死亡

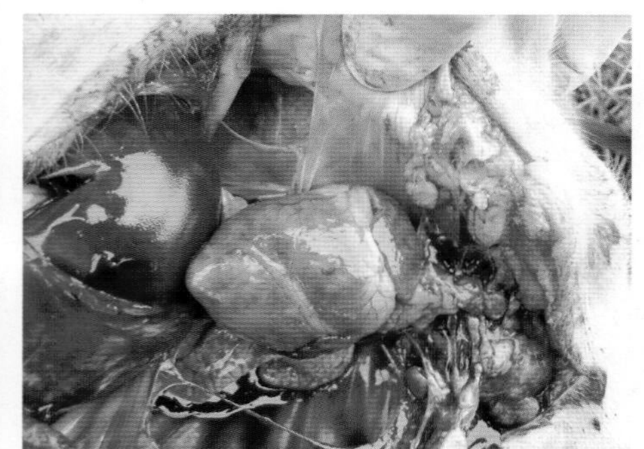

图5-18　心肌出现不规则坏死斑点

图5-19　病猪典型的“虎斑心”

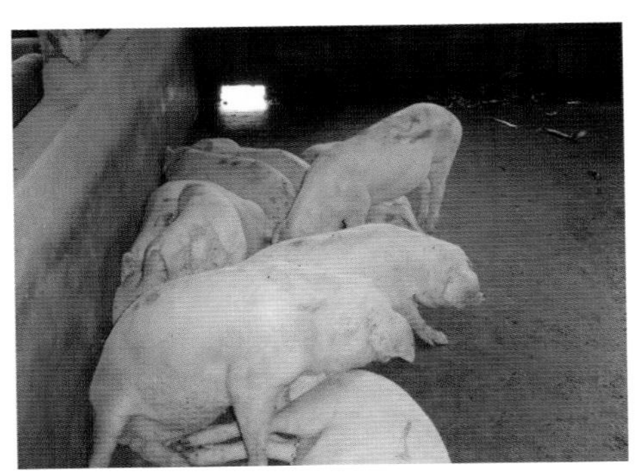

图6–1　全群猪突然发病，高热、食欲不振、精神沉郁

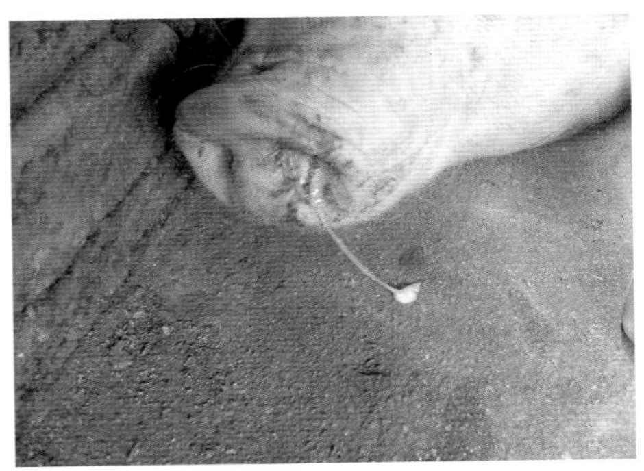

图6–2　病猪鼻流黏性分泌物

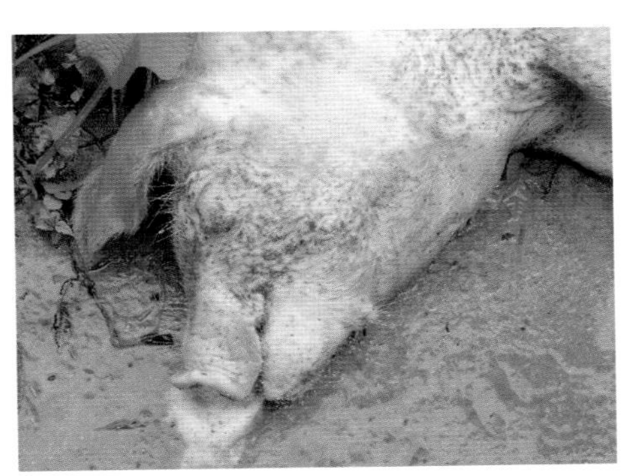

图6–3　病死猪皮肤瘀血，口鼻流出泡沫状黏液

图6–4　肺呈鲜牛肉样

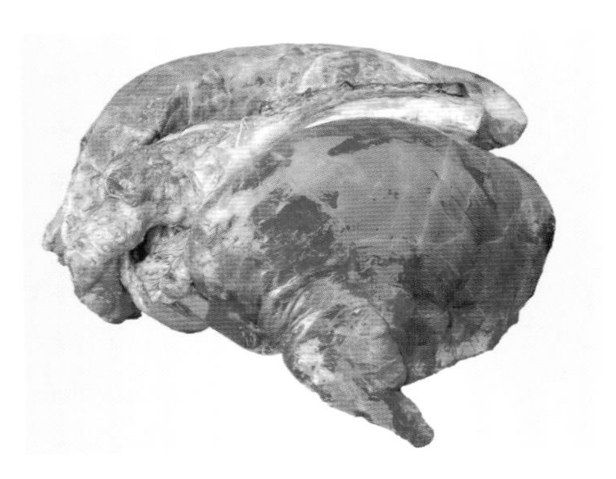

图6–5　肺出血，呈鲜牛肉样

猪细小病毒病

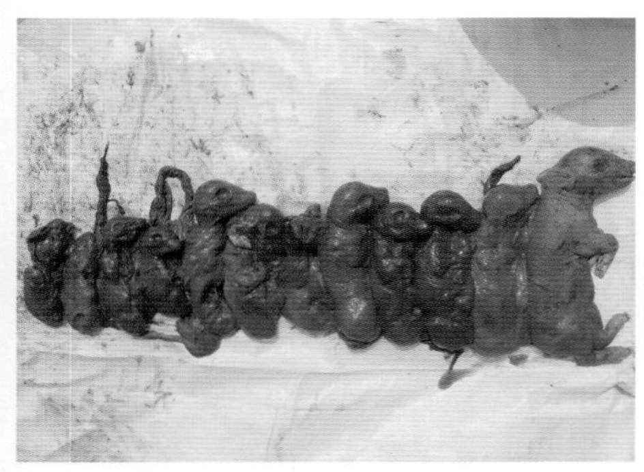

图7–1　初产病母猪产出大小不匀的死胎、木乃伊胎

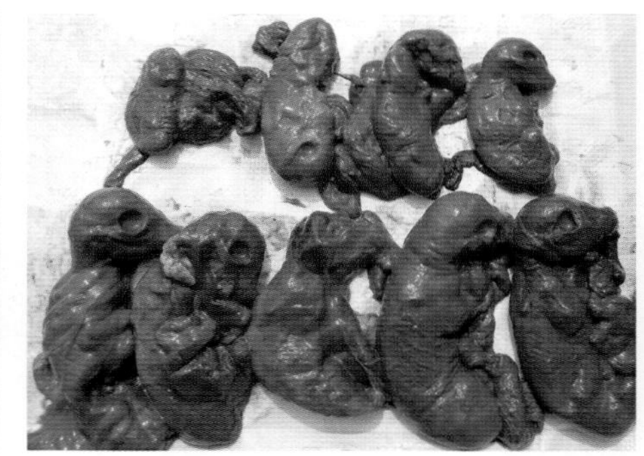

图7–2　病猪产出的木乃伊胎

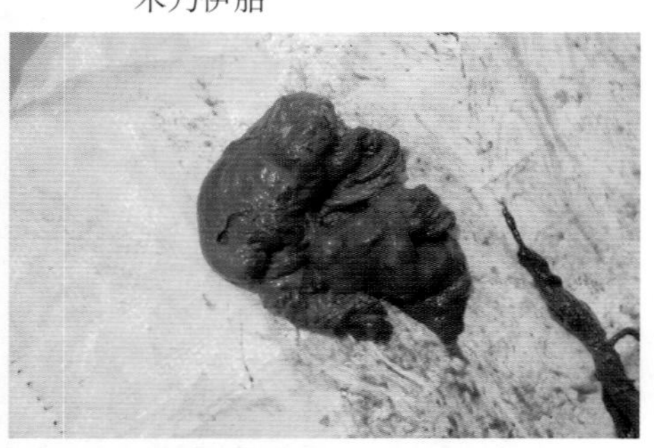

图7–3　前期感染的胎儿、胎盘部分被钙化

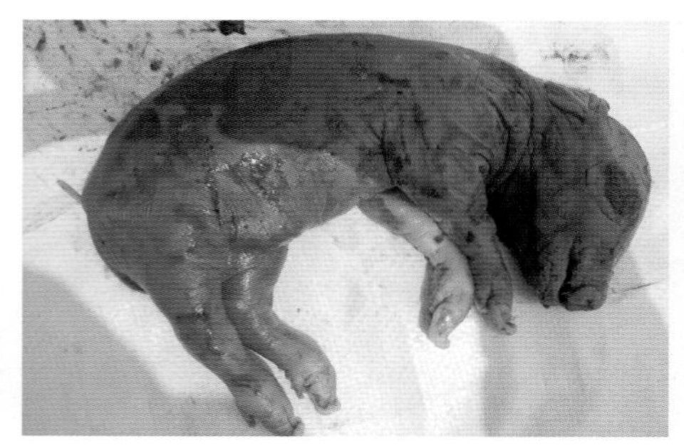

图7–4　大多数死胎皮肤、皮下水肿

流行性乙型脑炎

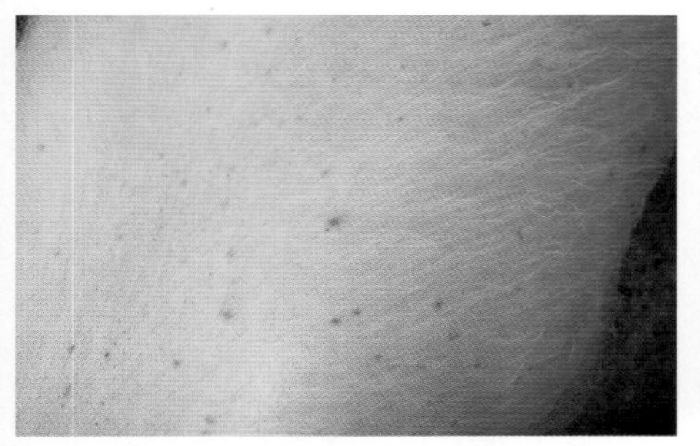

图8–1　猪体皮肤被蚊子叮咬

图8–2　公猪睾丸左侧肿大

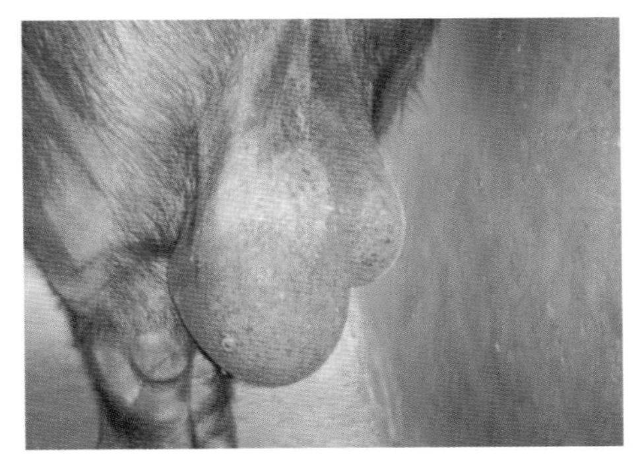
图8-3　公猪睾丸左侧肿大，下坠

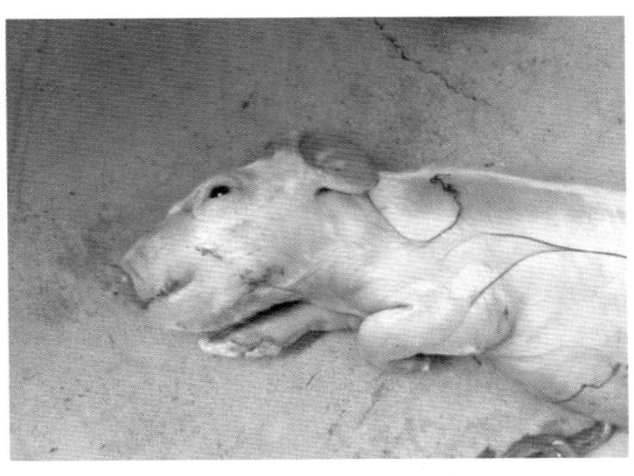
图8-4　胎儿脑水肿

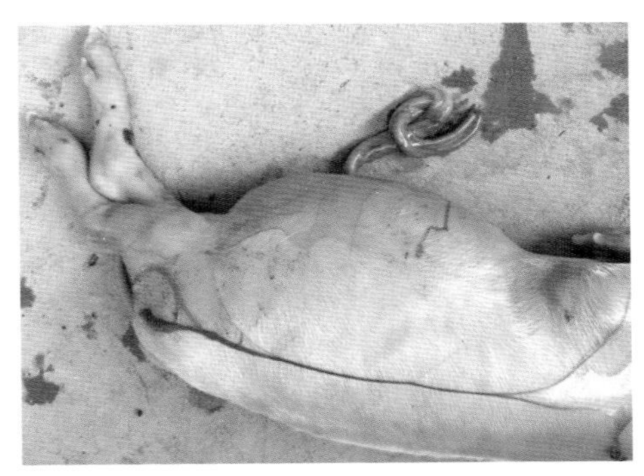
图8-5　胎儿皮下水肿，腹水增多

猪传染性胃肠炎

图9-1　哺乳仔猪吐出未消化乳酪

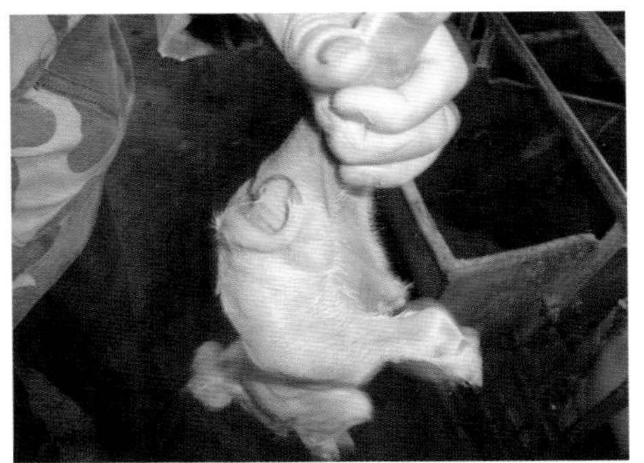
图9-2　3日龄仔猪感染后拉稀、脱水

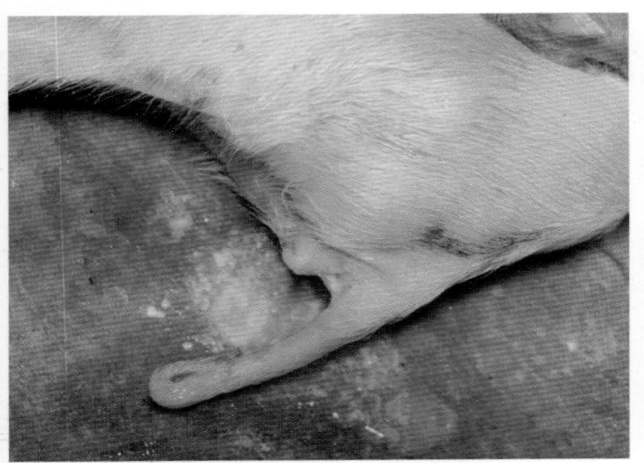

图9–3　发病仔猪排出黄色、水样稀粪便

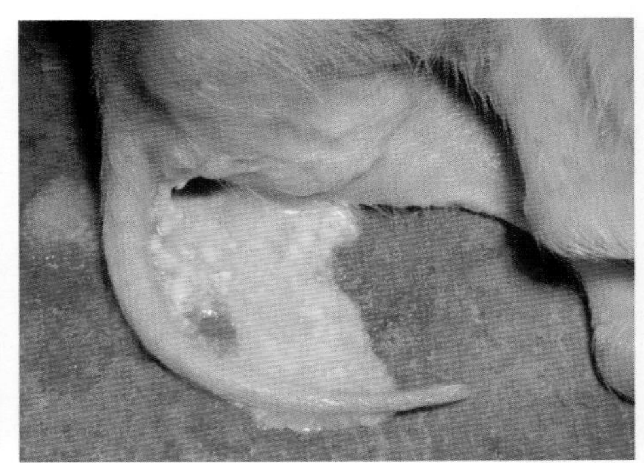

图9–4　发病仔猪排出未消化乳状物，肛门松弛

图9–5　2日龄仔猪全窝发病

图9–6　发病仔猪精神沉郁，四肢无力

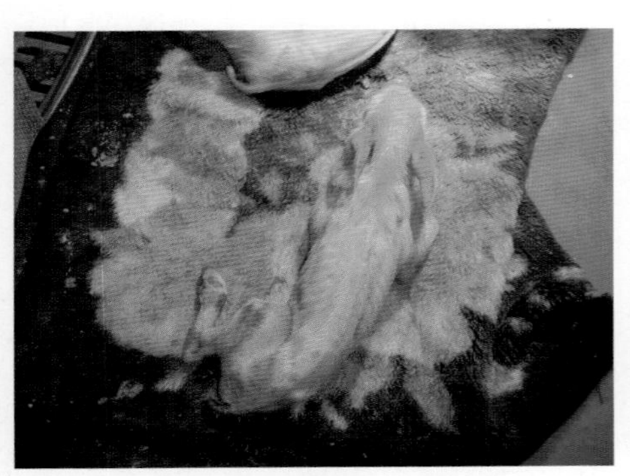

图9–7　发病仔猪后期脱水严重，后肢瘫痪

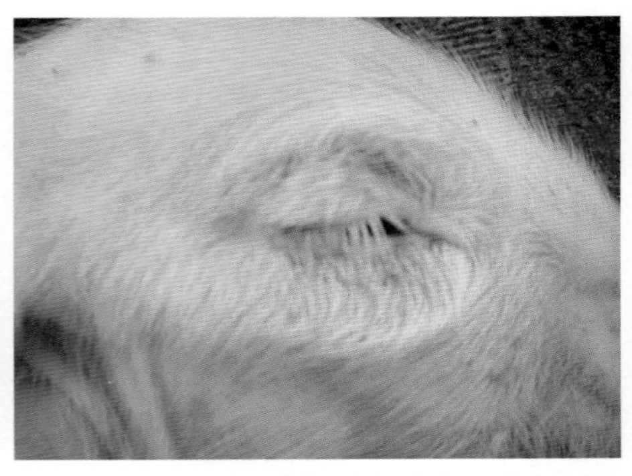

图9–8　发病仔猪后期脱水严重，眼窝下限

图9-9　发病仔猪后期脱水严重，肋骨外形清晰可见

图9-10　痊愈仔猪生长发育不良

图9-11　病猪呈现水样腹泻

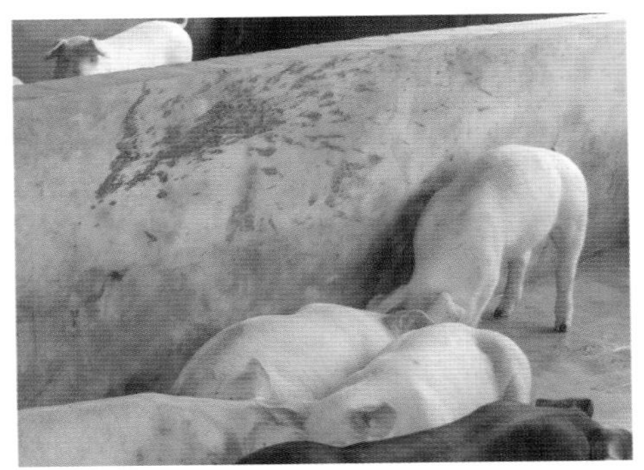

图9-12　病猪呈现喷射状腹泻

图9-13　育肥猪水样腹泻

图9-14　哺乳母猪水样腹泻，采食量下降

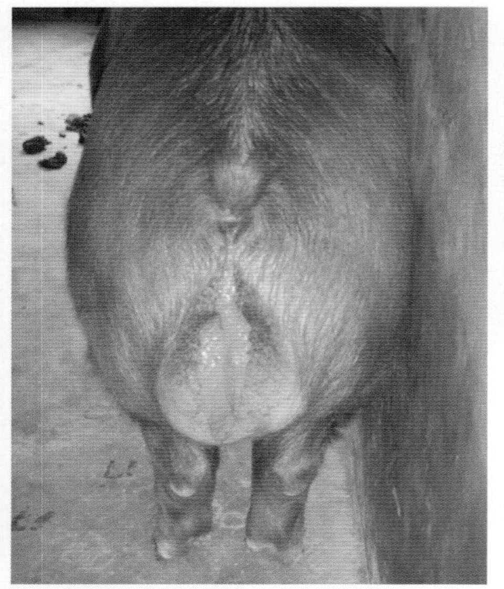

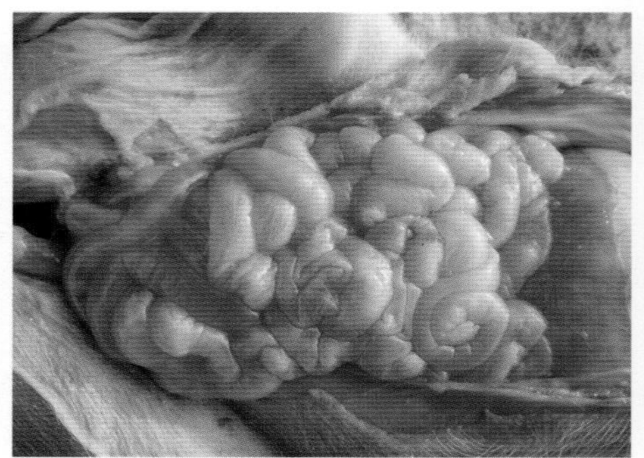

图9-16　肠壁变薄呈半透明状

图9-15　成年公猪发病时拉稀粪

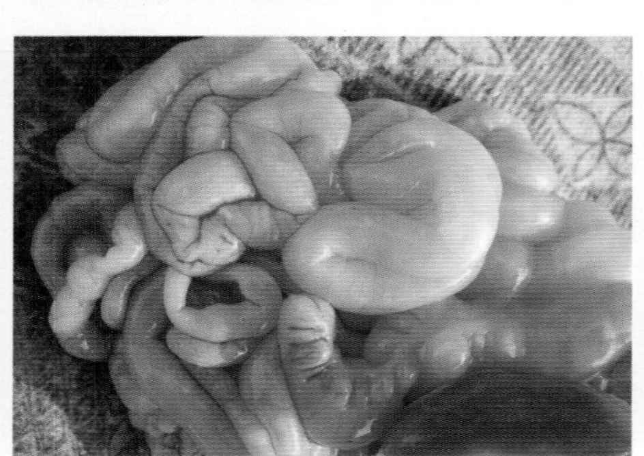

图9-17　肠壁变薄，肠腔充满淡黄色液体

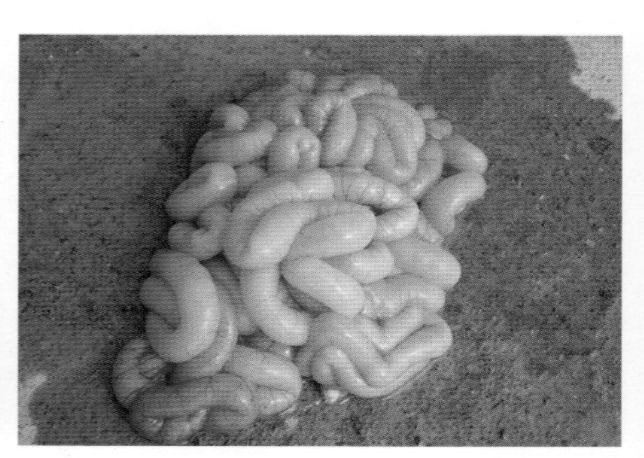

图9-18　小肠充血，肠腔充气，肠壁变薄，呈半透明状

图9-19　胃膨隆积食

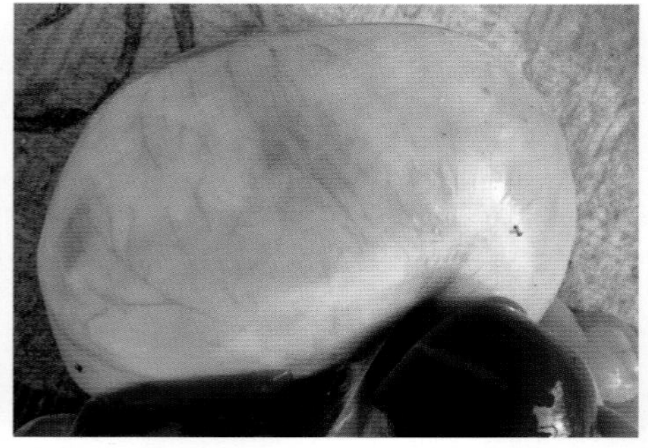

图9-20　胃膨隆积食，浆膜有瘀血灶

图9-21　哺乳仔猪胃内充满未消化乳酪

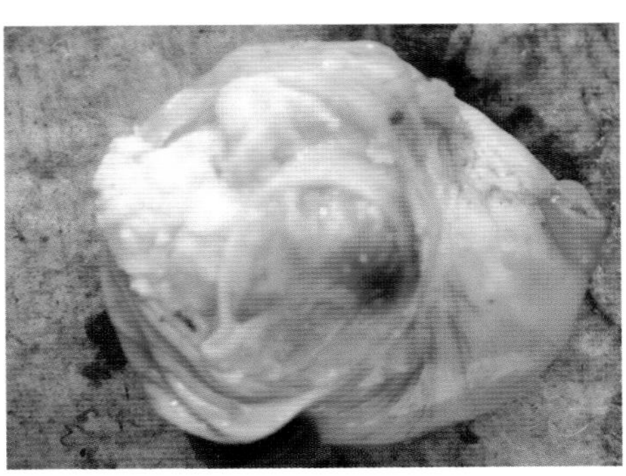

图9-22　胃内充满未消化乳酪，胃黏膜表面有出血斑

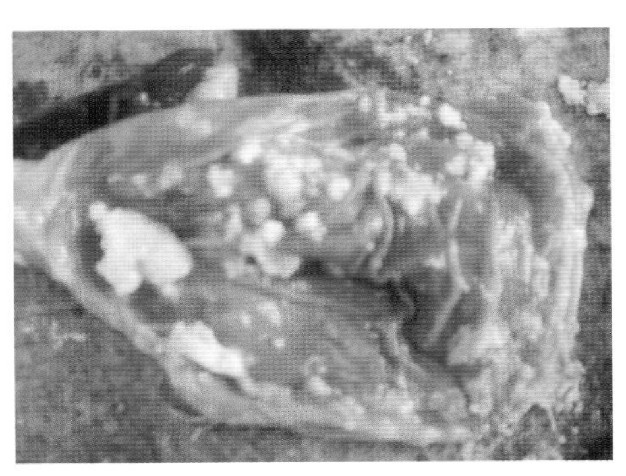

图9-23　胃黏膜表面充血明显

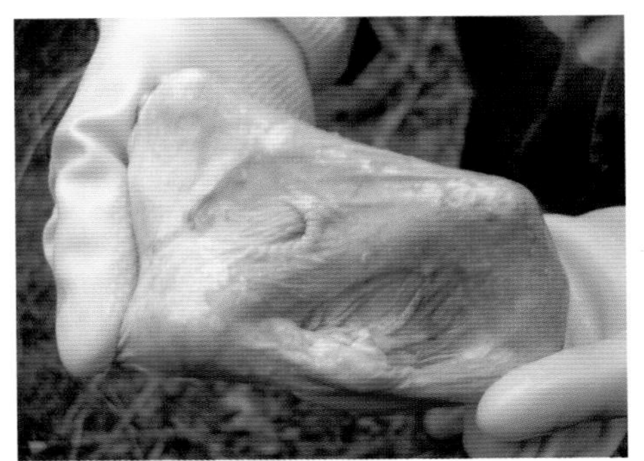

图9-24　胃黏膜充血、坏死、脱落，胃壁变薄

猪呼吸道综合征

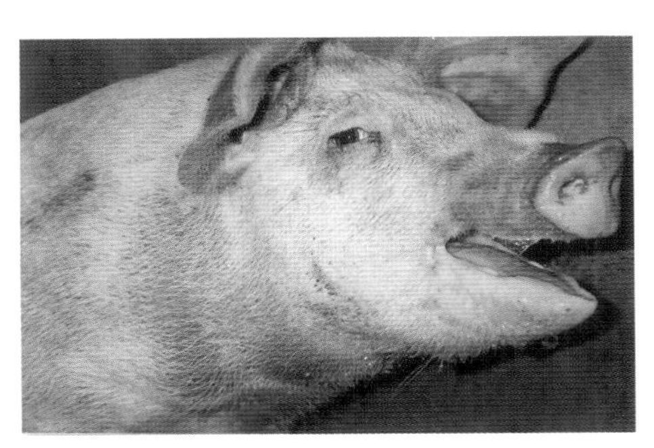

图12-1　病猪呼吸困难，耳尖、颈部出现红斑

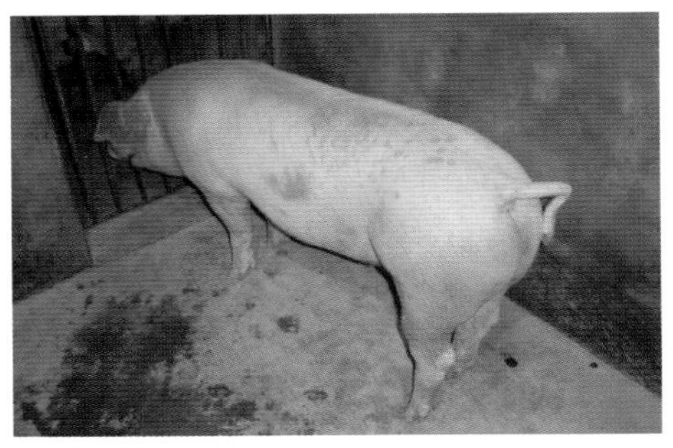

图12-2　病猪张口呼吸，四肢末梢循环衰竭

图12-3　病猪耳部呈暗紫色，有少量坏死、出血点

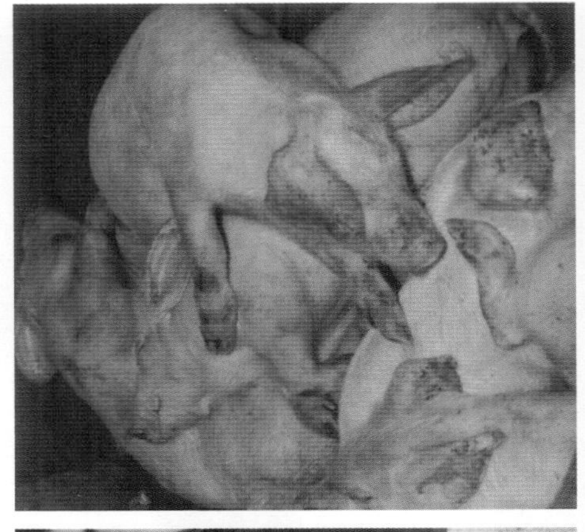

图12-4　全群猪发病，精神沉郁，扎堆

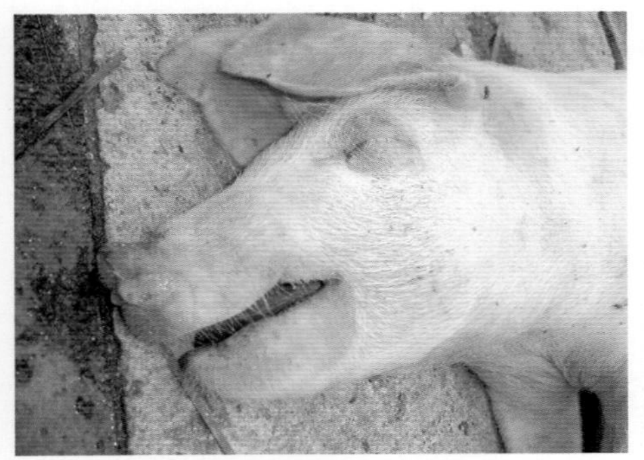

图12-5　病猪鼻孔流黏性、脓性分泌物

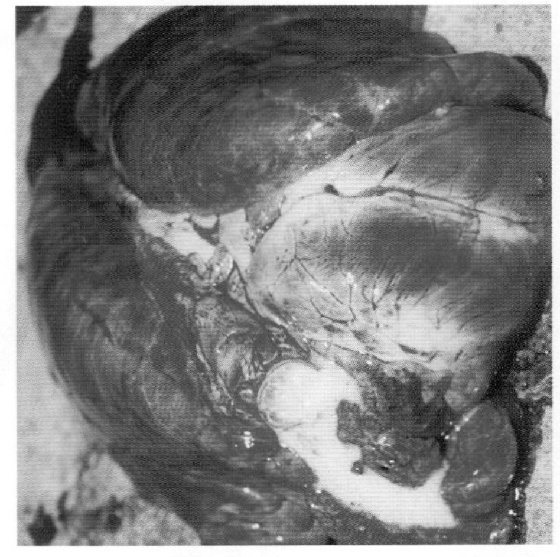

图12-6　气管内流出大量泡沫状液体，肺间质增宽

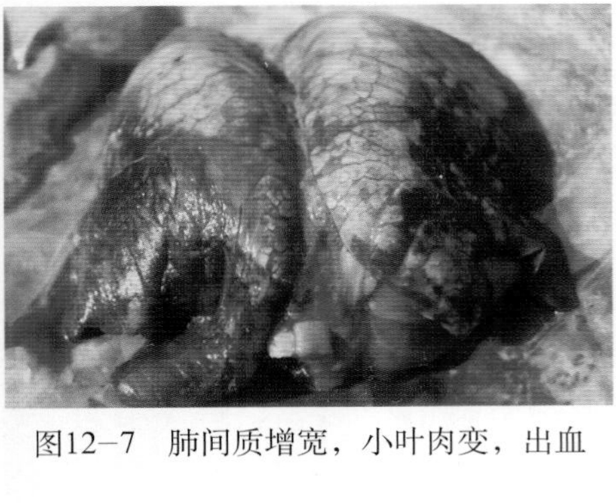

图12-7　肺间质增宽，小叶肉变，出血

图12-8　肺呈蓝紫色，有出血点

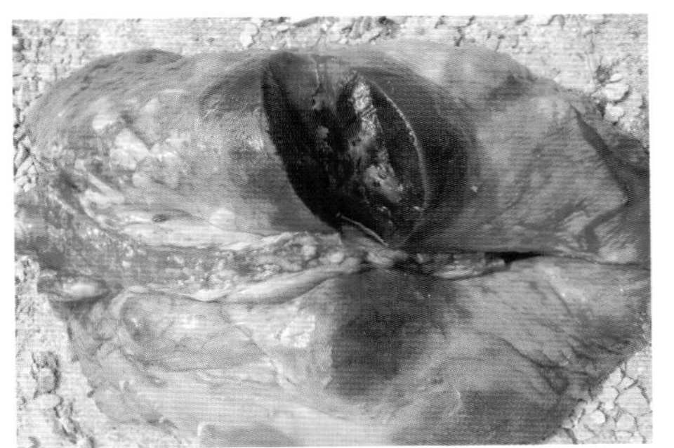

图12-9　肺表面有纤维素性坏死，血肿

图12-10　肺尖叶、心叶出血、肉变

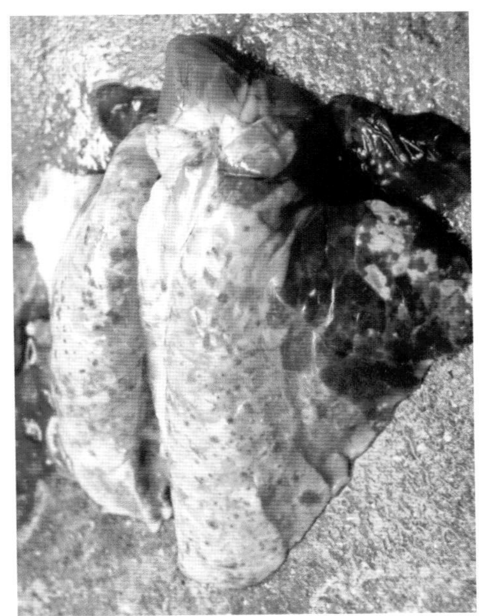

图12-12　肺呈肉变、实变，有少量出血斑点

图12-11　肺表面大面积出血

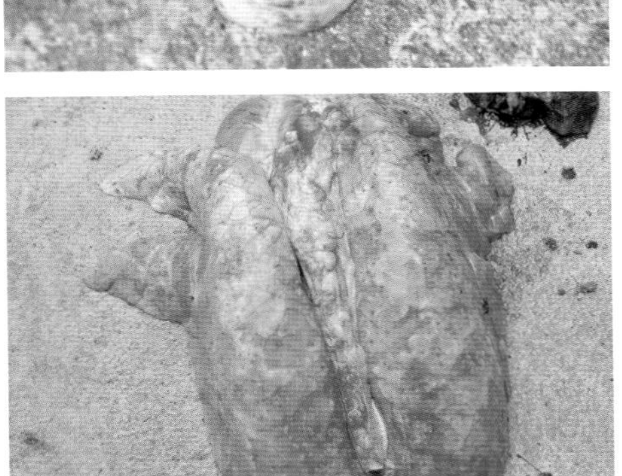

图12-13　肺呈肉变、胰变，间质增宽

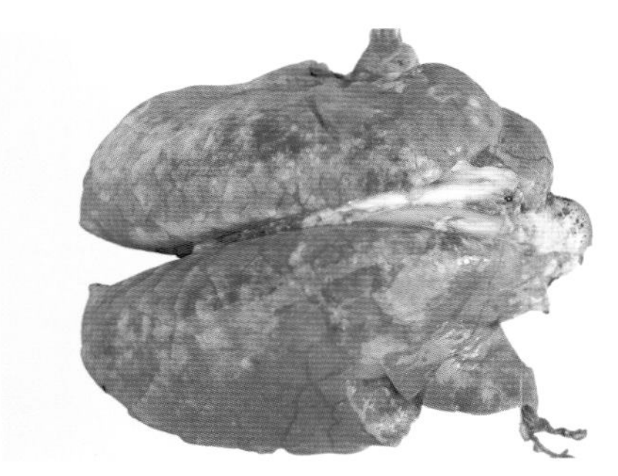

图14-14　肺水肿，有出血斑，间质增宽呈花斑样

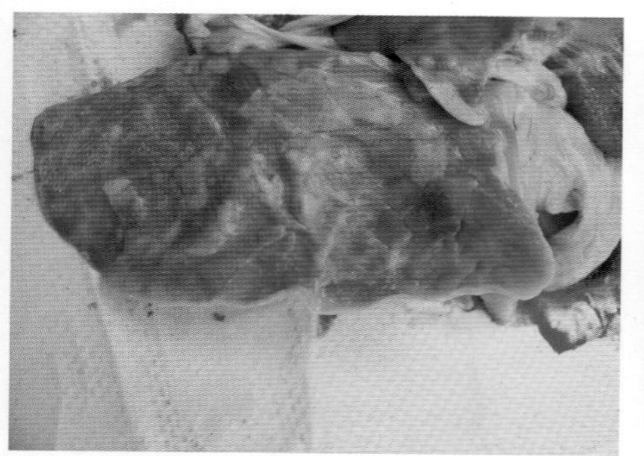

图12-15　肺肉变，有化脓状结节

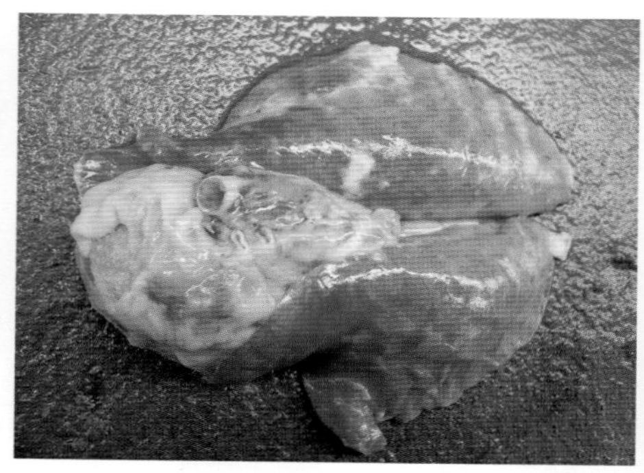

图12-16　心包炎，肺表面有纤维素性坏死物沉着

猪丹毒

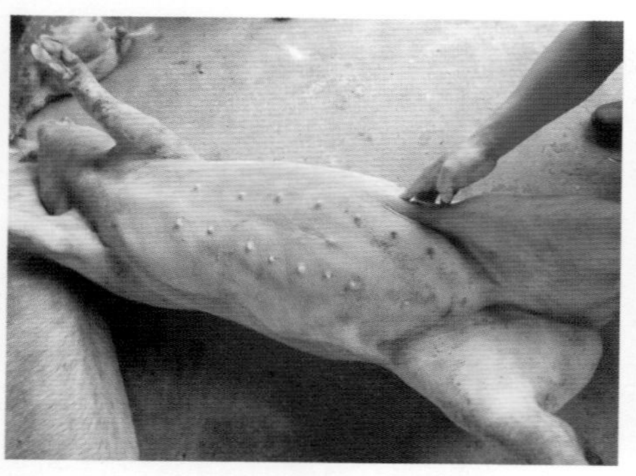

图13-1　病猪全身皮肤出现弥漫性出血

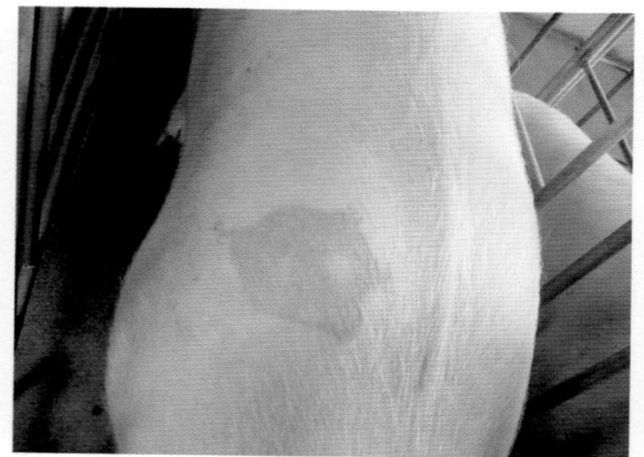

图13-2　猪背部皮肤出现菱形出血斑，指压退色

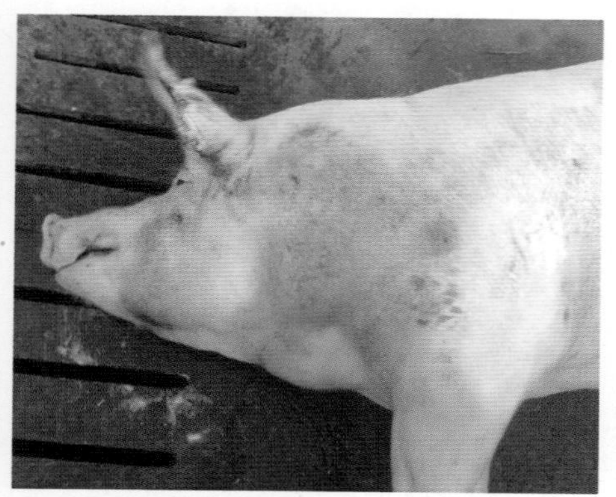

图13-3　病猪肩胛部出现紫红色斑块

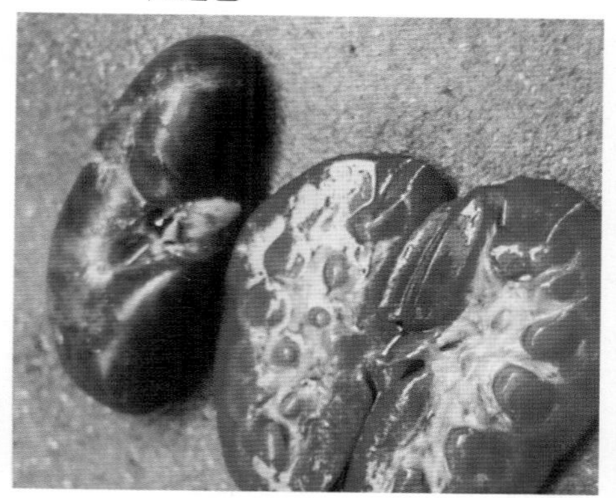

图13-4　肾瘀血、肿大、呈紫红色

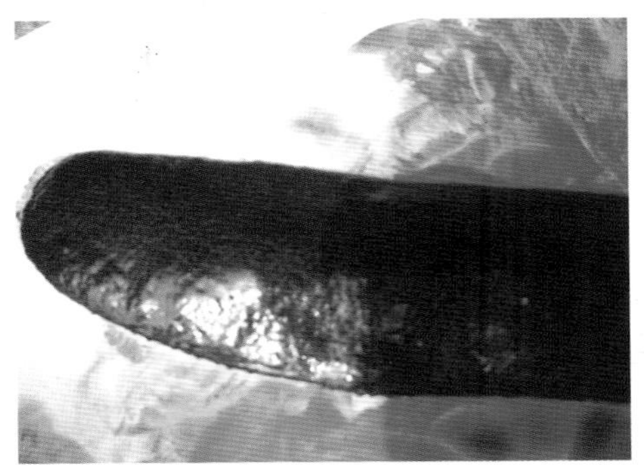

图13-5　病猪脾肿大

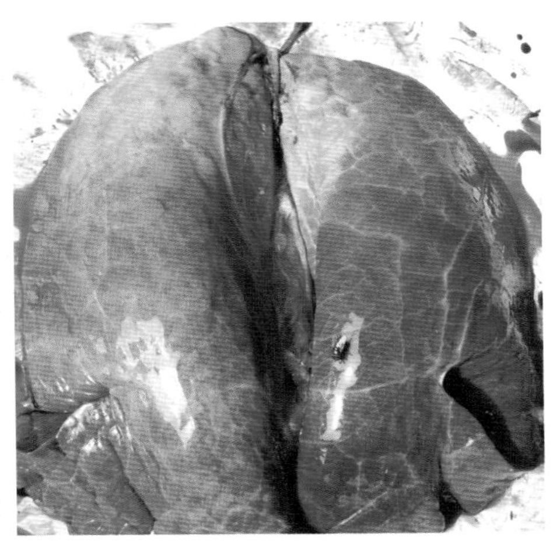

图13-6　病猪肺部充血水肿

猪气喘病

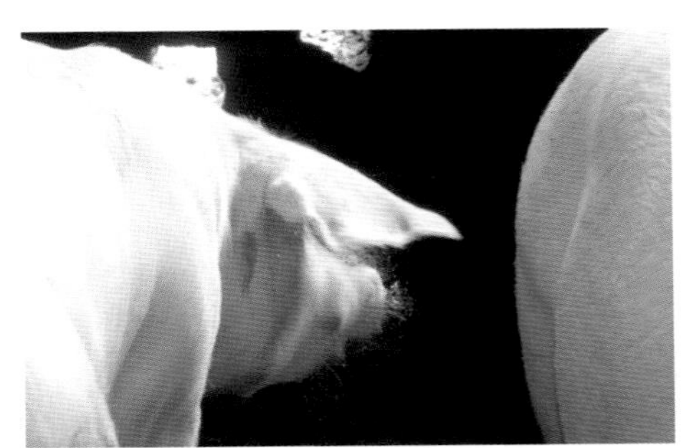

图14-1　病猪有时呈痉挛性咳嗽，口腔内流出带血丝泡沫状液体

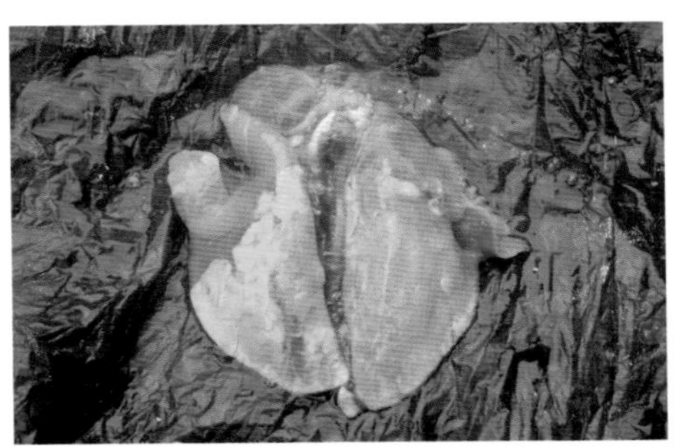

图14-2　发病仔猪肺尖叶、膈叶呈对称性“肉变”

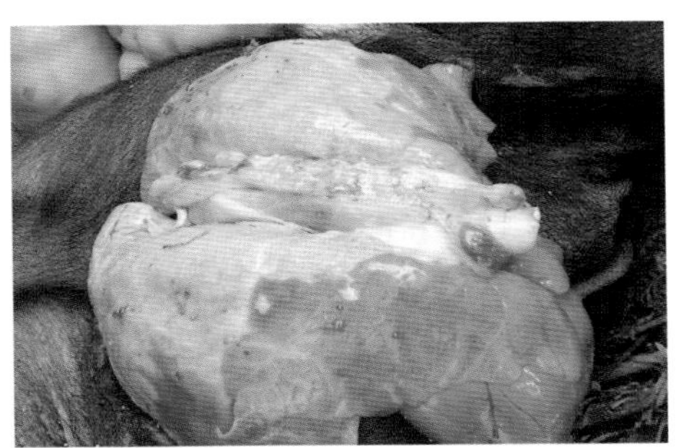

图14-3　肺的尖叶、膈叶呈现出“肉变”

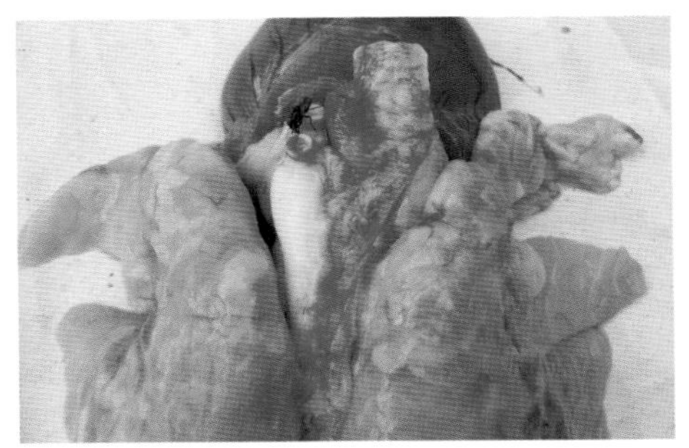

图14-4　肺间质性炎症，呈“胰变”，分布于尖叶、副叶

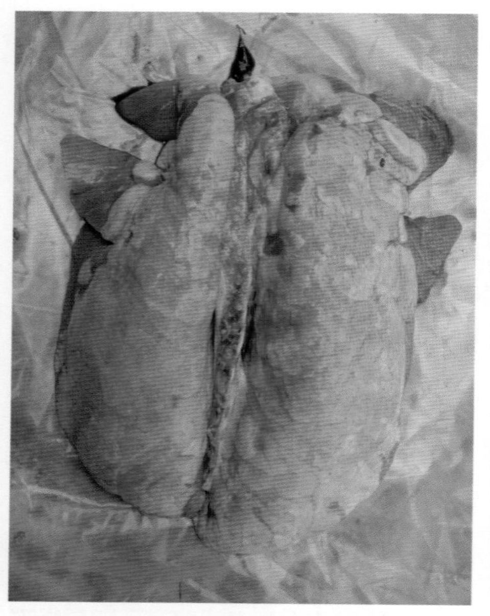

图14-5　肺的尖叶、膈叶呈对称性“肉变”

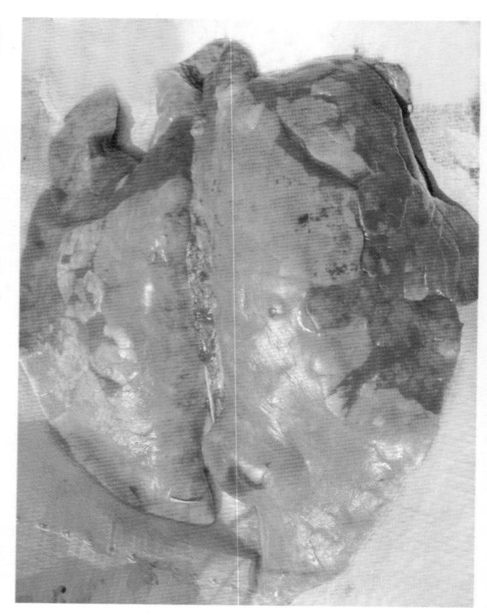

图14-6　肺的尖叶、膈叶呈对称性“肉变”

钩端螺旋体病

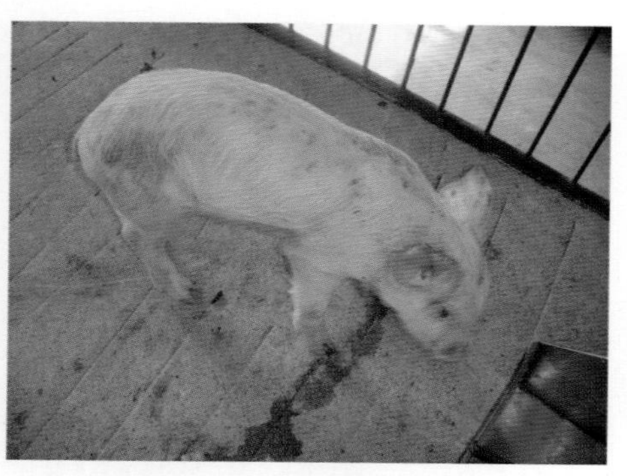

图15-1　病猪皮肤有的轻度发黄

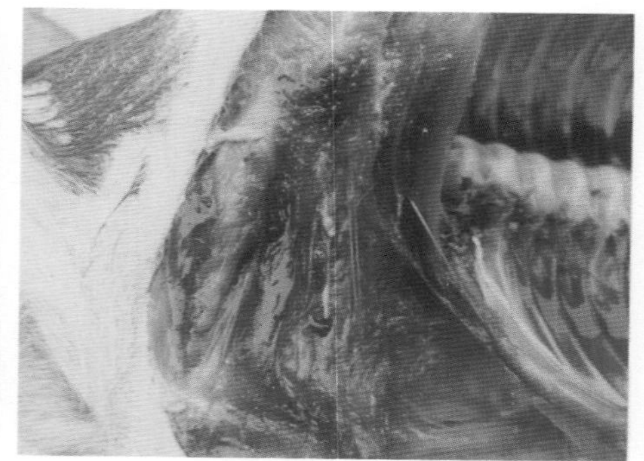

图15-2　病猪皮肤、皮下组织、浆膜、黏膜有不同程度的黄染

图16–1　病猪体温升高，在耳根、颈部、腹部有明显出血斑，咽喉部肿大

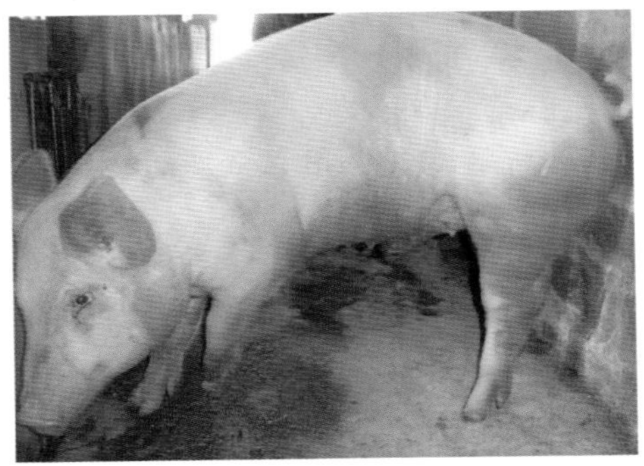

图16–2　前期病猪下颌肿胀，全身皮肤潮红

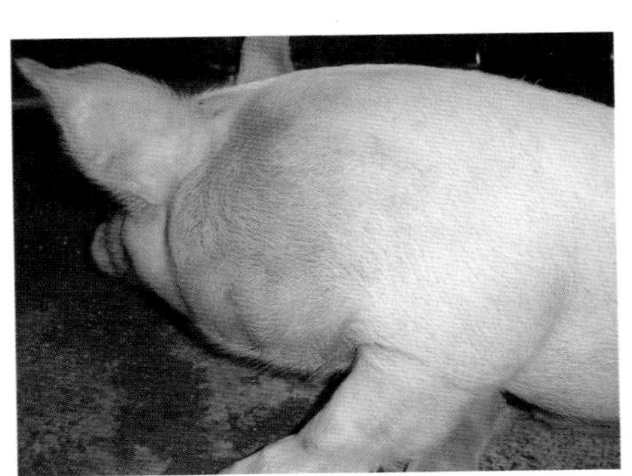

图16–3　颈部出现严重肿胀

图16–4　下颌皮下水肿严重、坏死

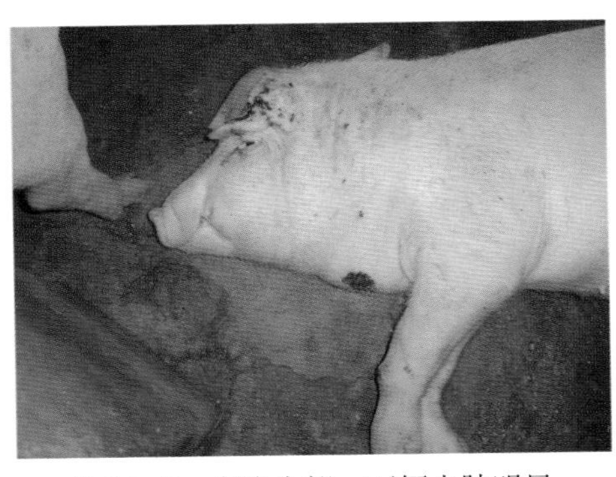

图16–5　病猪头部、下颌水肿明显

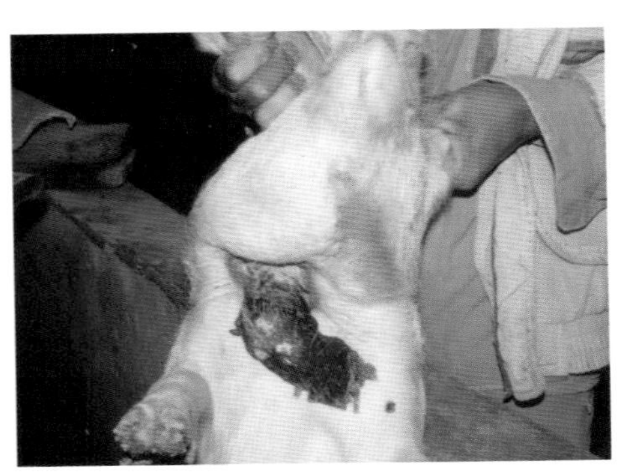

图16–6　猪发病后期下颌结痂

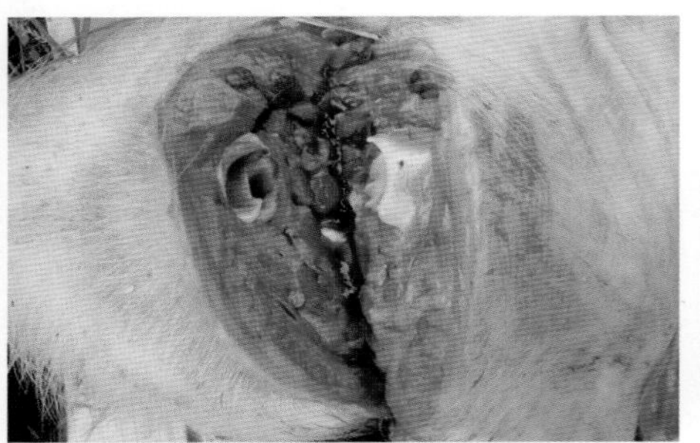
图16-7　咽喉部呈胶性水肿

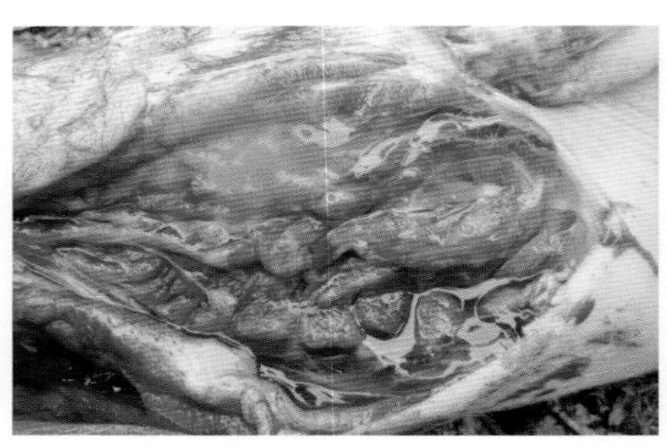
图16-8　皮下胶冻样水肿

图16-9　肺水肿、气肿、出血

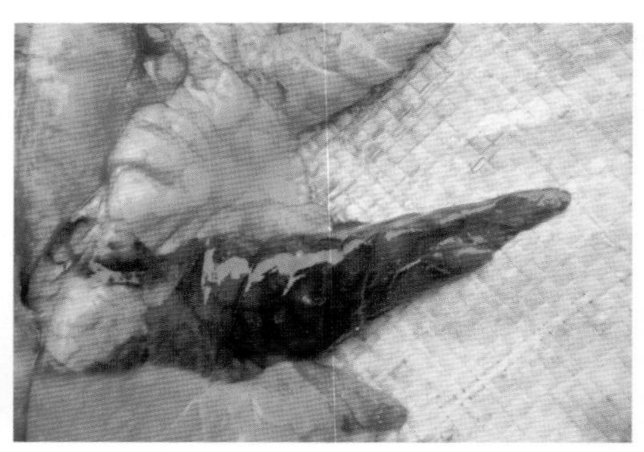
图16-10　肺尖叶出现肝变区

图16-11　肺尖叶与肋骨有透明状黏物

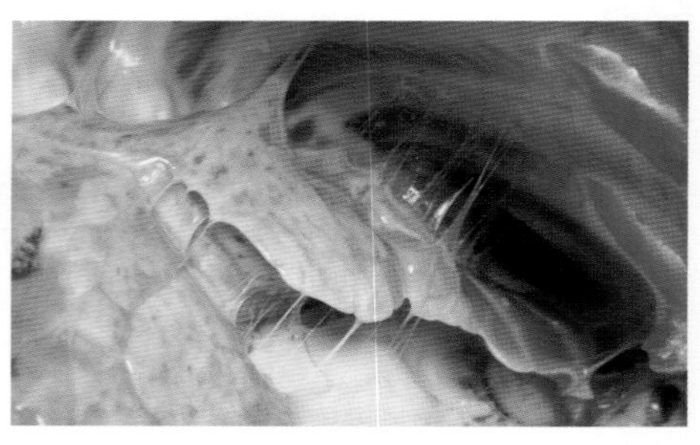
图16-12　肺、肋、胸膜有透明状物粘连

图16-13　病猪肺气肿、水肿，有不同程度肝变区

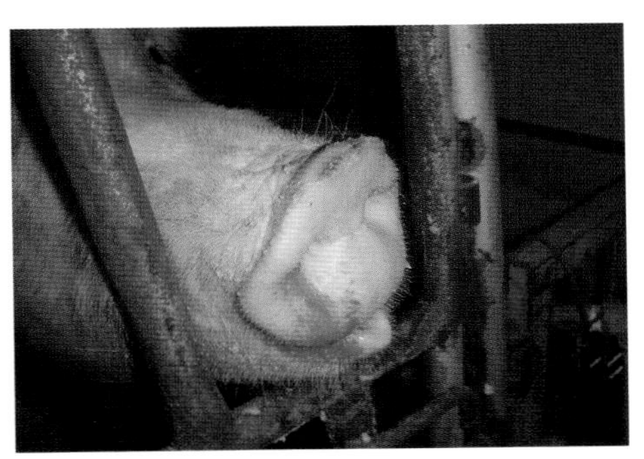

图17-1　病猪鼻腔出血

图17-2　病猪鼻出血，擦在同圈猪身上

图17-3　病猪眼角的“泪斑”

图17-4　病猪眼角“泪斑”明显

图17-5　鼻腔向右侧歪，鼻部皮肤形成皱褶

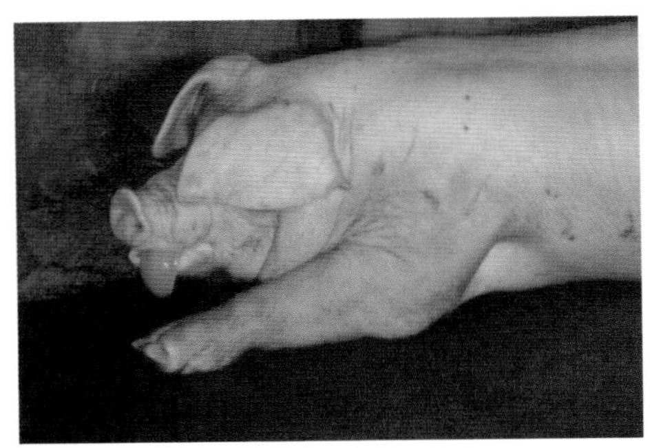

图17-6　病猪舌头向外伸出

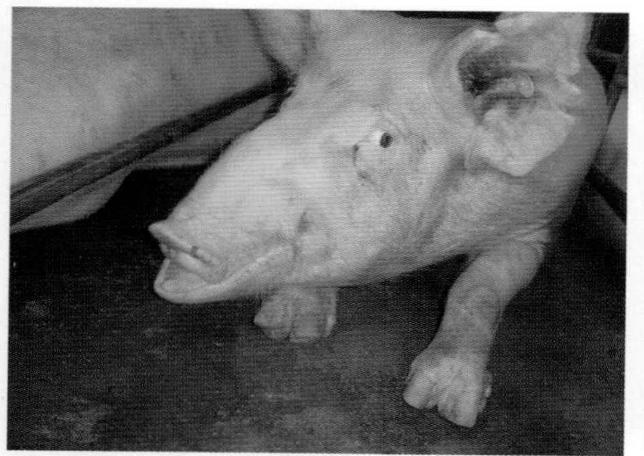

图17–7　母猪上颌变短，鼻部肿胀

图17–8　病猪严重时，上下颌闭合困难

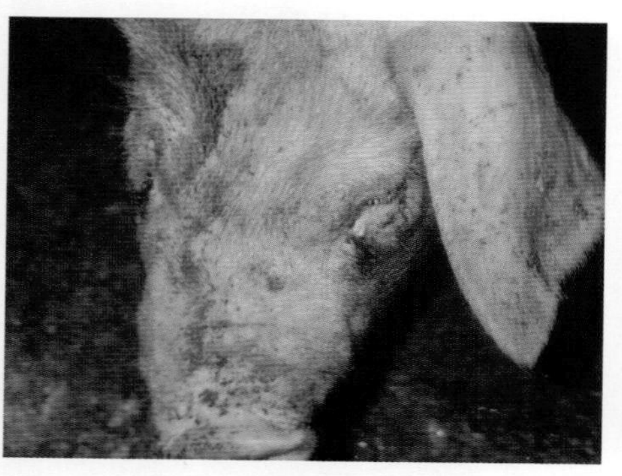

图17–9　病猪鼻端歪斜

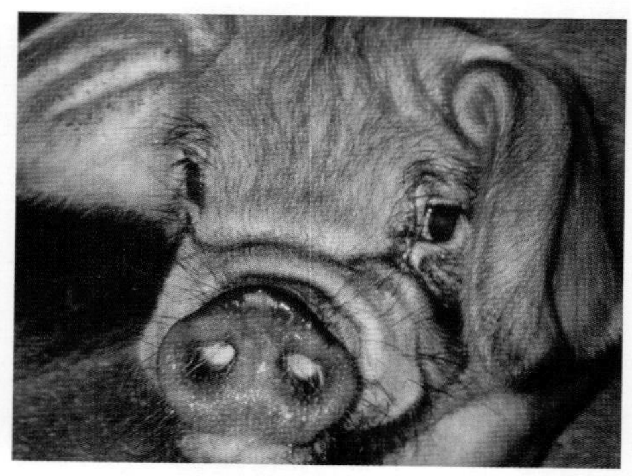

图17–10　病猪上下颌对不齐，常打喷嚏，生长速度变慢

猪链球菌病

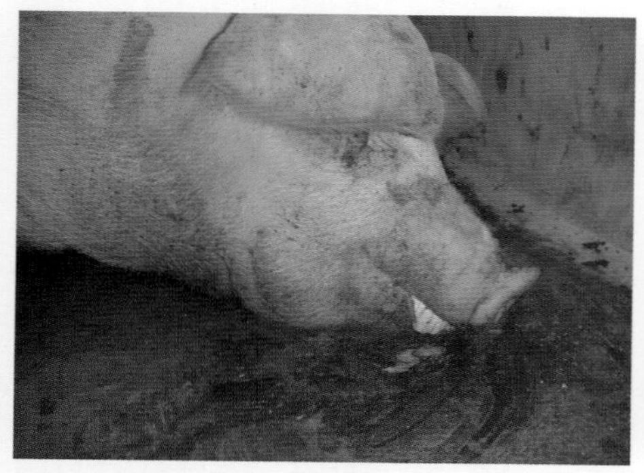

图18–1　育肥猪磨牙，口吐白沫，流泪

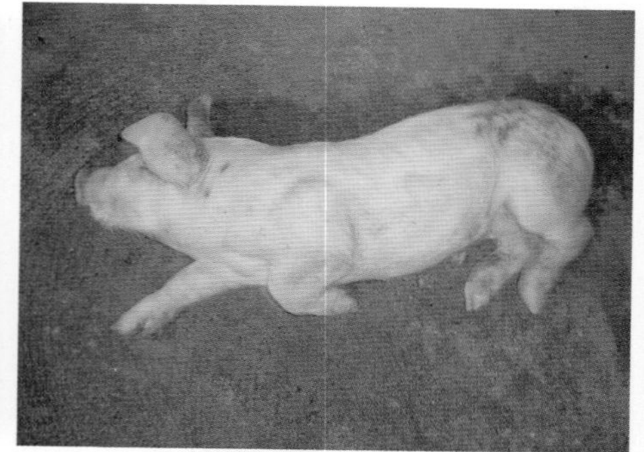

图18–2　病仔猪侧卧，四肢作游泳状划动，呻吟空嚼，磨牙

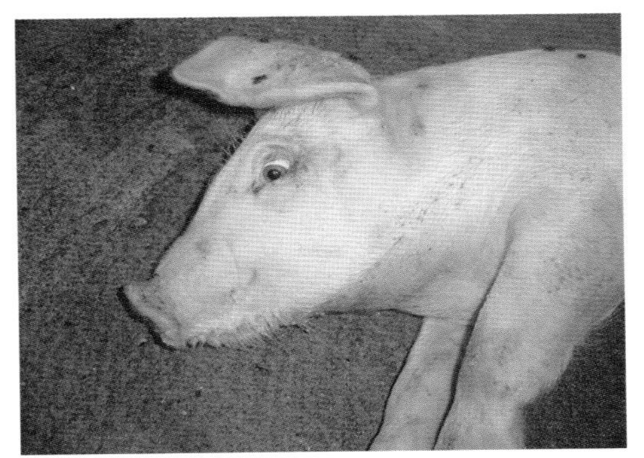

图18-3　病猪双眼直视、口吐白沫

图18-4　病仔猪四肢作游泳状划动，口吐白沫

图18-5　病仔猪四肢麻痹，呈角弓反张

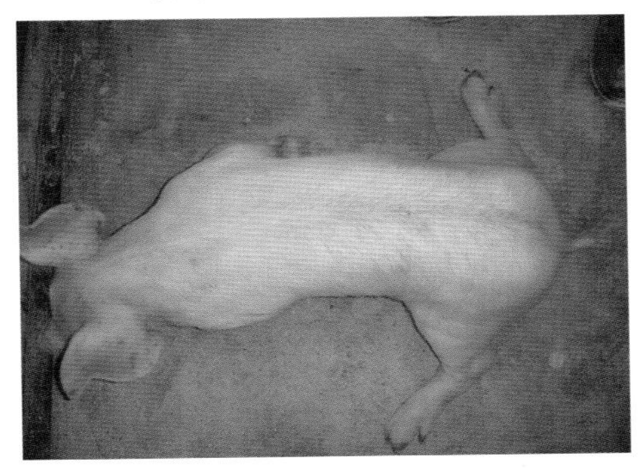

图18-6　病仔猪站立不稳，运动失调

图18-7　群体发病时，隔离大量发病仔猪

图18-8　病猪下颌脓肿

图18-9　前肢肘关节感染而肿大

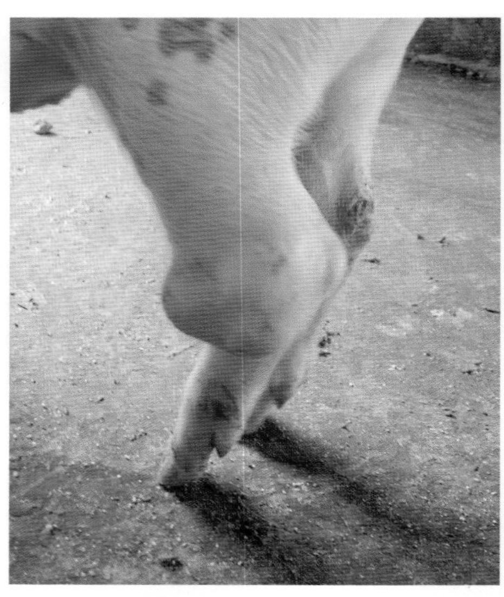

图18-10　后肢跗关节感染而肿大

图18-11　病猪后肢关节肿胀、坏死、疼痛

图18-12　链球菌、双球菌混合感染致猪左臀部脓肿

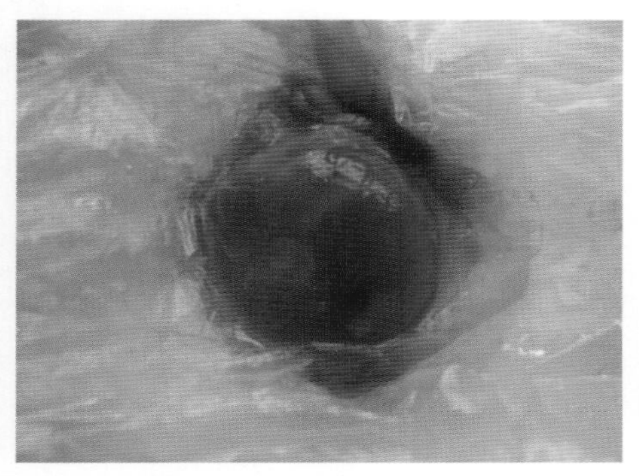

图18-13　母猪流产胚胎

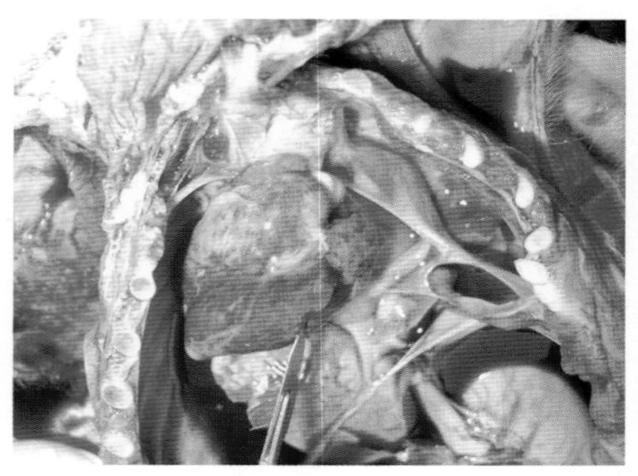

图18-14　心包、胸腔积液，心外膜出血

图18-15　心外膜有出血斑

图18-16　心内膜有出血斑，有时有出血瘀块

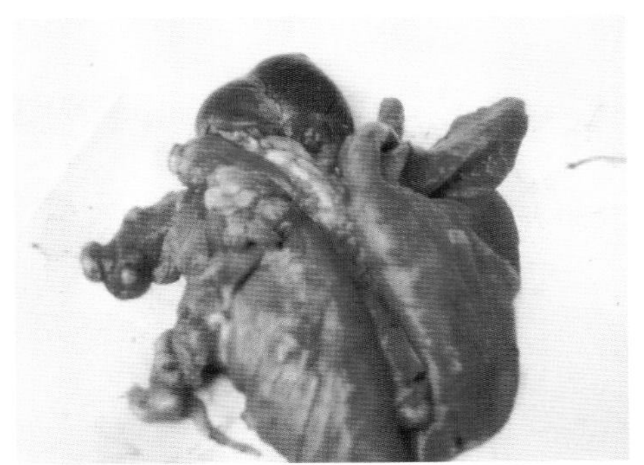

图18-17　左肺小叶、尖叶出现脓肿

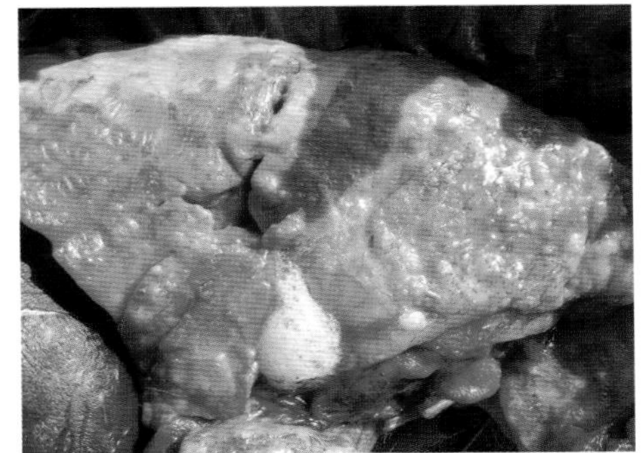

图18-18　肺部有大量泡沫，化脓灶

图18-19　肾脏肿大、出血

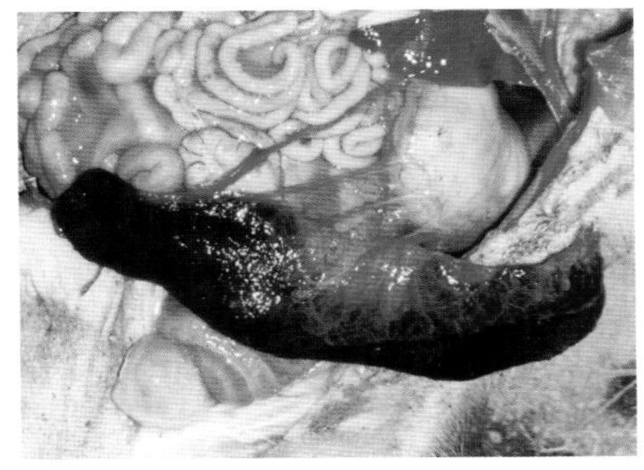

图18-20　脾背面有大小不等的黑色梗死块

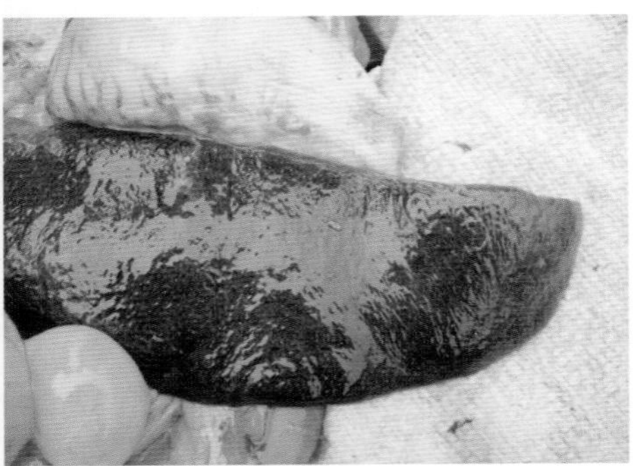

图18－21　脾肿大明显

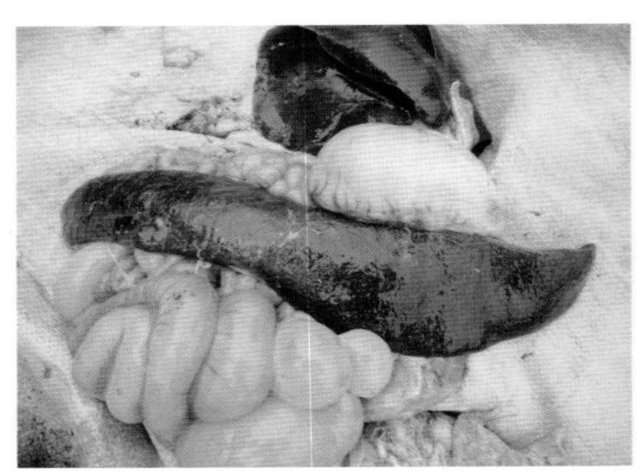

图18－22　脾呈黑色梗死病变

图18－23　脾脏肿大，呈现黑色梗死病变，切面增厚

图18－24　胃底黏膜有出血斑

猪附红细胞体病

图19－1　母猪发生高热、流产、食欲不振

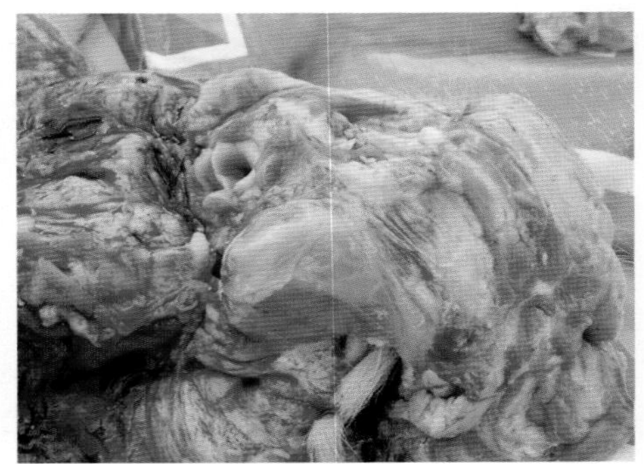

图19－2　病猪颈部皮下脂肪黄染

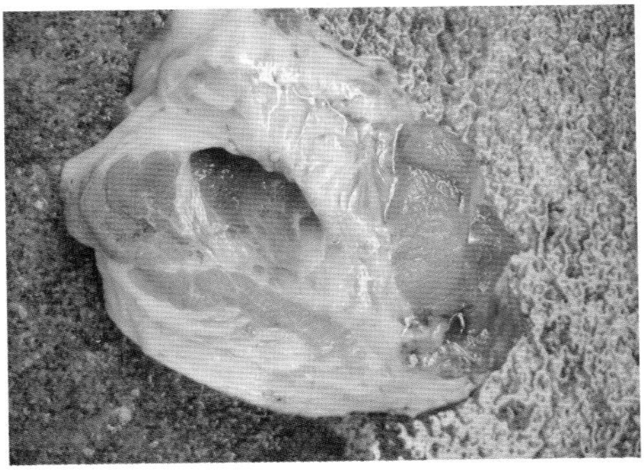

图19-3　脂肪黄染明显

图19-4　喉部黄染

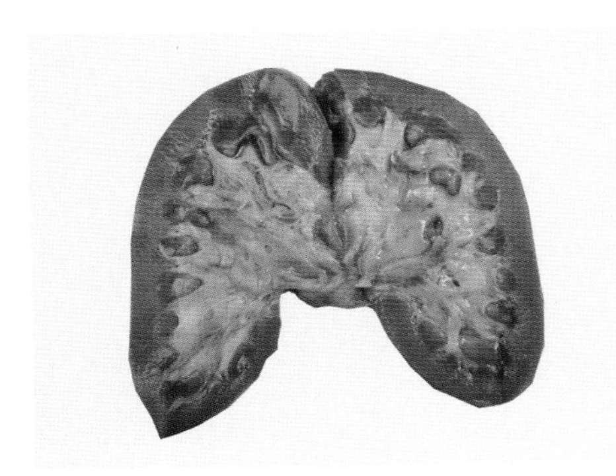

图19-5　肾小球、肾盂出现黄染

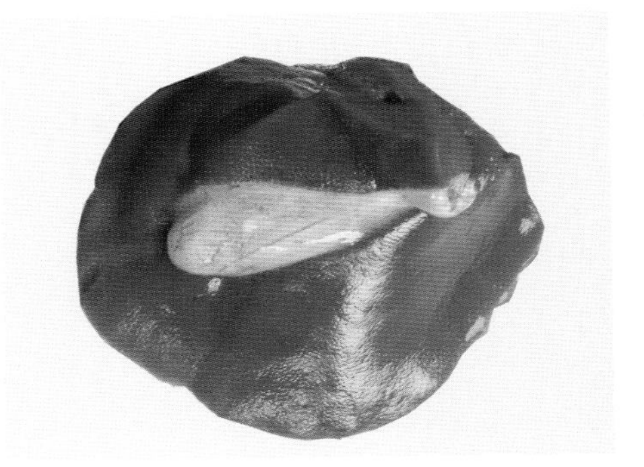

图19-6　肝脏肿大，呈现棕黄色

图19-7　胃浆膜水肿、黄染

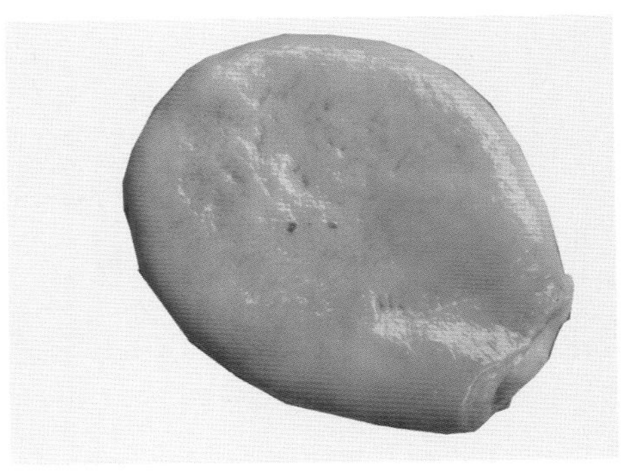

图19-8　膀胱黏膜黄染

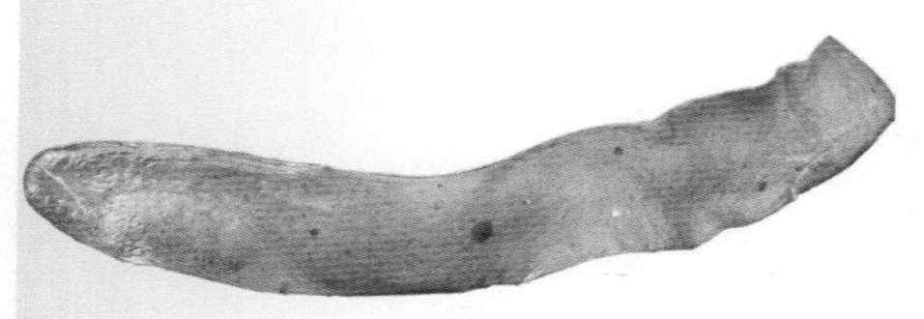

图19-9　脾暗红色，表面有小出血

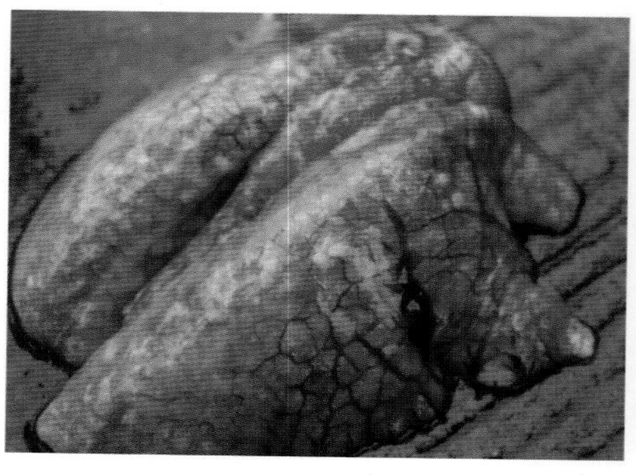

图19-10　肺间质水肿、增宽、黄染

猪传染性胸膜肺炎

图20-1　病猪呼吸极度困难

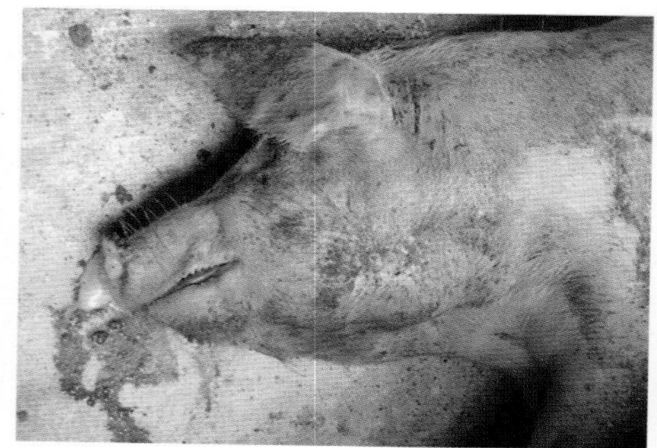

图20-2　病猪鼻腔流出泡沫状带血丝的液体

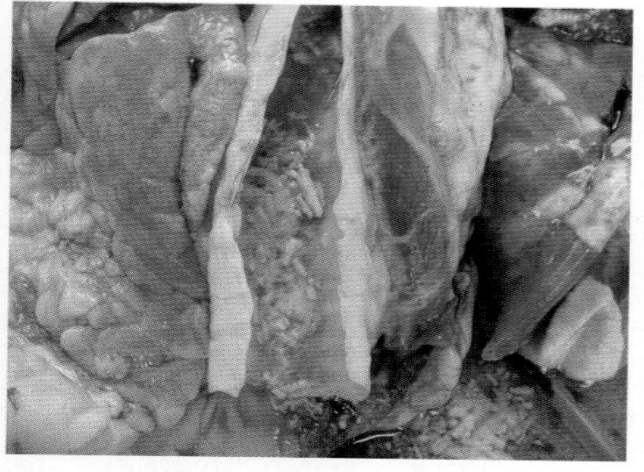

图20-3　气管内有坏死性分泌物，导致病猪呼吸困难

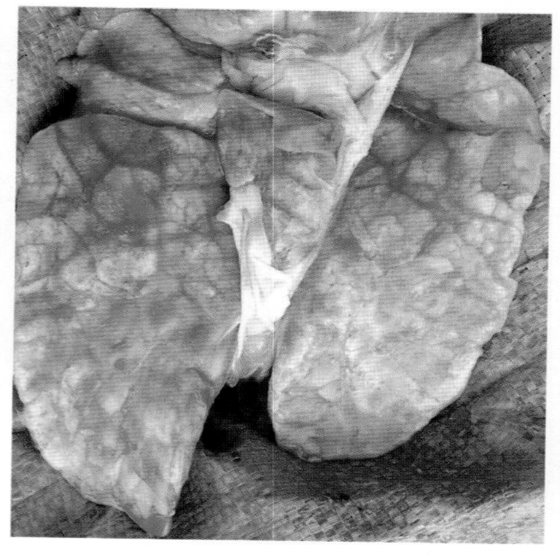

图20-4　肺脏充血、肿大、出血

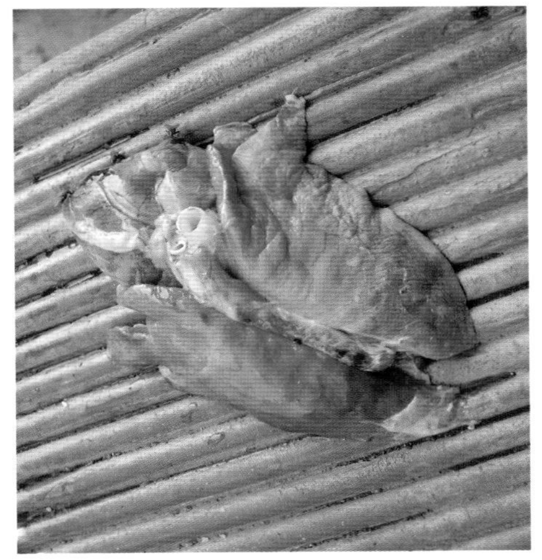

图20-6　肺表面纤维素性坏死与肋骨粘连

图20-5　肺前下部出血、坏死

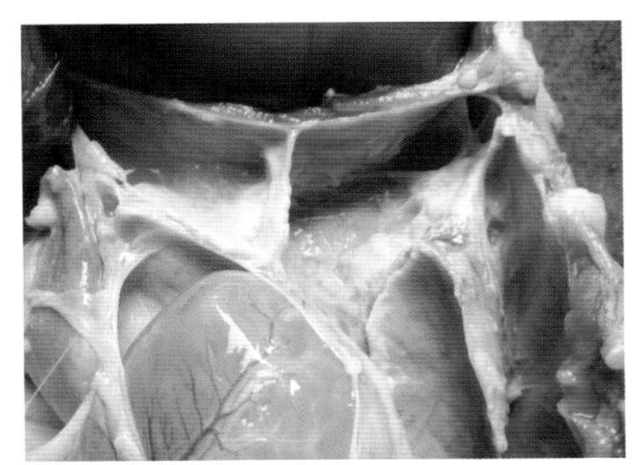

图20-7　胸腔充满乳白色渗出液，呈现胸膜炎

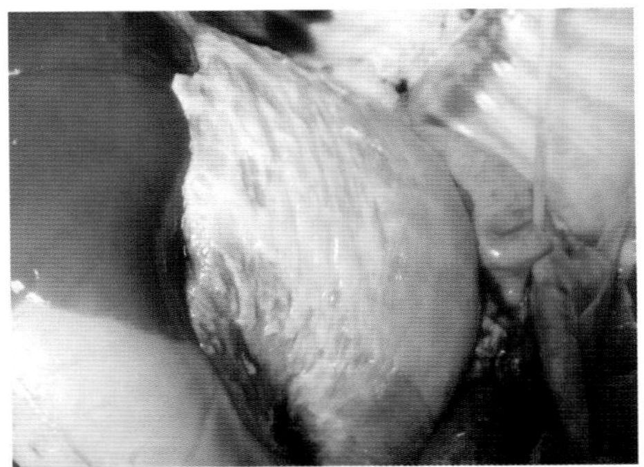

图20-8　肺脏表面有纤维素性、坏死性附着物

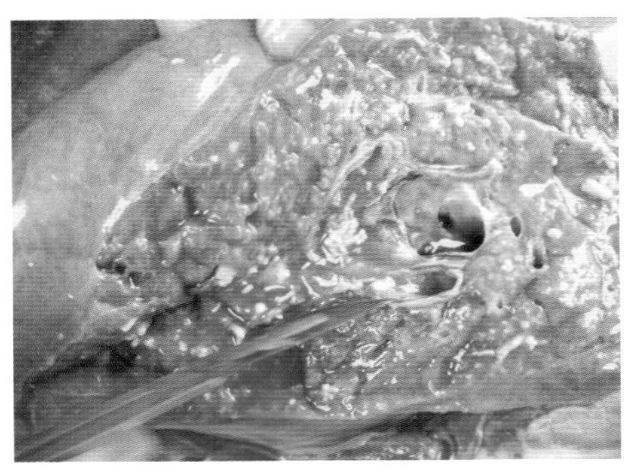

图20-9　肺内有大量坏死物

副猪嗜血杆菌病

图21-1　病猪可视黏膜发绀，眼睑发红

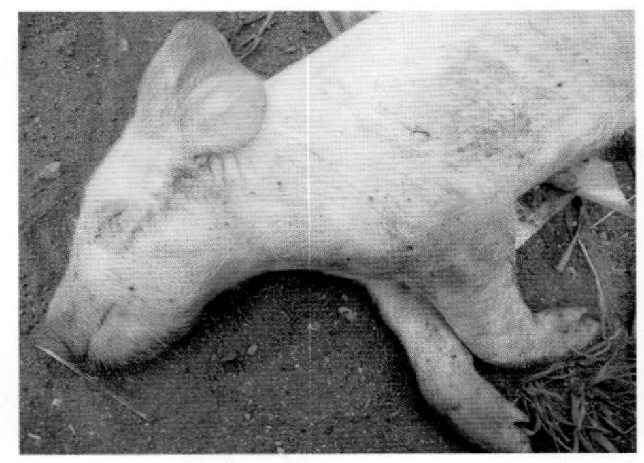

图21-2　四肢末稍发绀，关节肿胀

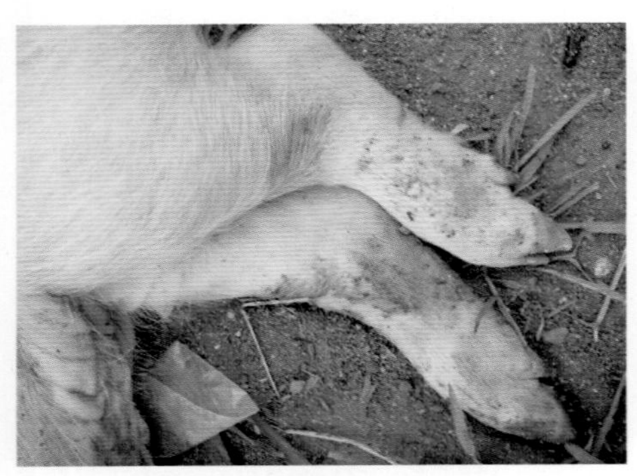

图21-3　病猪表现关节肿胀

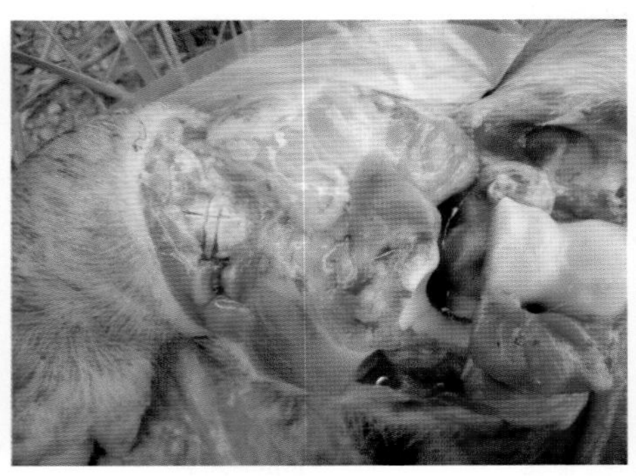

图21-4　病猪表现关节腔积液，关节肿胀

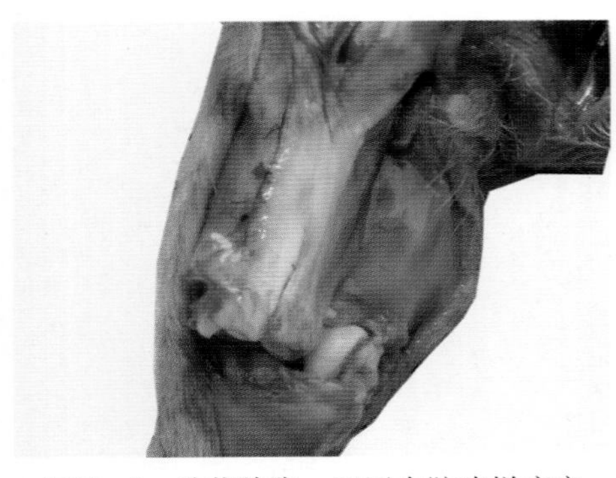

图21-5　关节肿胀，四周有胶冻样病变

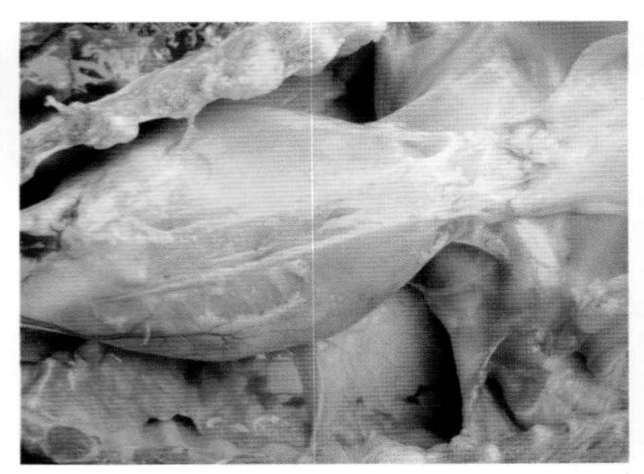

图21-6　心包积液，心包炎

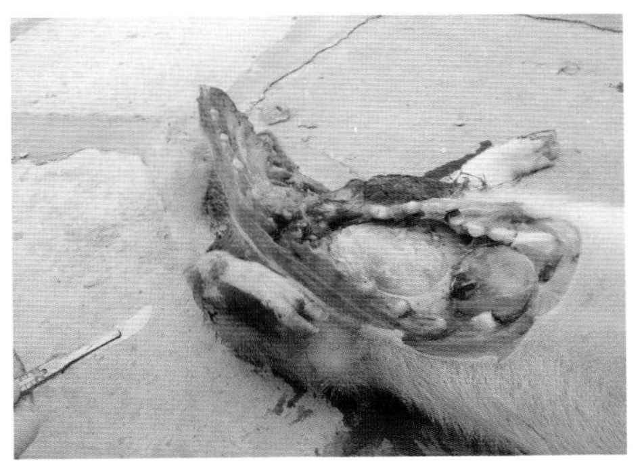

图21-7　心包炎，心包内有豆渣样坏死

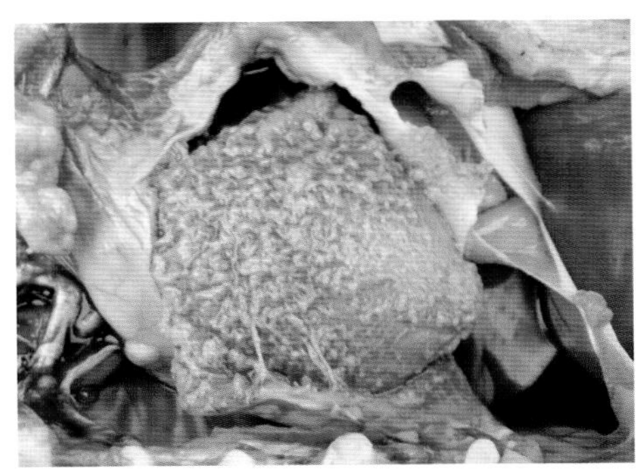

图21-8　病猪表现“绒毛心”

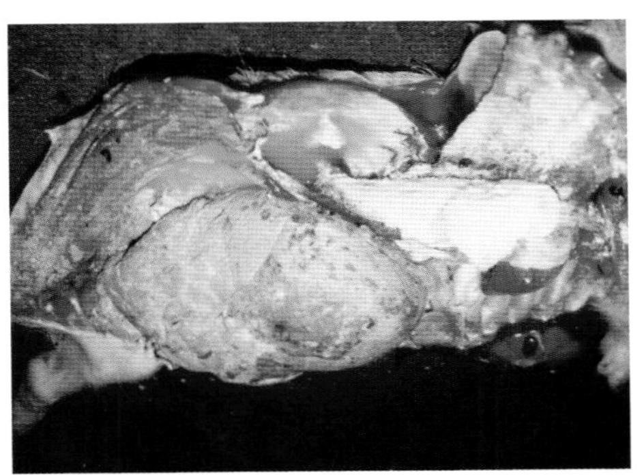

图21-9　病猪表现严重胸膜炎、腹腔炎

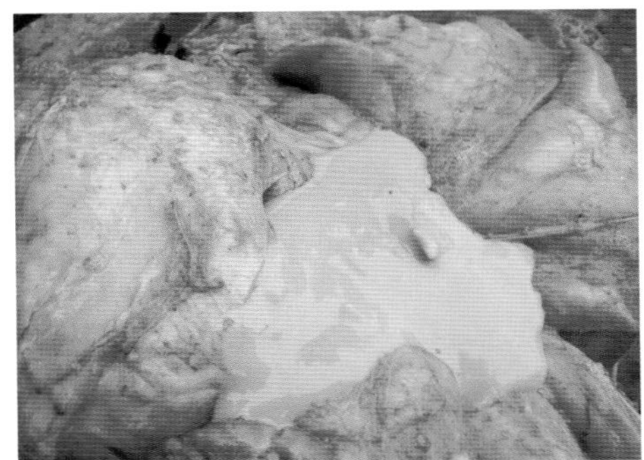

图21-10　心包积液，形成大量化脓性坏死液体

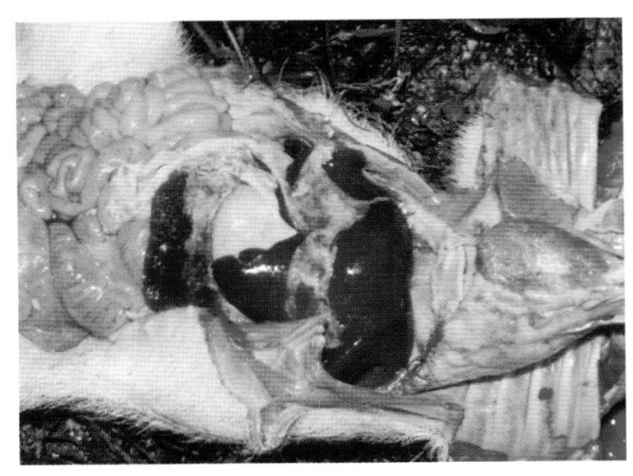

图21-11　病猪表现心包炎、胸膜炎、肝周炎、脾周炎

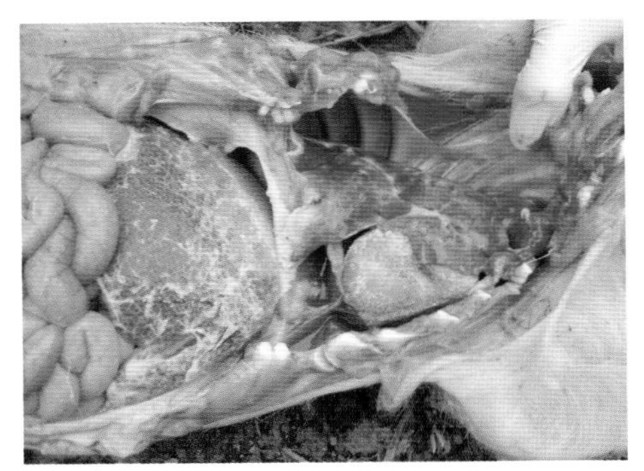

图21-12　病猪表现严重的心包炎、胸膜炎、肝周炎

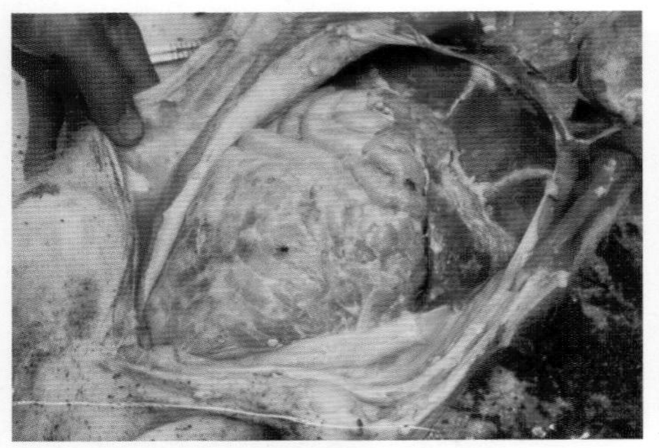

图21-13　病猪腹腔粘连，呈现腹腔炎

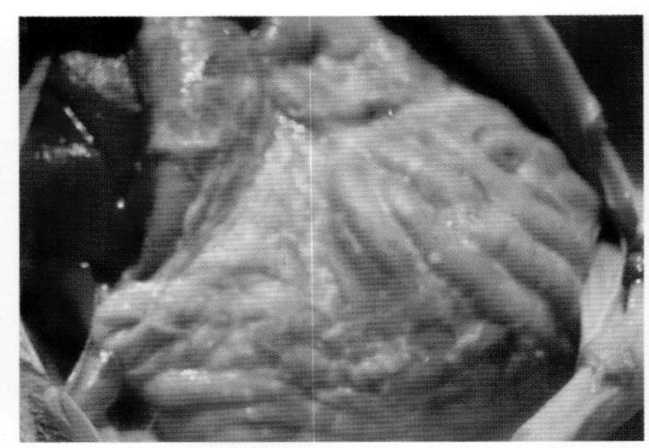

图21-14　病猪腹腔粘连，呈现严重腹腔炎

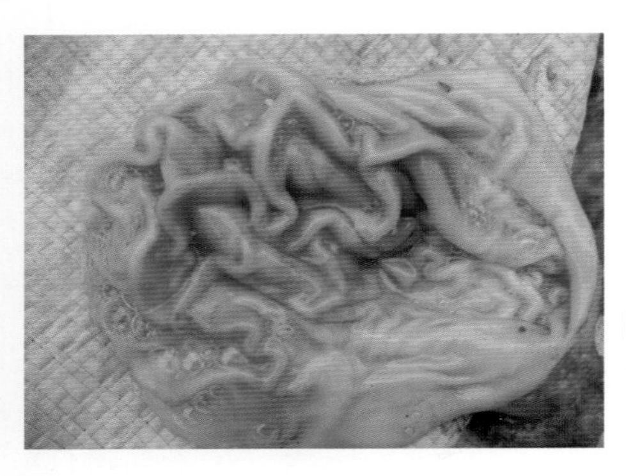

图21-15　胃黏膜发炎、出血

猪大肠杆菌病

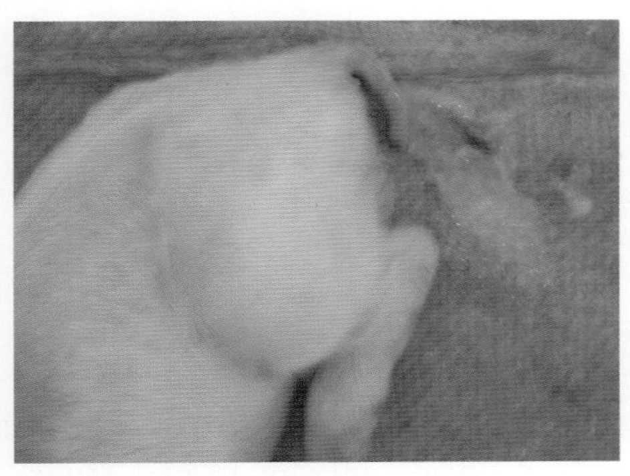

图22-1　5日龄仔猪拉黄色、黏性稀粪

图22-2　病仔猪拉黄色、黏性糊状粪便

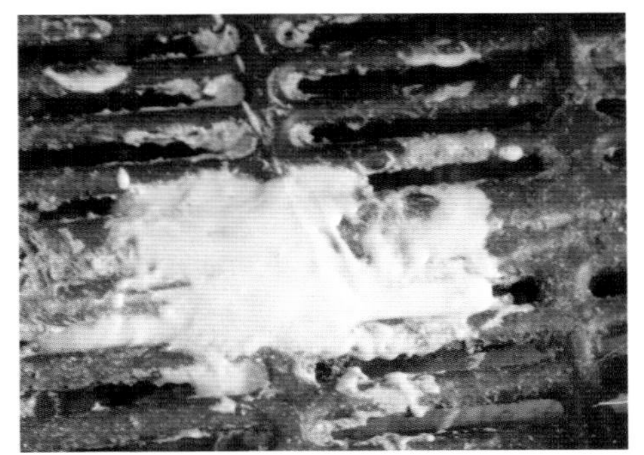

图22-3　粪便呈白色、糊状

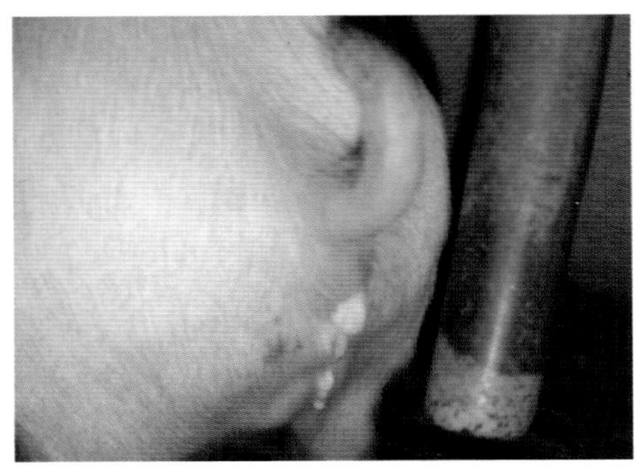

图22-4　发病仔猪拉白色石灰浆样粪便

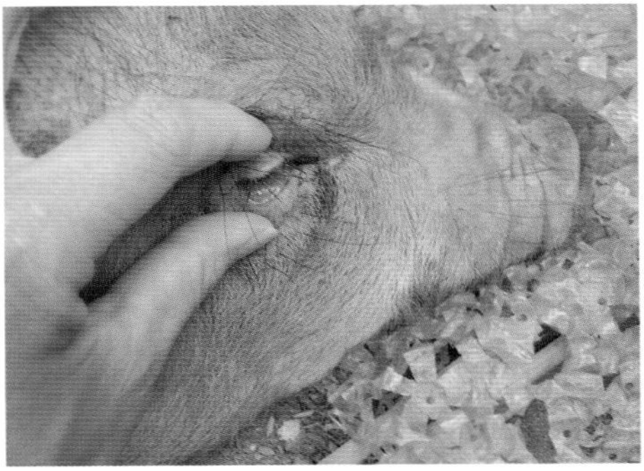

图22-5　发病仔猪拉白色、糊状粪便

图22-6　病仔猪眼睑水肿严重

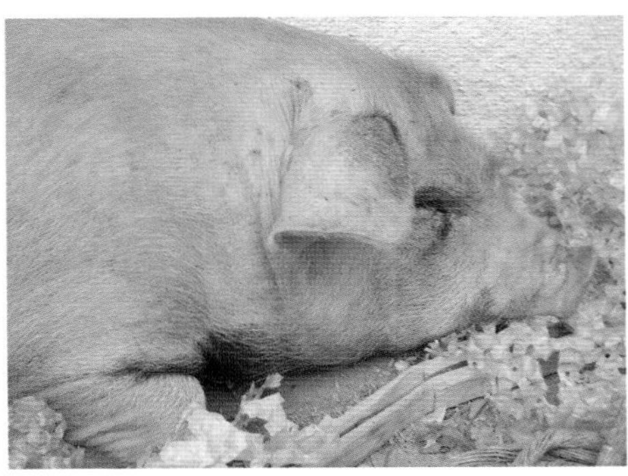

图22-7　病猪头部、颜面肿胀，前肢呈跪趴式

图22-8　病猪倒地，四肢乱划，似游泳状

图22-9　仔猪肠臌气、充血

图22-10　空肠变薄，充满黄色泡沫样液体

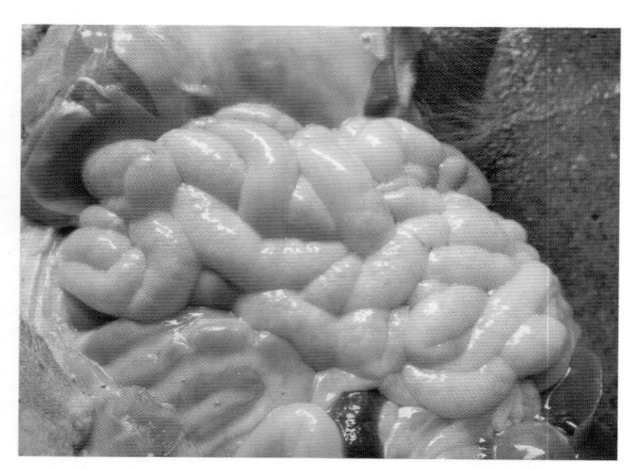
图22-11　肠壁薄，内含白色泡沫样液体

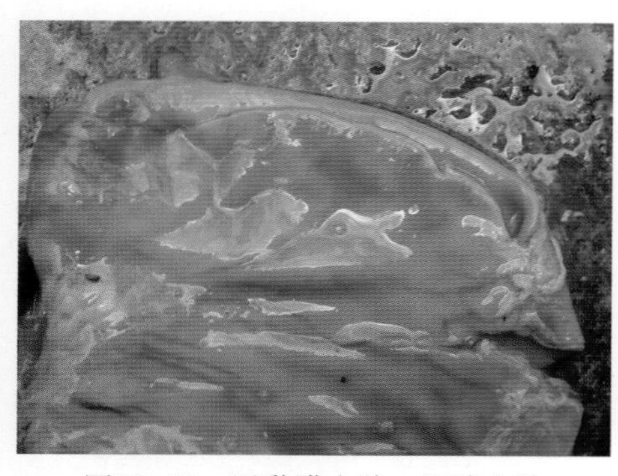
图22-12　胃黏膜水肿，胃壁水肿

图22-13　结肠系膜有透明胶样水肿

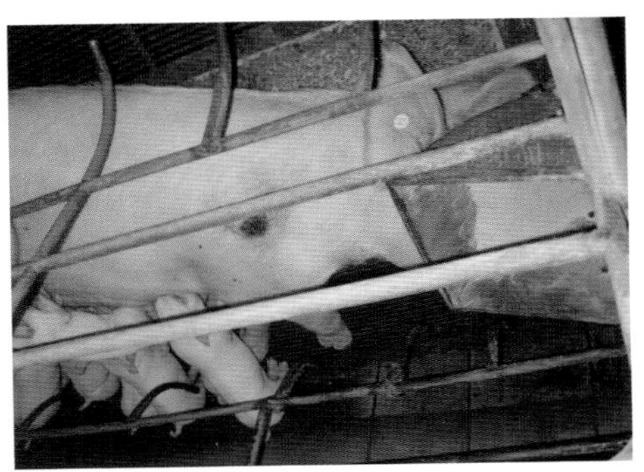

图23-1　外伤性肩部溃疡

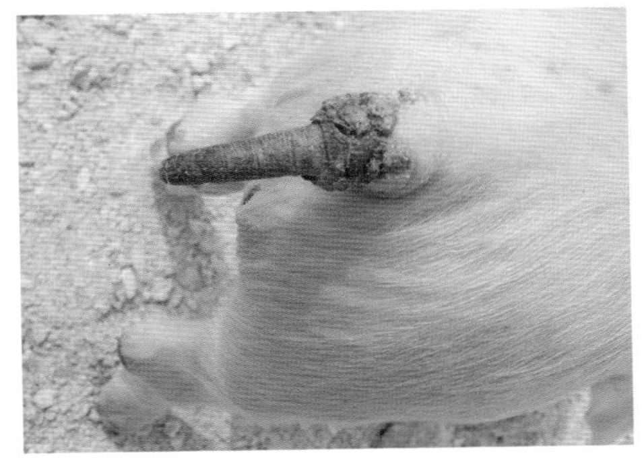

图23-2　仔猪尾部坏死

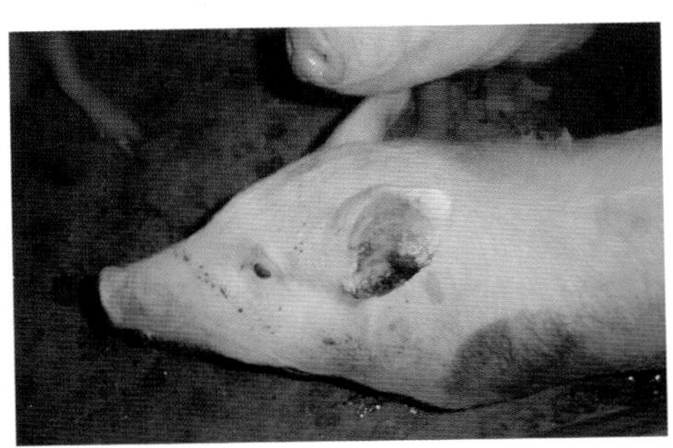

图23-3　猪耳朵坏死

图23-4　育肥猪耳常为双侧性坏死

图23-5　育肥猪耳双侧性坏死

猪　痘

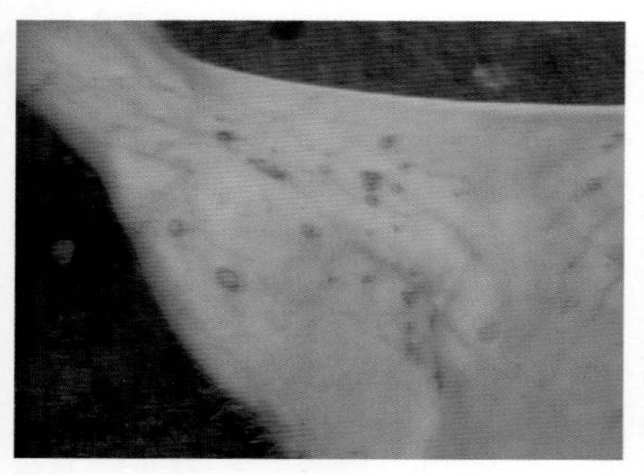

图24－1　病猪下腹部出现多量灰白色丘疹

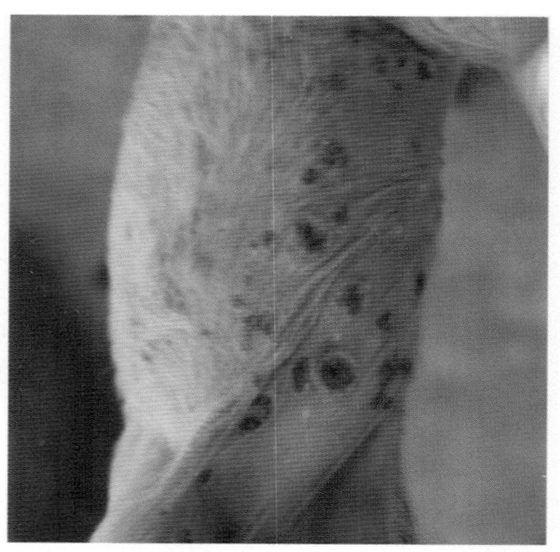

图24－2　脓疮中心凹陷呈脐状，干固成痂皮，脱落结痂

魏氏梭菌病

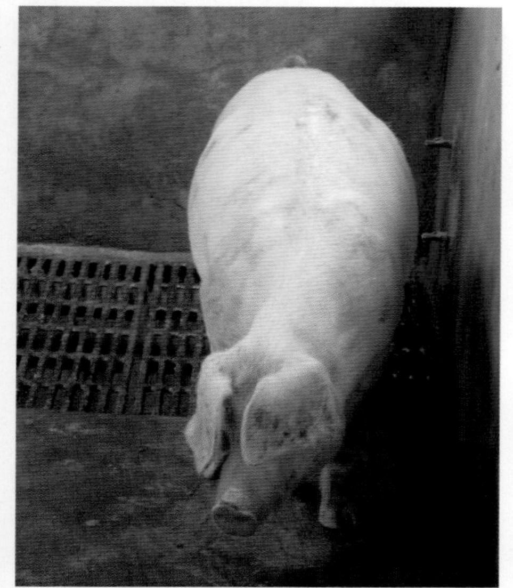

图25－1　病猪精神沉郁，腹部胀气明显

图25－2　病猪猝死后，鼻流少量黏液

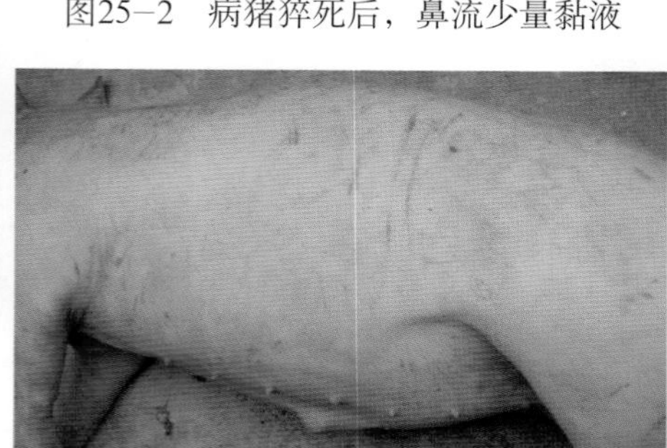

图25－3　死亡猪腹部胀气明显

图25-4　肠道浆膜充血，回肠充满气体

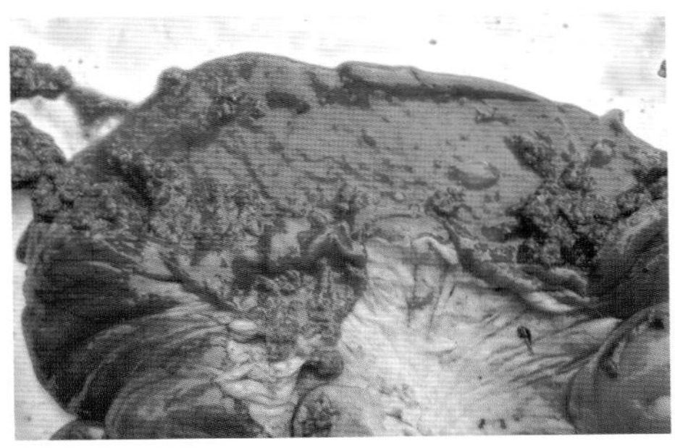

图25-5　肠黏膜充血

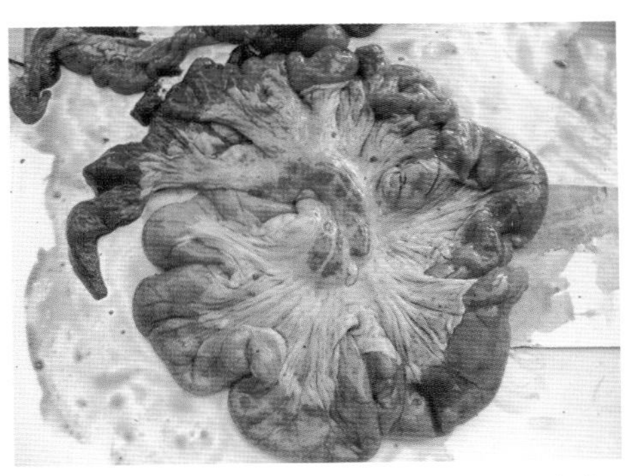

图25-6　肠道浆膜潮红，肠系膜淋巴结肿大、出血

图25-7　脾脏肿大，有瘀血斑

猪痢疾

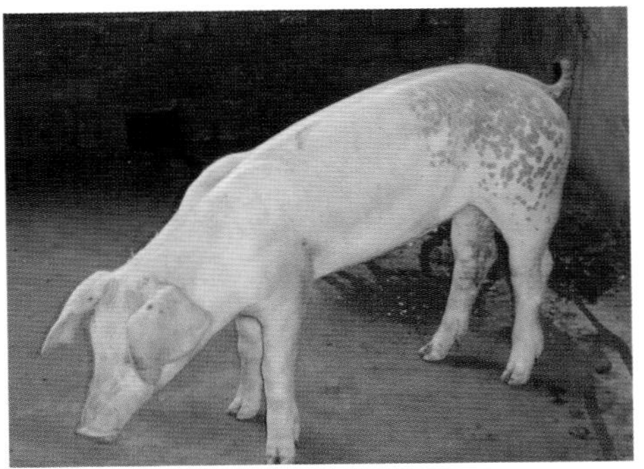

图26-1　病猪精神不振，排出红色糊状粪便，尾根、后肢被粪便沾污

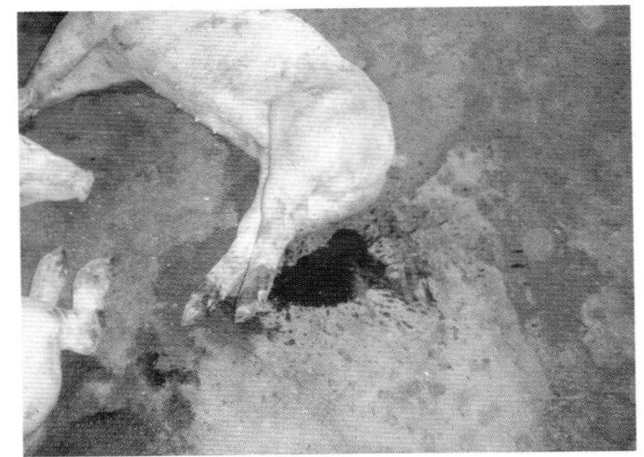

图26-2　病猪拉血痢

图26-3　结肠黏膜坏死并形成假膜，呈豆腐渣样

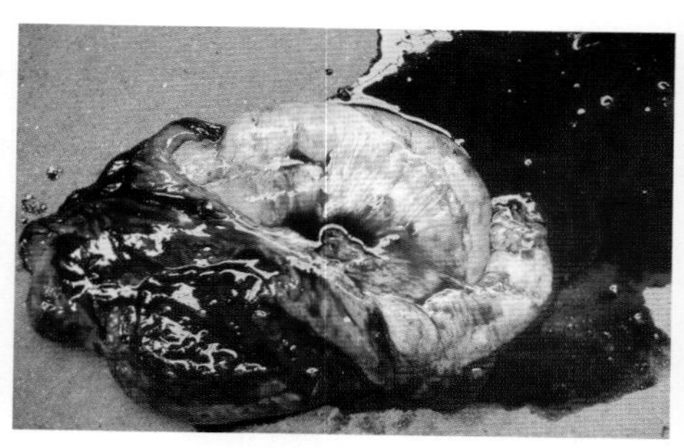

图26-4　急性病例肠腔出血、充满红色液体

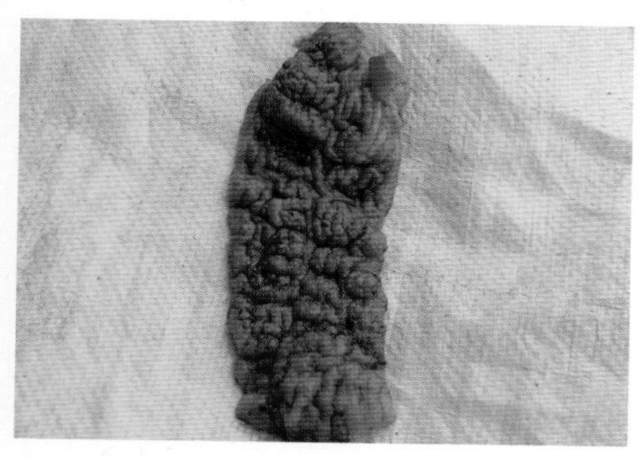

图26-5　肠黏膜肿胀，呈脑回样，弥散性出血、坏死

猪渗出性皮炎

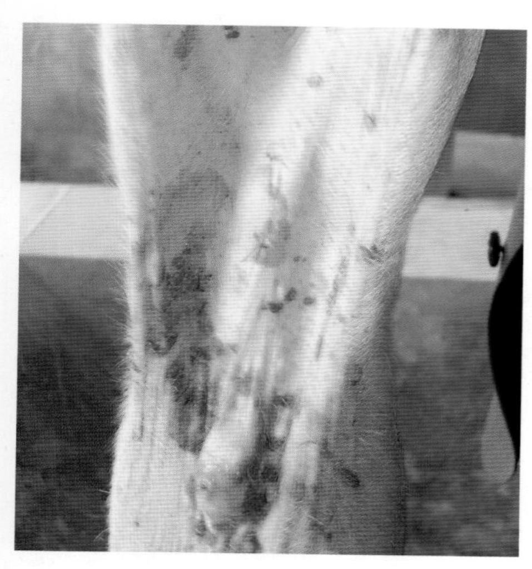

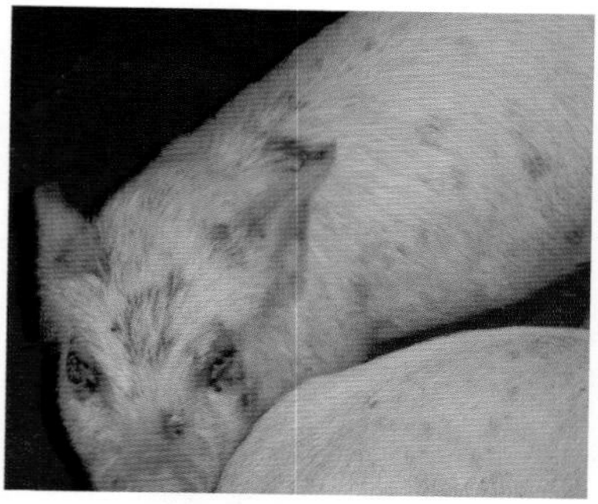

图27-2　随着病程发展，仔猪头部、背部出现少量脂性渗出物

图27-1　发病前期仔猪下腹部红肿，渗出性炎

图27-3　全身油腻、潮湿、污垢，偶见拉稀

图27-4　良性病例发育受阻呈僵猪

图27-5　恢复期病猪表现皮肤结痂、干枯

图27-6　同窝哺乳仔猪中病猪与健康猪大小呈明显对比

猪副伤寒

图28-1　病仔猪耳朵、颜面、肢体末梢皮肤呈现弥漫性紫斑

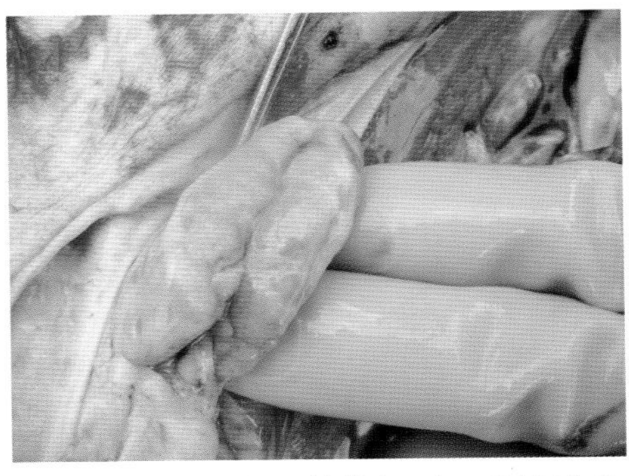

图28-2　腹股沟淋巴结肿大，切面呈灰白色坏死

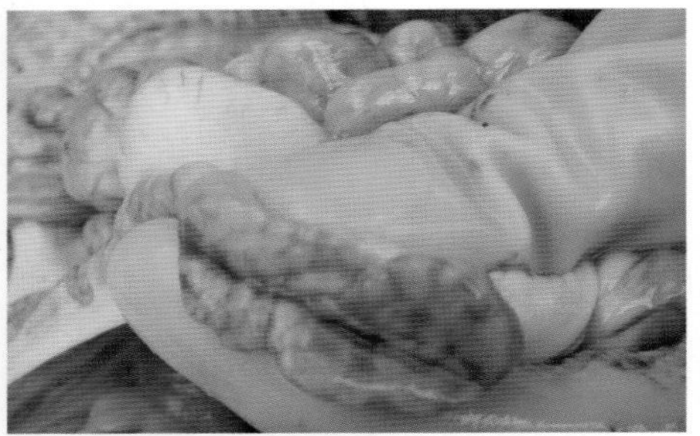
图28-3 肠系膜淋巴结呈索状肿，切面灰白

图28-4 肾大面积瘀血呈蓝紫色，有菜籽粒大出血点

图28-5 结肠黏膜上散在麦麸样坏死灶

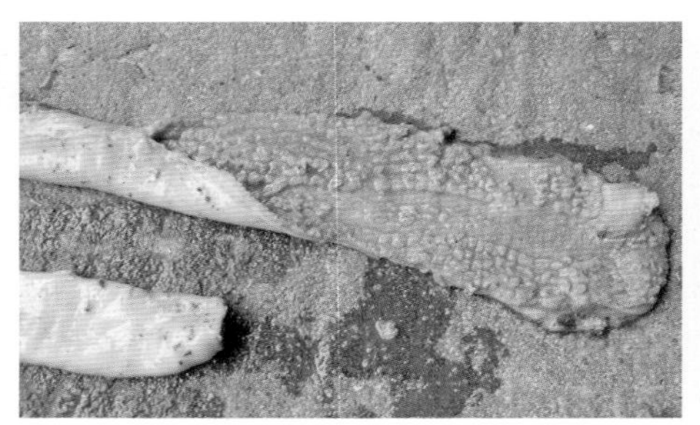
图28-6 肠黏膜弥漫性增厚，上覆假膜，下有糠麸样溃疡

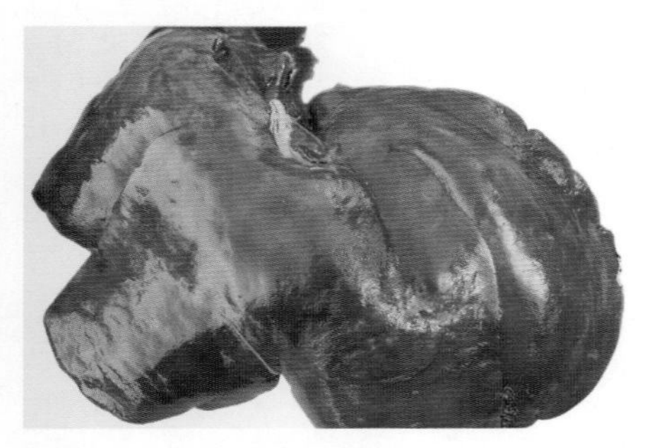
图28-7 病猪肝脏有米粒大灰白色的坏死灶

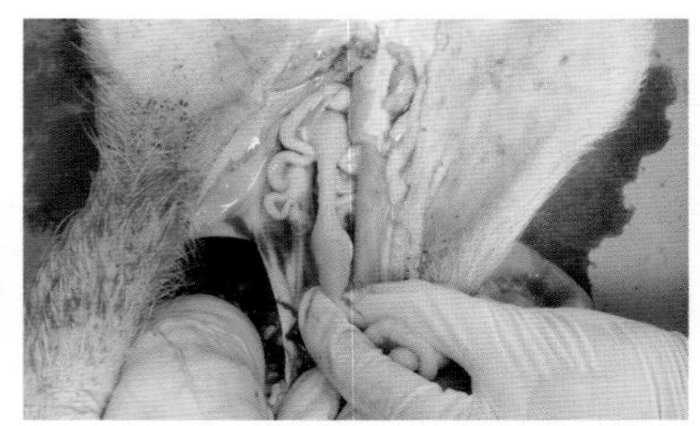
图28-8 大肠明显变细

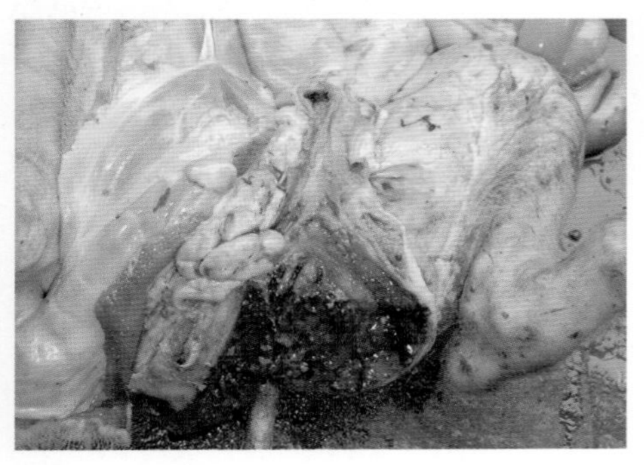
图28-9 大肠变细、变硬

破伤风

图29–1 病猪两耳后竖，呈现出“木马状”姿势

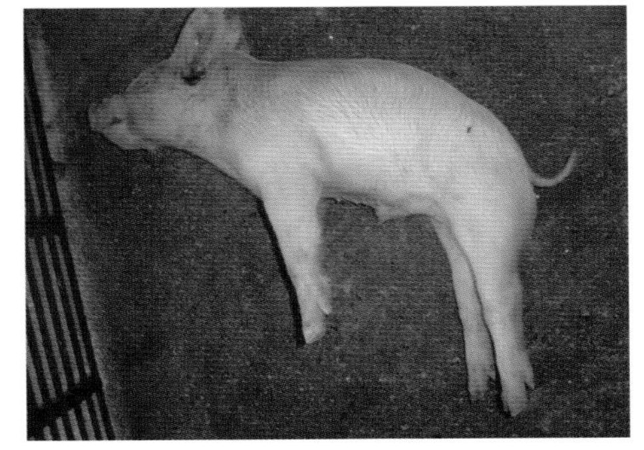

图29–2 病猪全身性痉挛及角弓反张

猪增生性肠炎

图30–1 病猪拉灰色、水泥样稀粪

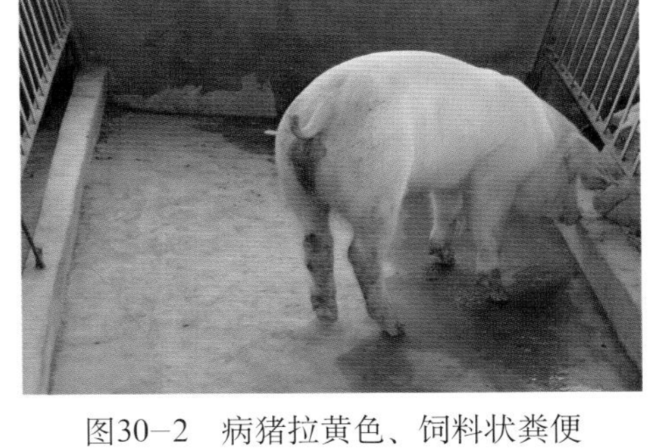

图30–2 病猪拉黄色、饲料状粪便

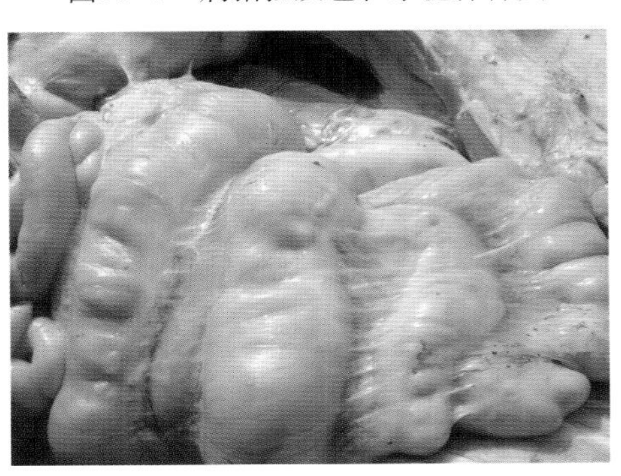

图30–3 结肠系膜水肿

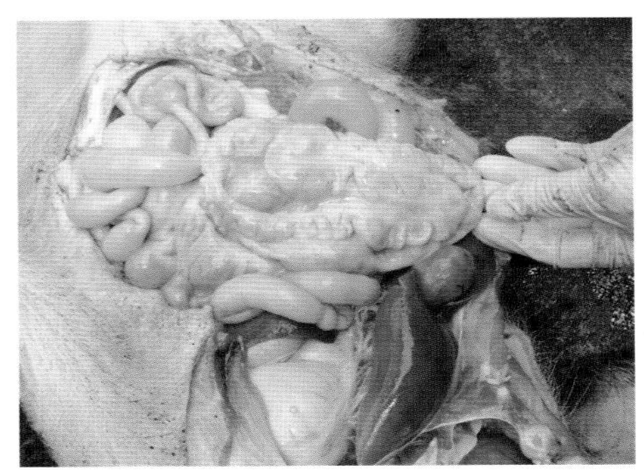

图30–4 肠系膜水肿严重

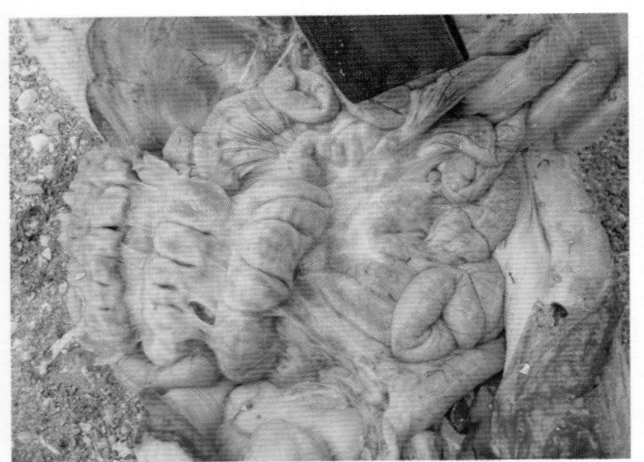

图30-5　肠皱褶增厚，肠系膜淋巴结肿大

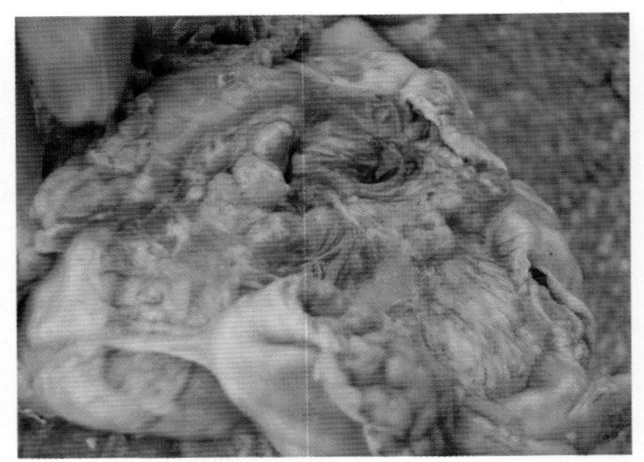

图30-6　肠系膜淋巴结肿大、充血，肠系膜水肿

图30-7　结肠壁增厚，肠黏膜形成脑回样皱褶

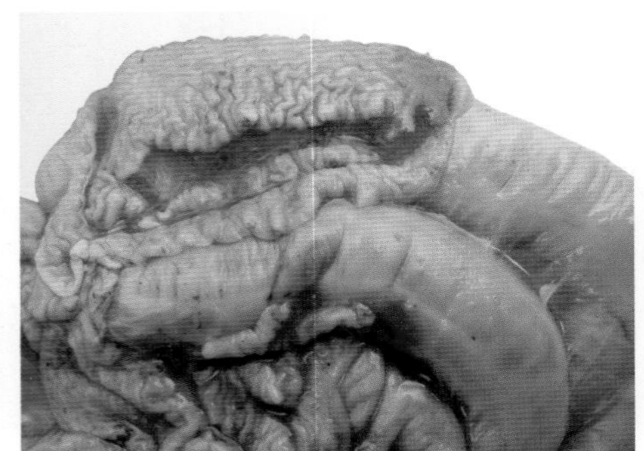

图30-8　肠黏膜增生

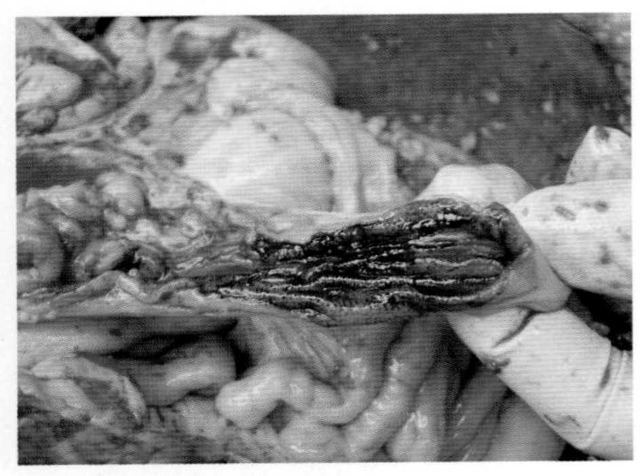

图30-9　结肠中可见黑色焦油样粪便

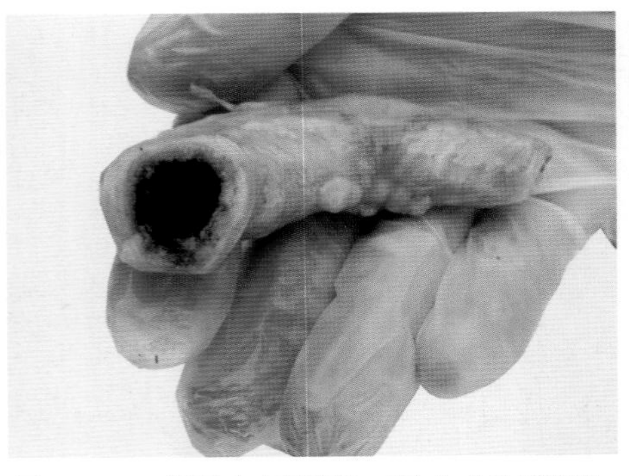

图30-10　肠腔如同硬管，形成“软灌肠”

弓形虫病

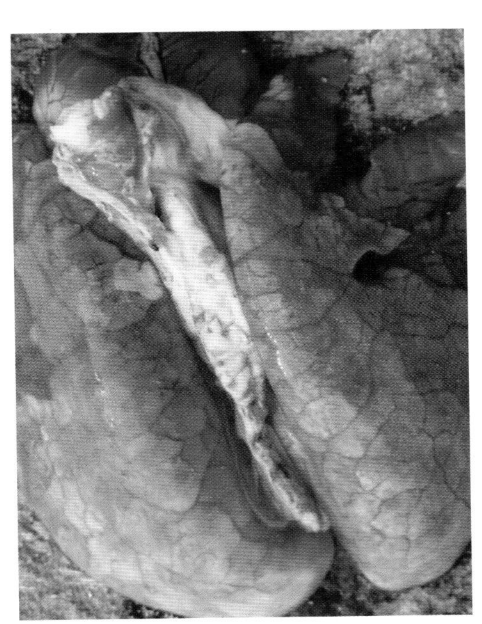

图31－1　肺水肿，间质增宽，充积半透明水肿液

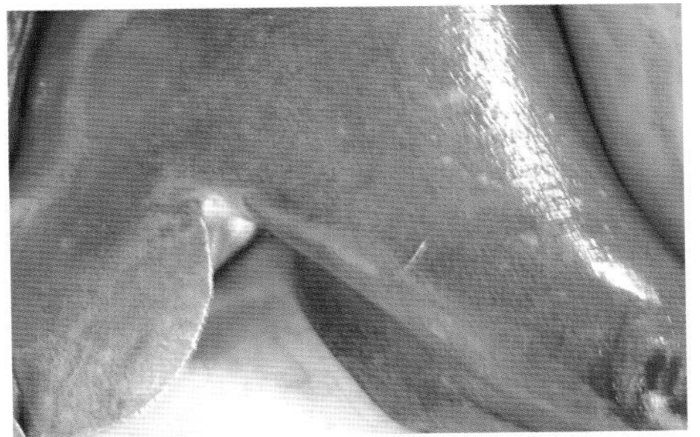

图31－2　肝肿大，表面可见灰白色斑块或粟粒大的坏死灶

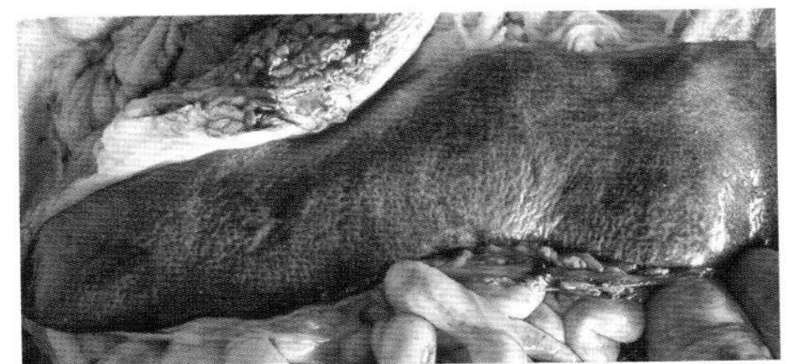

图31－3　脾肿大，呈棕红色或黑褐色，有灰白色坏死灶

猪衣原体病

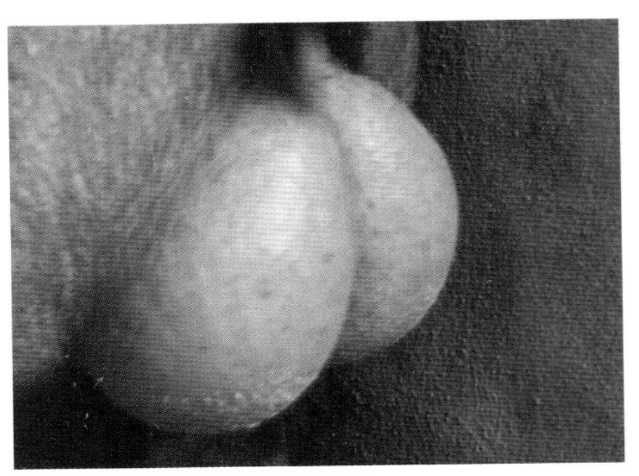

图32－1　病公猪睾丸肿大

图32－2　眼结膜充血、潮红，分泌物增加

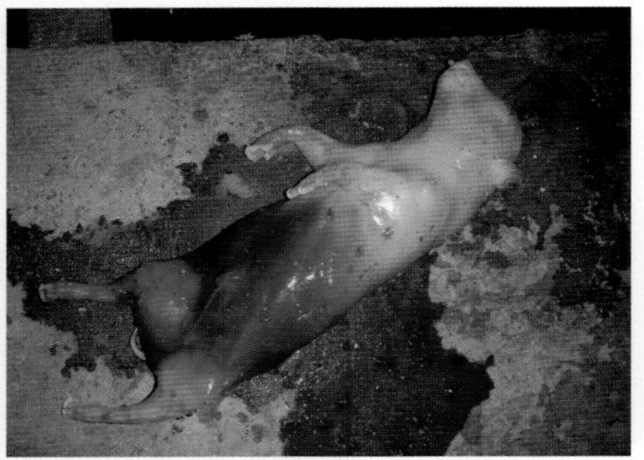

图32-3　流产胎儿

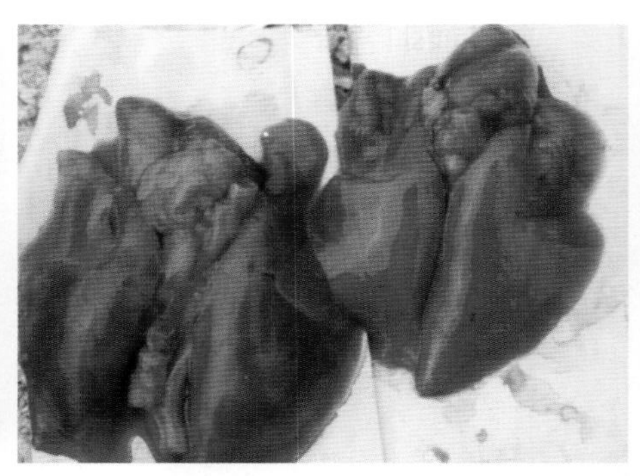

图32-4　流产胎儿肺肿胀、间质增宽

猪布鲁氏菌病

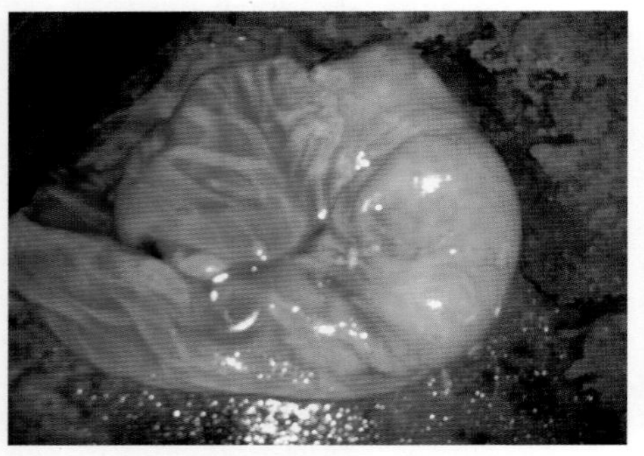

图32-5　流产胎膜分布大小不一坏死斑块

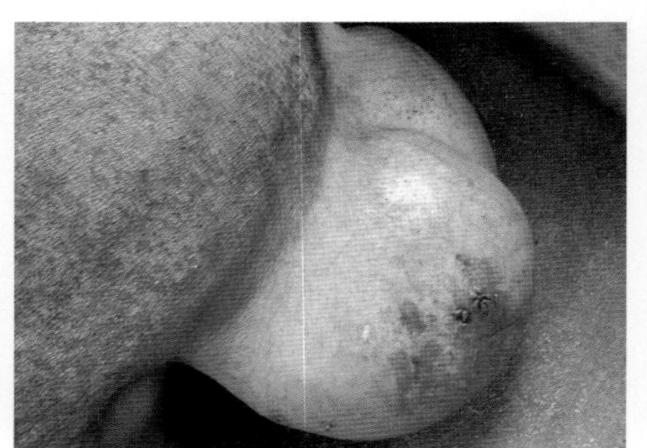

图33-1　公猪睾丸肿胀明显

霉菌毒素中毒

图34-1　严重发霉饲料

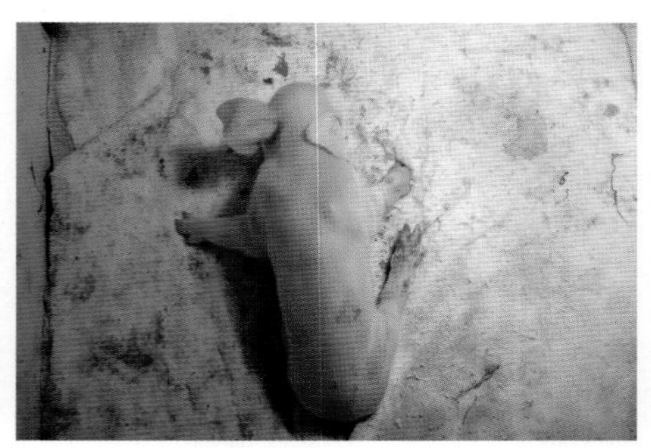

图34-2　仔猪"八字腿"

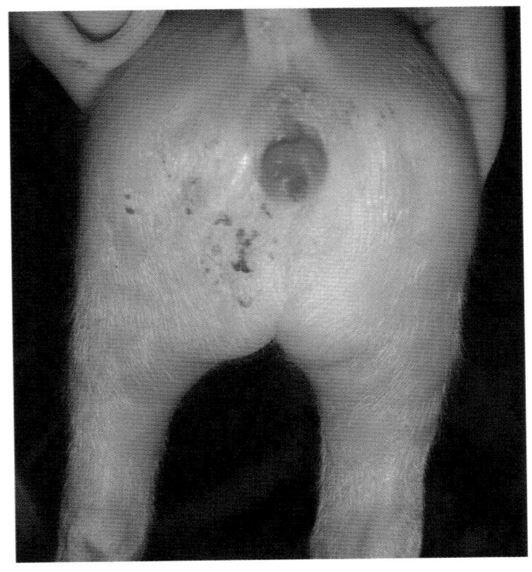

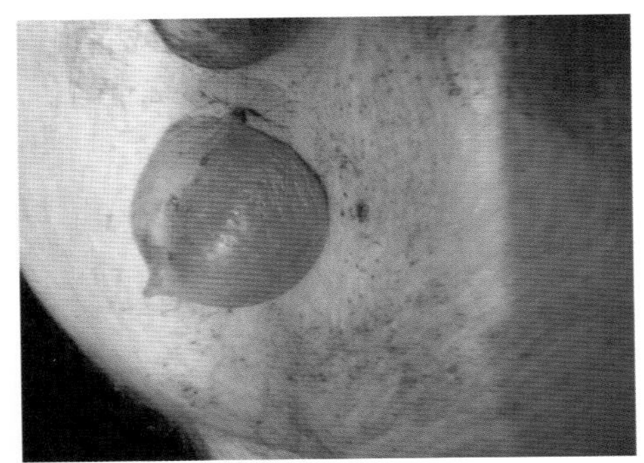

图34-4　商品猪因食用霉变饲料导致外阴红肿

图34-3　小母猪阴户红肿

母猪子宫内膜炎

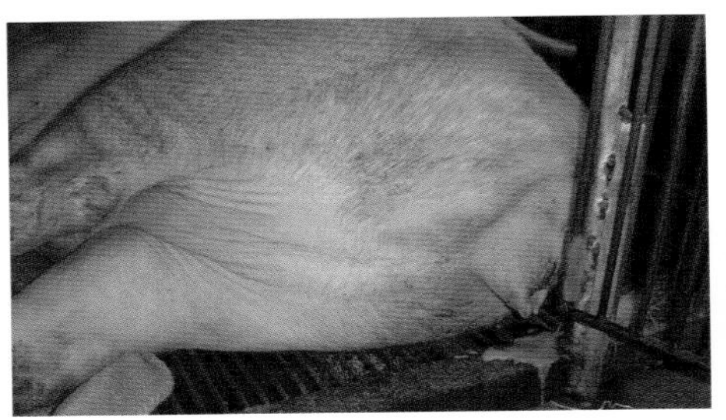

图35-1　母猪子宫内流出大量暗褐色恶臭脓汁

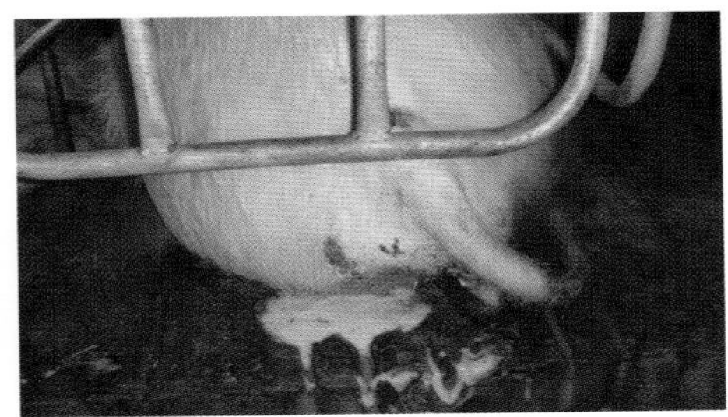

图35-2　母猪子宫内排出大量乳白色脓汁

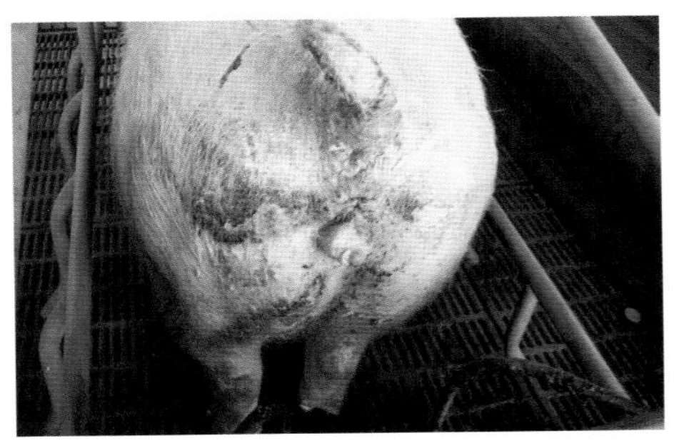

图35-3　母猪尾根、后躯沾满恶臭脓汁

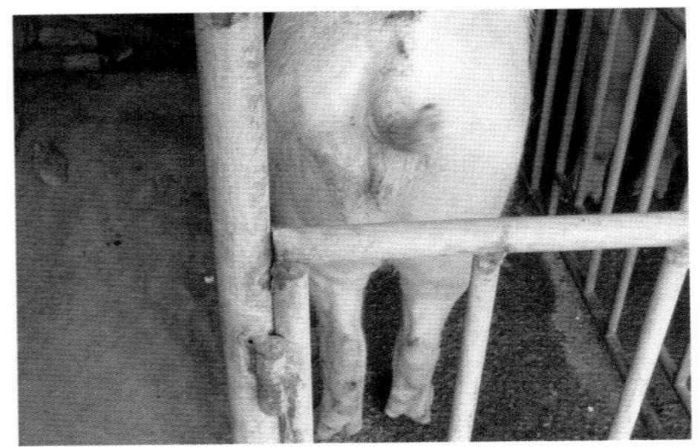

图35-4　母猪周期性排出混浊液体，屡配不孕

母猪乳房炎

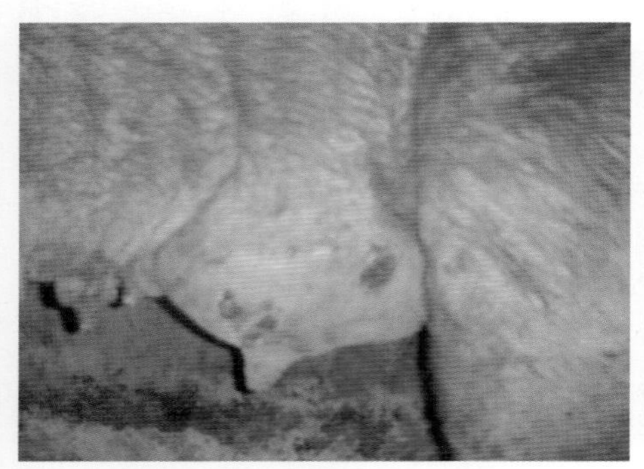

图36－1　母猪乳房受外伤，引起乳房肿胀、坏死

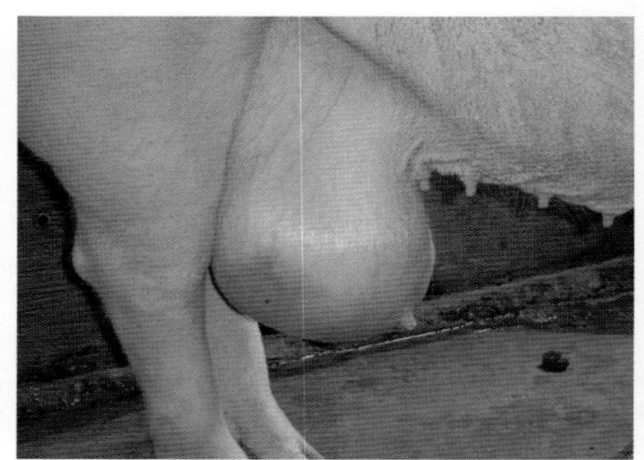

图36－2　乳房红肿，表面有少量溃疡

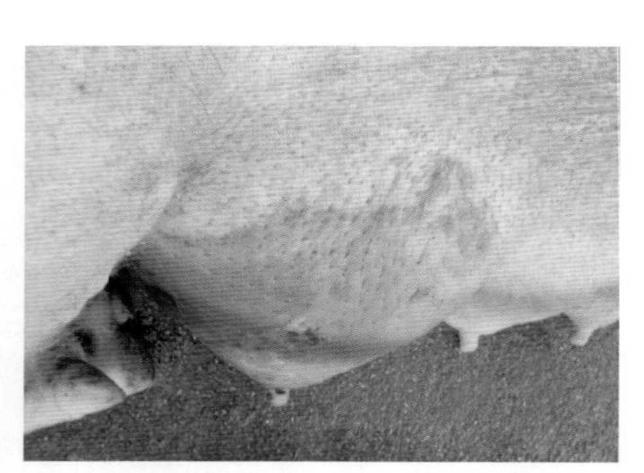

图36－3　乳房坏死、红肿、发炎

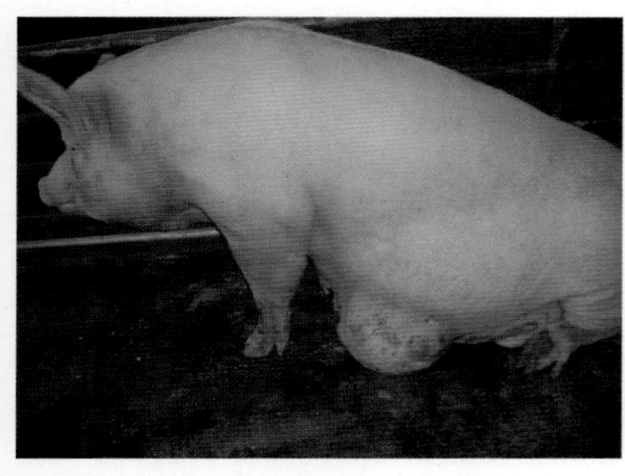

图36－4　母猪中部乳房形成排球大小的脓包

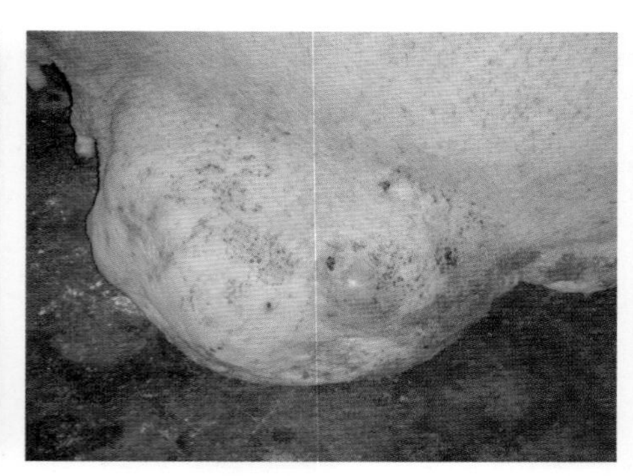

图36－5　母猪乳房肿胀明显

母猪无乳综合征

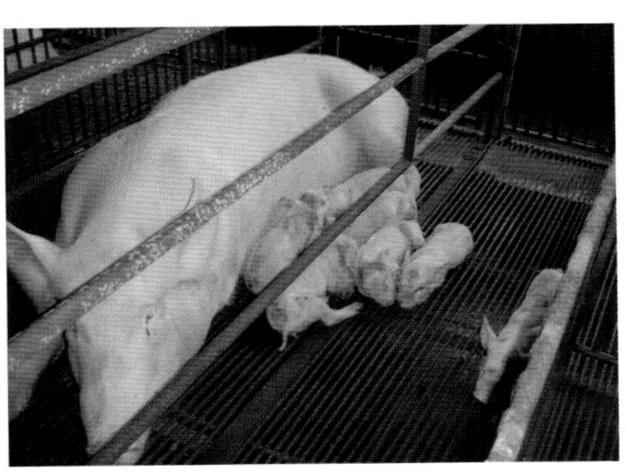

图37–1　母猪伏卧，拒绝哺乳

图37–2　母猪食欲废绝，挤压乳头无乳，仔猪消瘦、腹泻

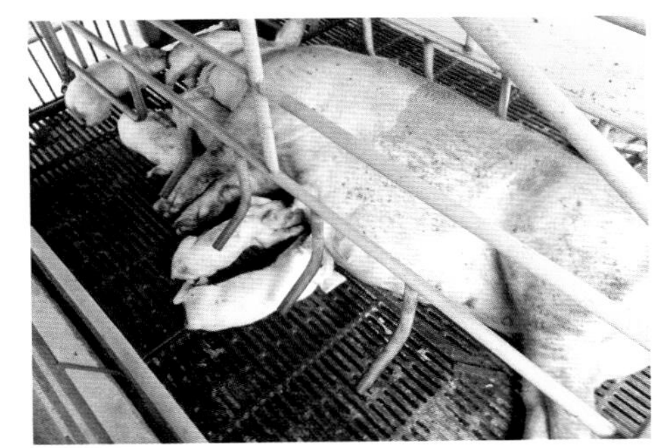

图37–3　哺乳仔猪围着乳房不离开，常有腹泻、瘦弱

母猪产后瘫痪

图38–1　母猪后肢无力

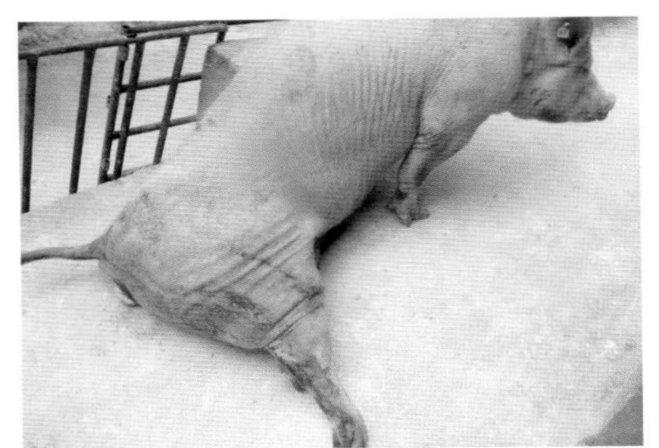

图38–2　母猪呈伏卧姿势，后肢无力，失去知觉

子宫脱

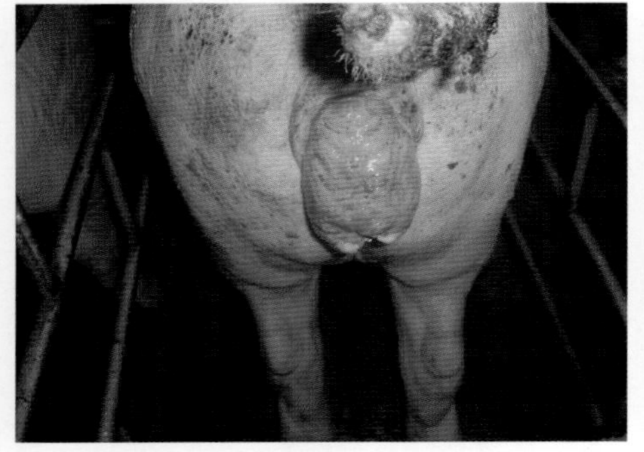

图39−1　子宫部分脱出阴道外

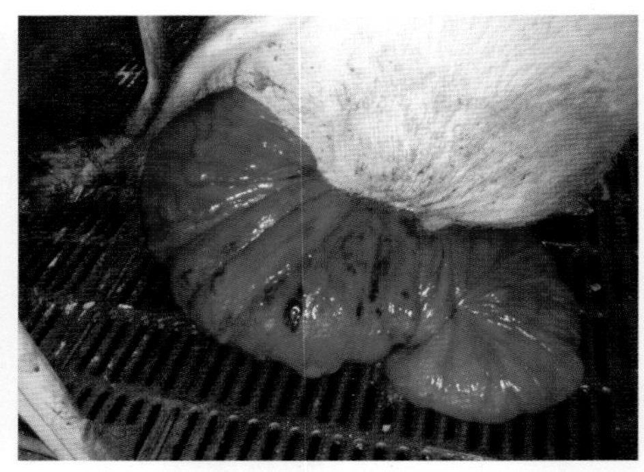

图39−2　子宫全部脱出阴道外，拖到地面

仔猪先天性震颤

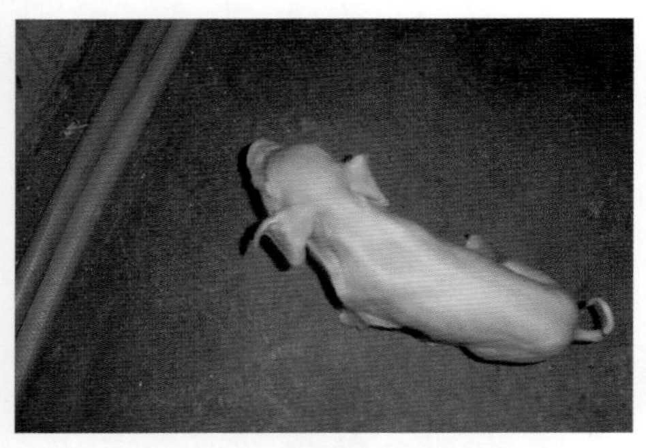

图40−1　刚出生仔猪全身不停地抖动

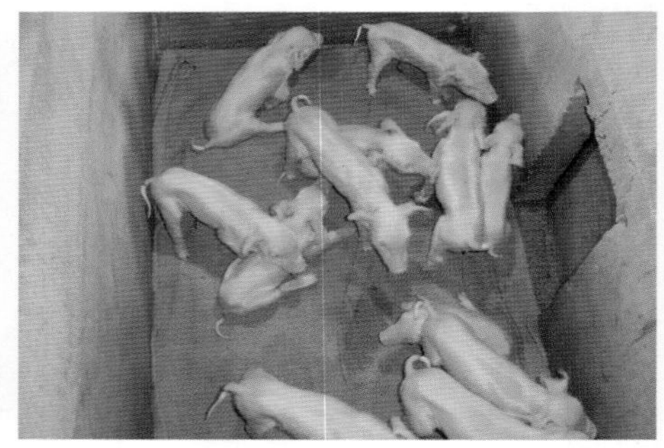

图40−2　全窝仔猪出现不停抖动，吸乳困难，成活率低

猪疥螨病

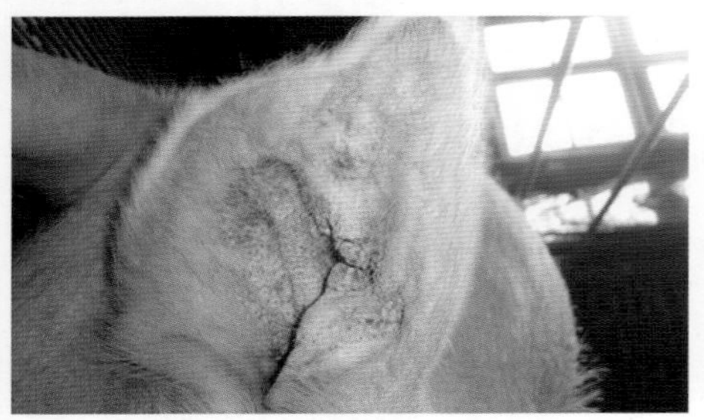

图41−1　病猪耳内严重结痂

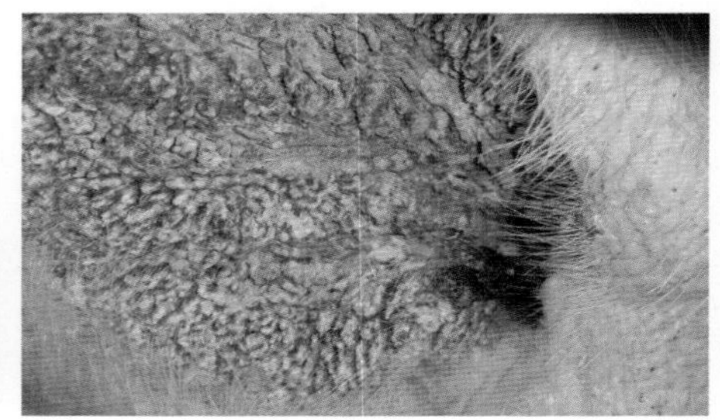

图41−2　耳内结痂增厚

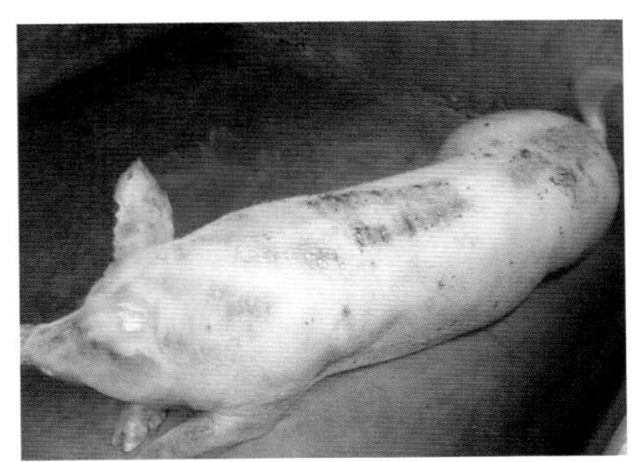

图41-3　母猪头、颈、背感染螨虫后引起皮肤瘙痒、出血

图41-4　母猪到处摩擦，严重时表现消瘦

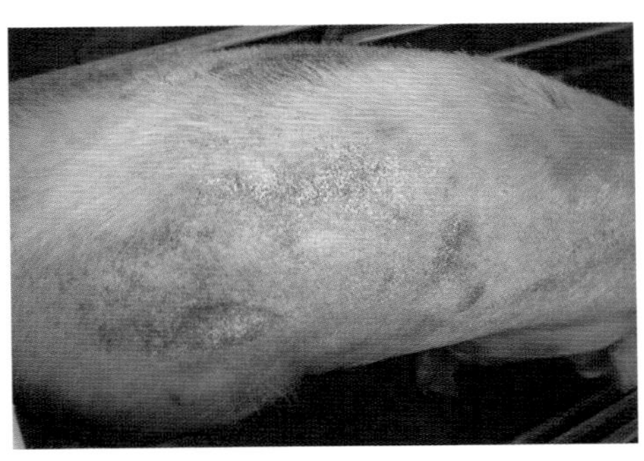

图41-5　母猪背部感染，引起皮肤出血、被毛脱落严重

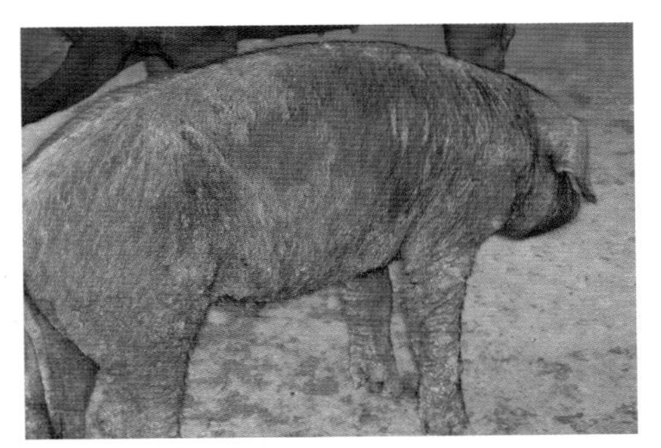

图41-6　病猪全身皮肤干枯、粗糙、增厚，生长缓慢

猪蛔虫病

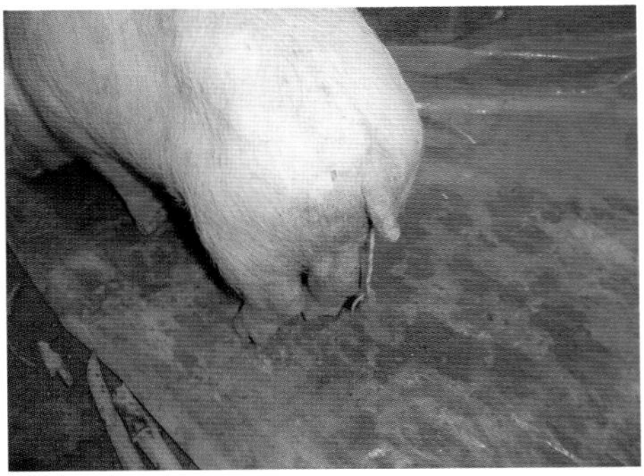

图42-1　猪蛔虫从肛门处排出

图42-2　病猪肝脏表面上有蛔虫移行斑，细小平坦，并且向周边扩散

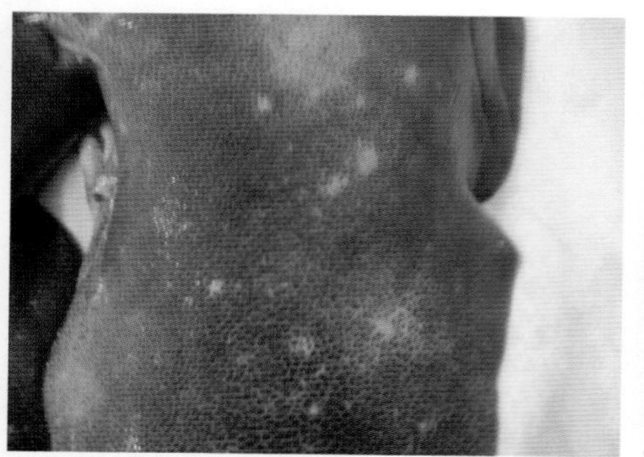

图42-3　病猪肝脏表面上有蛔虫移行斑，严重时出现大面积灰白色坏死灶

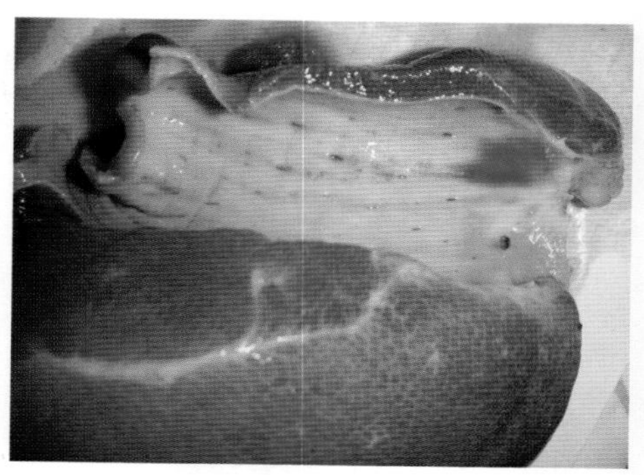

图42-4　肝内管道出现出血斑

图42-5　多量蛔虫寄生在小肠内

猪毛首线虫病（鞭虫病）

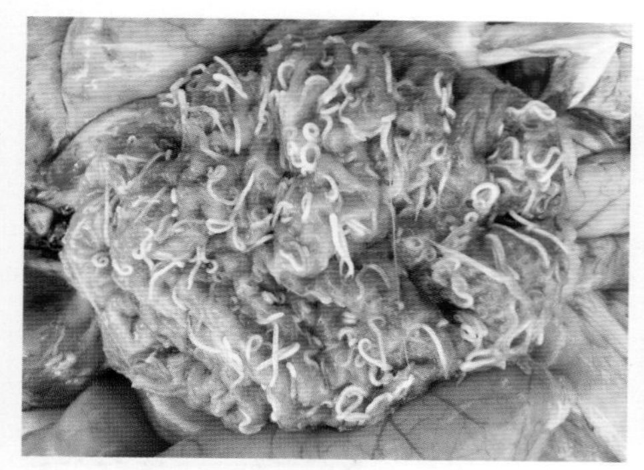

图43-1　盲肠内寄生大量毛首线虫

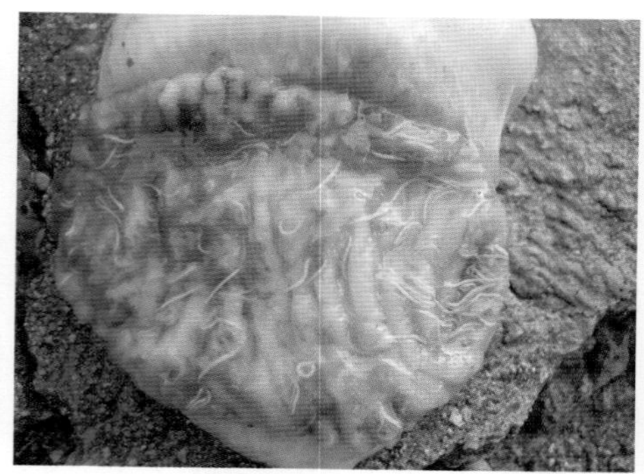

图43-2　盲肠内寄生大量毛首线虫，黏液含量明显增多

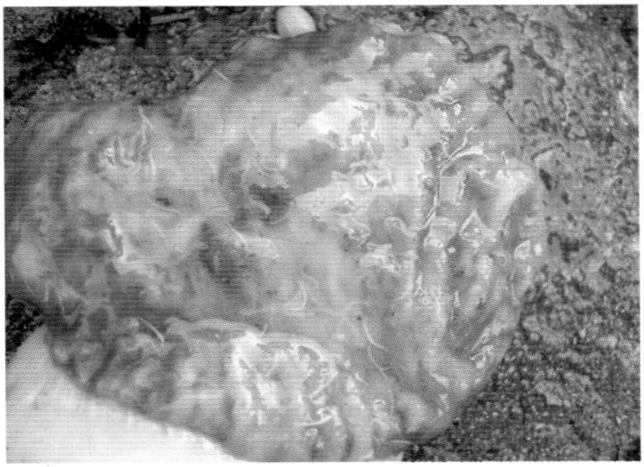

图43-4　黏液含量明显增多，引起出血性坏死、溃疡

图43-3　放大后的毛首线虫

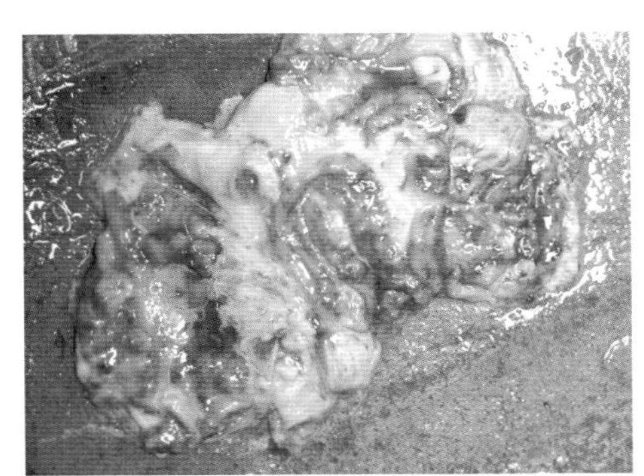

图43-5　严重感染时引起出血性坏死、水肿、溃疡

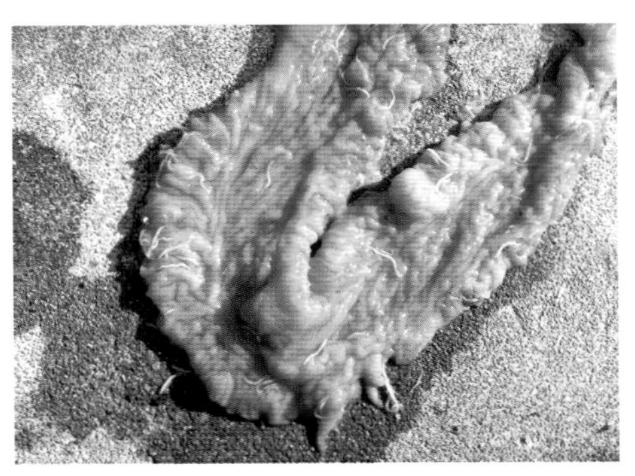

图43-6　毛首线虫钻入肠黏膜，肠黏膜充血严重

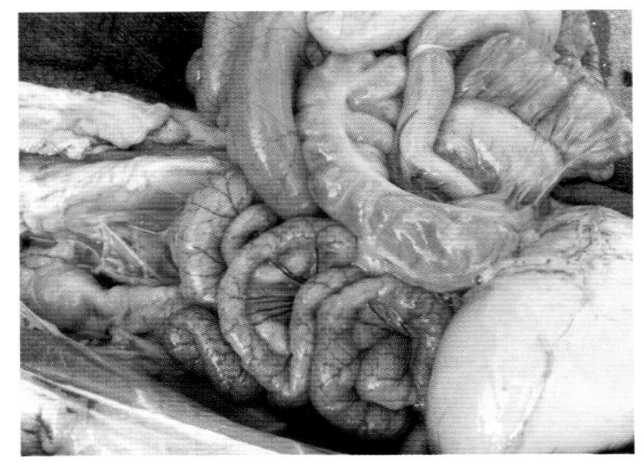

图43-7　小肠、盲肠浆膜表面血管充血明显

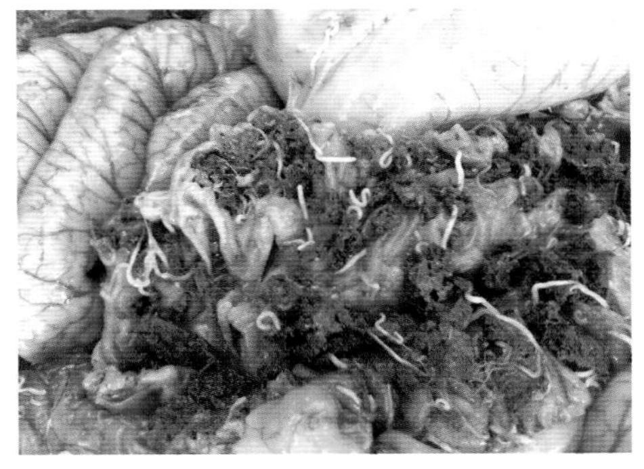

图43-8　肠内容物中寄生大量毛首线虫

猪小袋纤毛虫病

图44-1　病猪有时拉红泥状软粪便

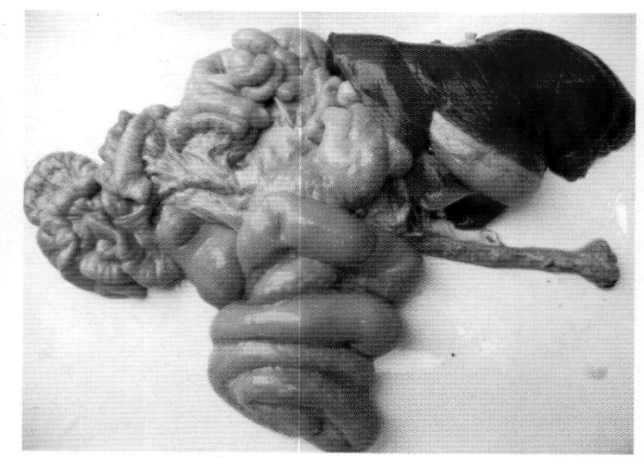

图44-2　猪盲肠、结肠、直肠上有多量灰白色坏死点

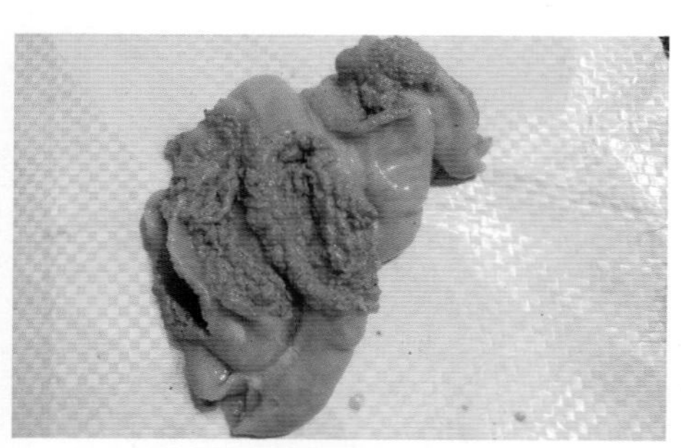

图44-3　肠黏膜表面出现坏死

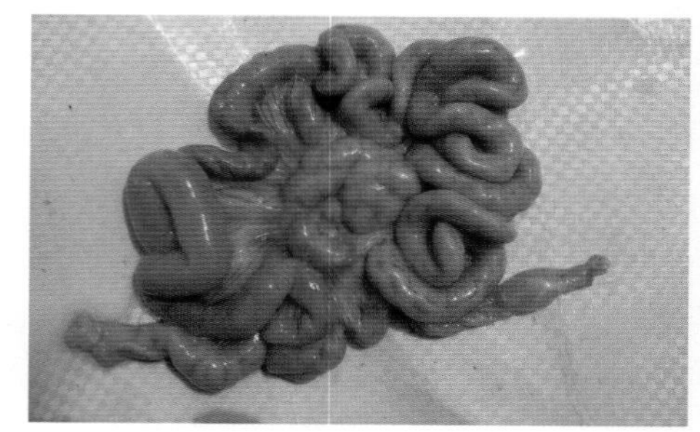

图44-4　肠系膜淋巴结肿胀明显

猪细颈囊虫病

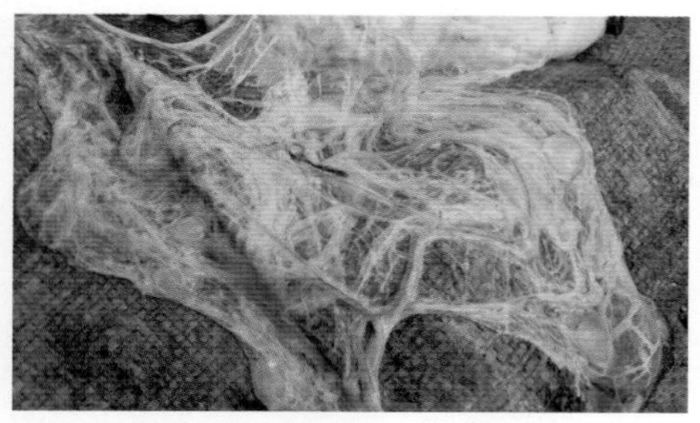

图45-1　病猪腹腔网膜上有多量水泡状幼虫寄生

图45-2　5日龄哺乳仔猪肝脏表面呈现黄豆大小的囊泡

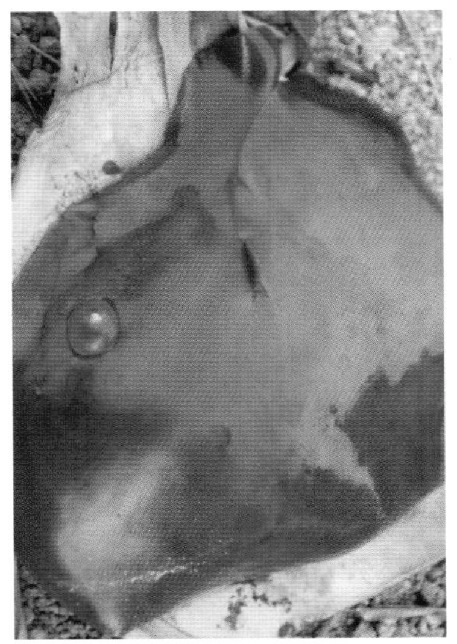

图45-3　幼虫寄生在肝脏表面，呈水泡状外观

猪球虫病

图46-1　哺乳仔猪腹泻

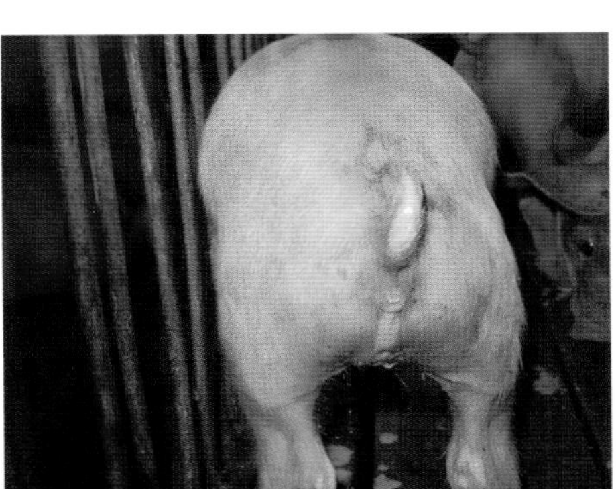

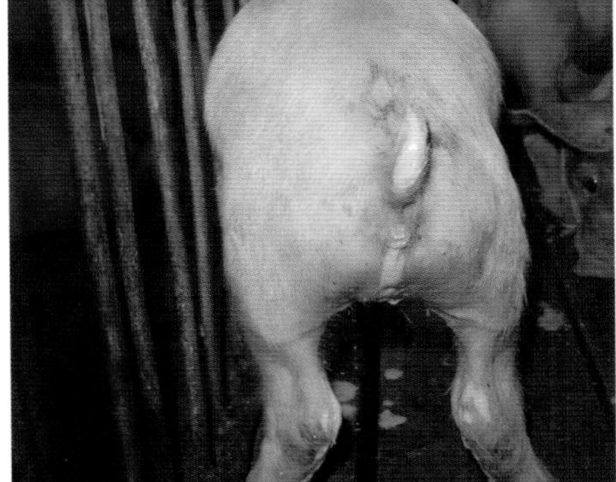

图46-2　仔猪持续拉黄色、糊状稀粪

仔猪低血糖症

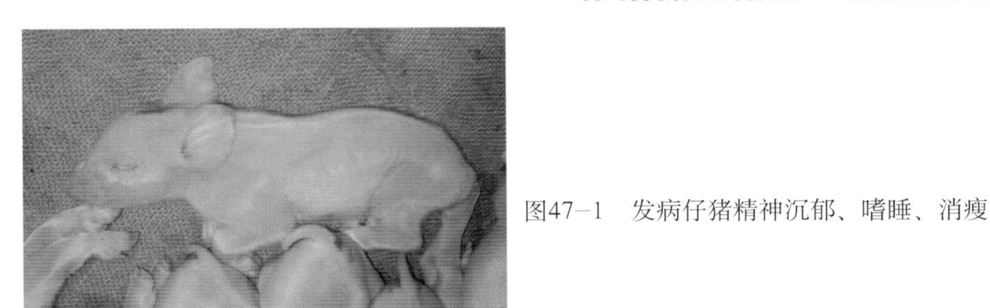

图47-1　发病仔猪精神沉郁、嗜睡、消瘦

猪胃溃疡

图48-1　病猪先吐出胃内全部内容物，过一段时间后，又重新将呕吐物全部重新吃进去

图48-2　病猪经常磨牙，口吐白沫，拱栏

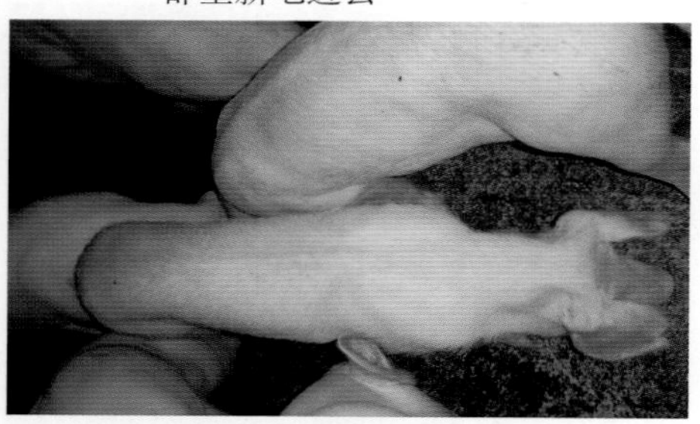

图48-3　严重时，后备母猪表现消瘦，苍白，采食时经常呕吐

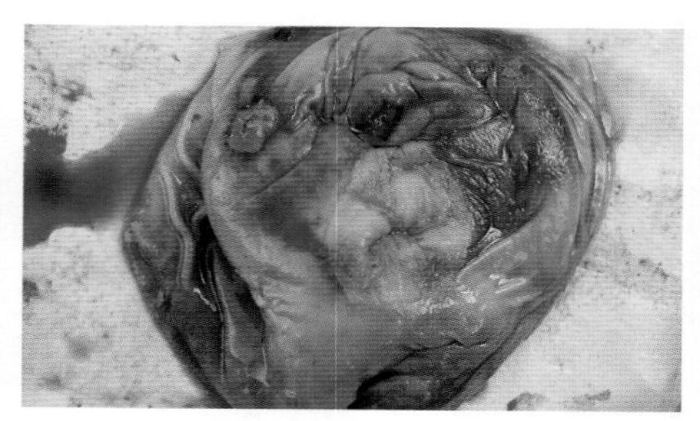

图48-4　胃黏膜出血、溃疡

疝　症

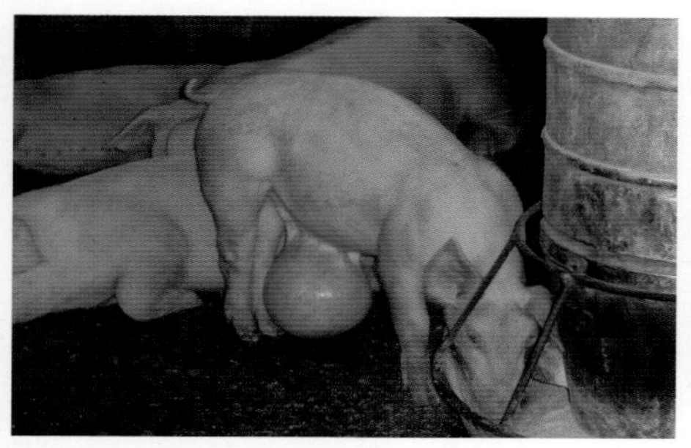

图49-1　病猪下腹部有一个球状物，一般采食不受影响

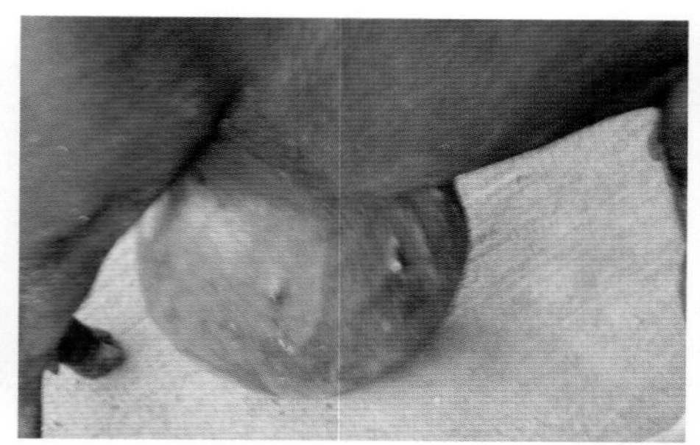

图49-2　病猪脐疝严重，导致行走困难

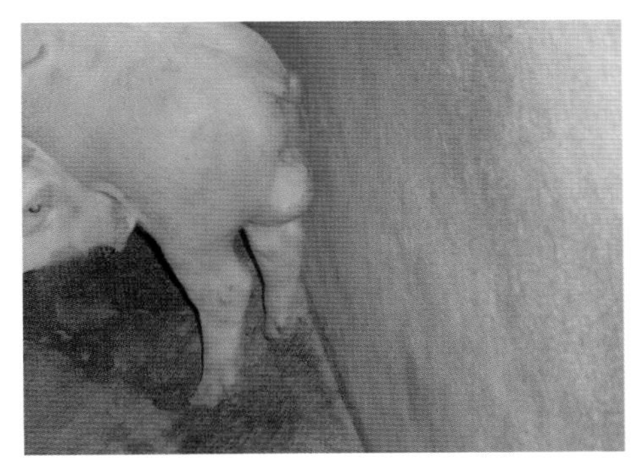

图49-3　小肠由腹腔掉至阴囊处，形成阴囊疝

图49-4　肠由腹腔掉至腹壁，形成腹壁疝

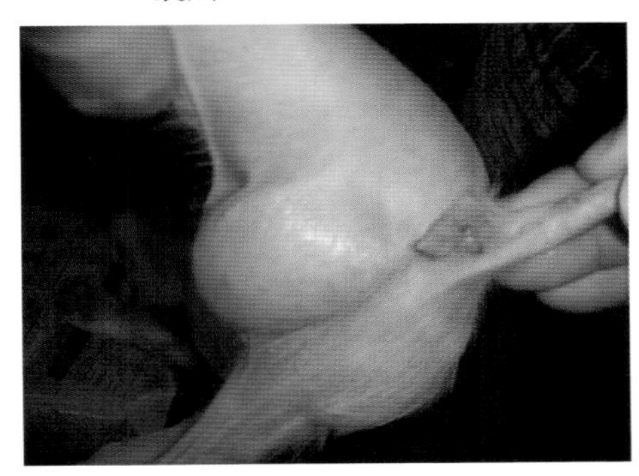

图49-5　腹股沟部有肿团，听诊有肠蠕动声

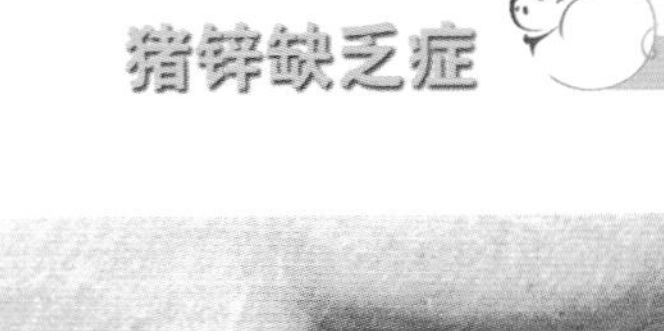

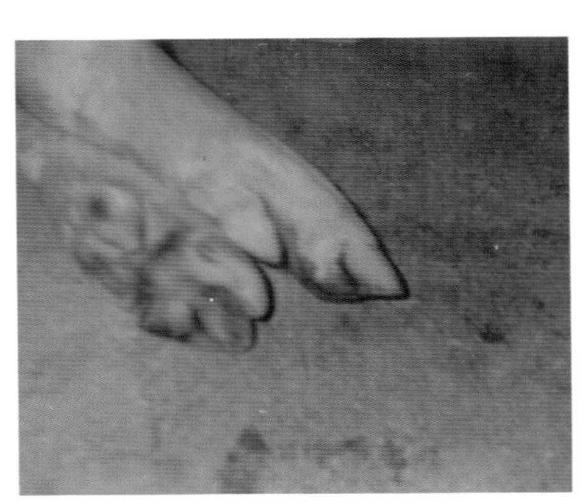

图50-1　裂蹄，蹄冠肿胀，疼痛

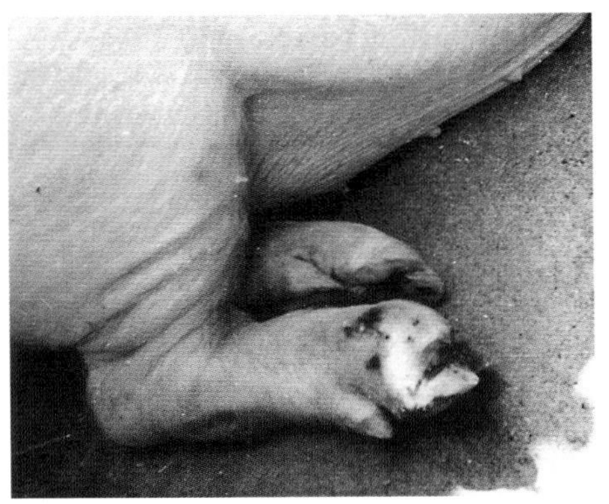

图50-2　蹄壳横裂，跛行，行走有血印

猪肢蹄病

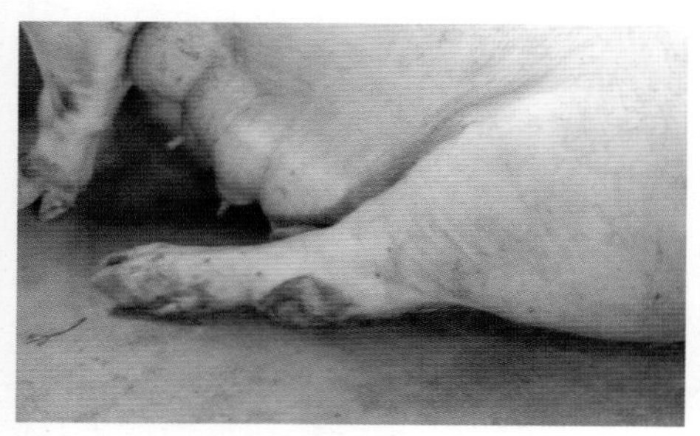

图51-1　地板粗糙造成母猪后肢损伤

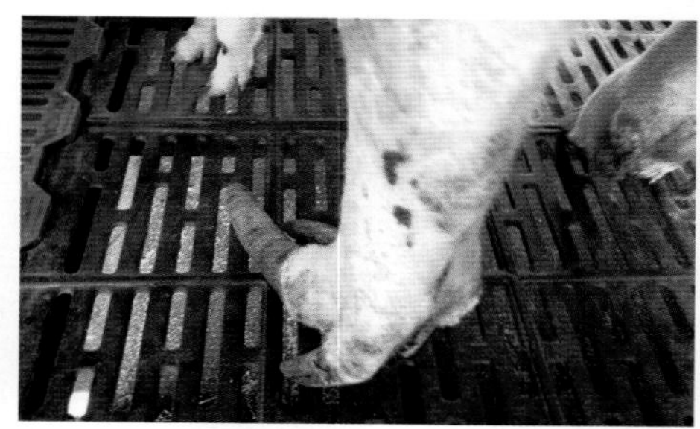

图51-2　母猪由于长期缺乏运动，造成蹄甲过长

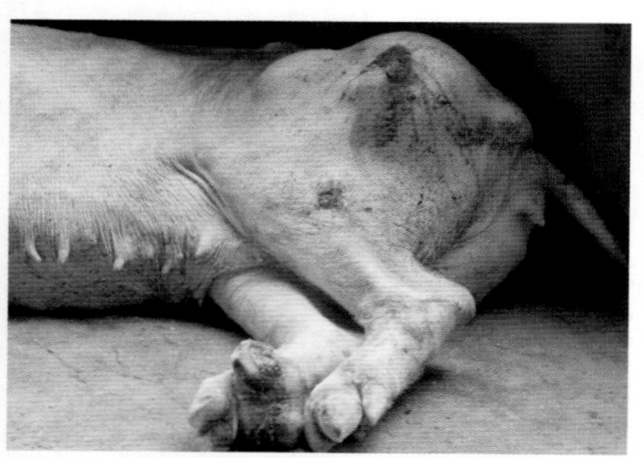

图51-3　母猪蹄甲损伤，造成蹄部感染

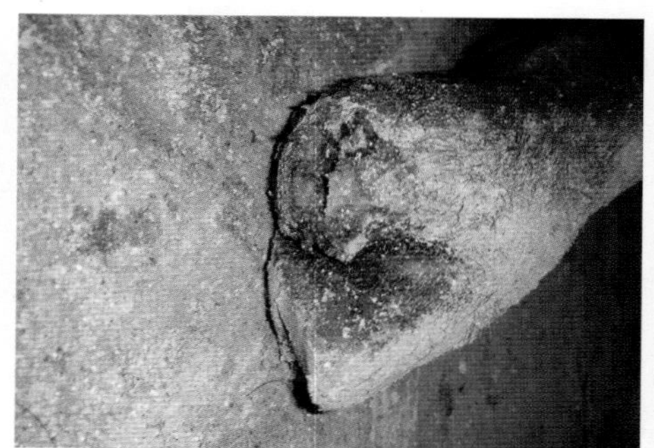

图51-4　公猪蹄部感染，溃疡、坏死

猪高热病

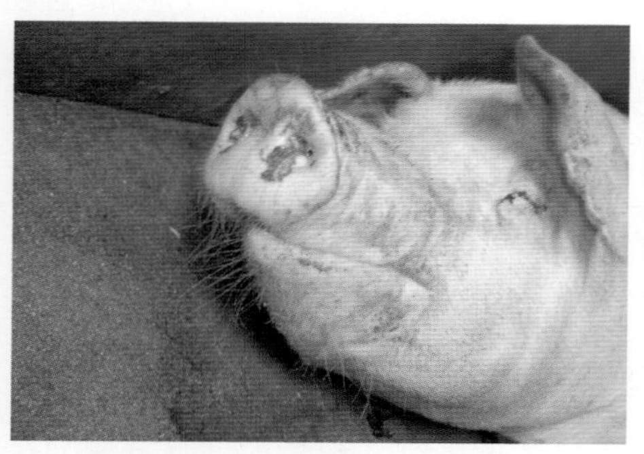

图52-1　母猪呼吸困难，鼻流脓性分泌物

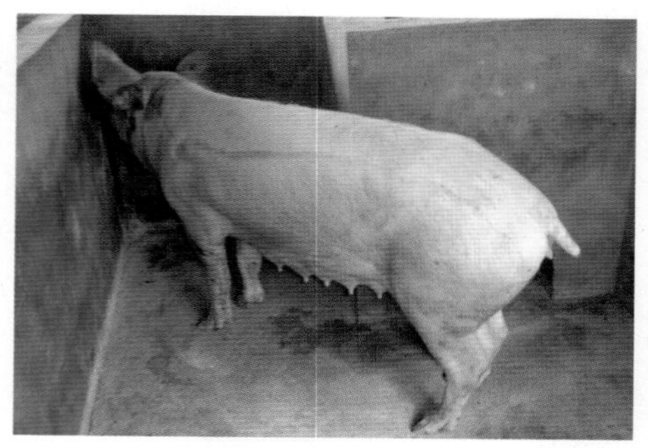

图52-2　部分母猪精神兴奋，头部冲撞墙壁，表现神经症状

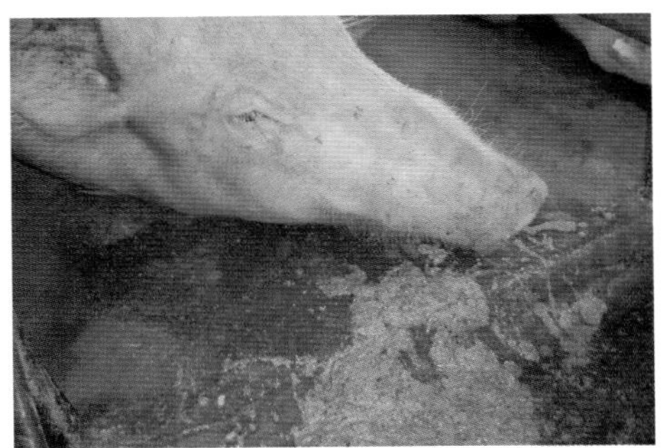

图52-3　母猪眼眶出现一过性淡紫色，有时出现呕吐

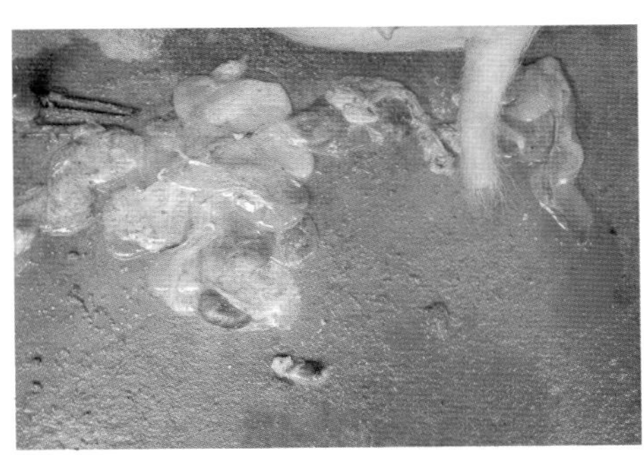

图52-4　怀孕母猪流产

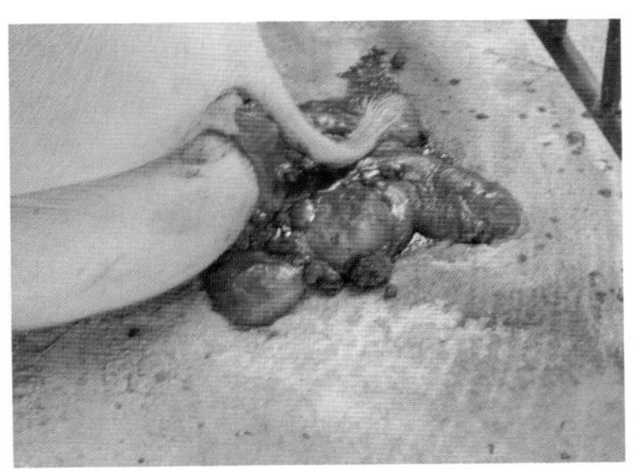

图52-5　母猪体温升高，便秘，流产

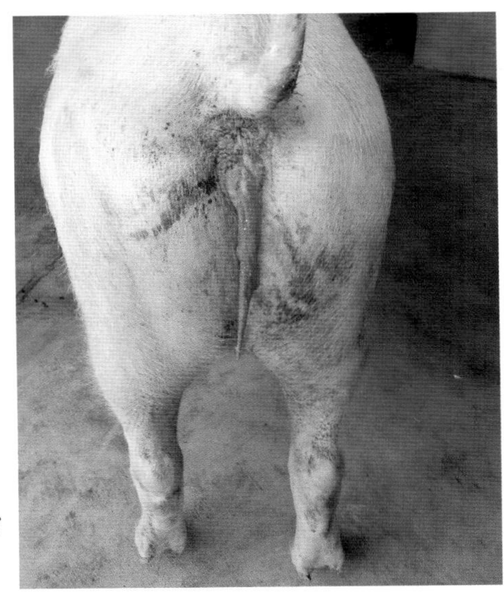

图52-6　母猪产死胎

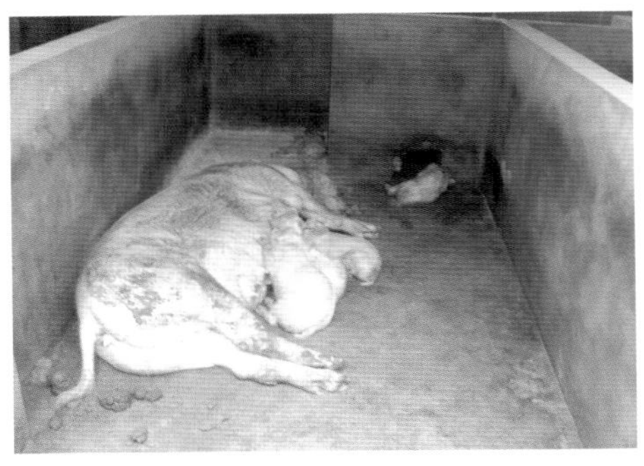

图52-7　哺乳仔猪大量死亡

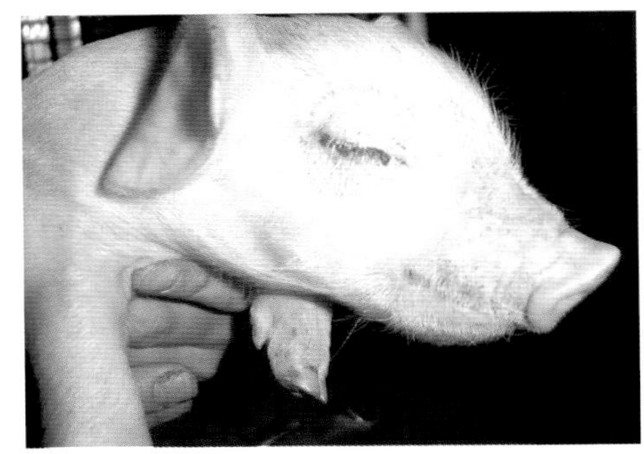

图52-8　哺乳仔猪体温升高，眼睑肿胀，有大量分泌物

图52-9　哺乳仔猪表现尖叫、转圈等神经症状

图52-10　保育猪群精神沉郁，呼吸困难，鼻流脓性分泌物

图52-11　保育猪群出现大量死亡，存活僵猪明显增多

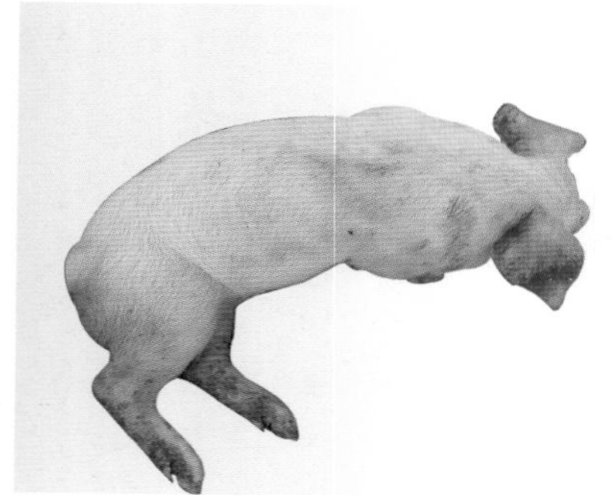

图52-12　后肢瘫痪

图52-13　发病时间较长的猪耳部、背部出现大量针尖状出血点

图52-14　保育猪出现尖叫、角弓反张等神经症状

图52-15　商品猪出现全身败血及角弓反张的症状

图52-16　商品猪出现全身败血，拉黄色稀粪

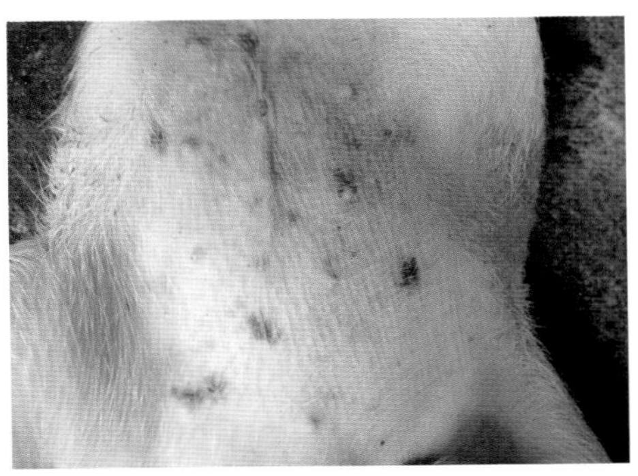

图52-17　病猪腹下出现红色、紫色斑块

图52-17　商品猪耳部出现红斑，眼结膜炎

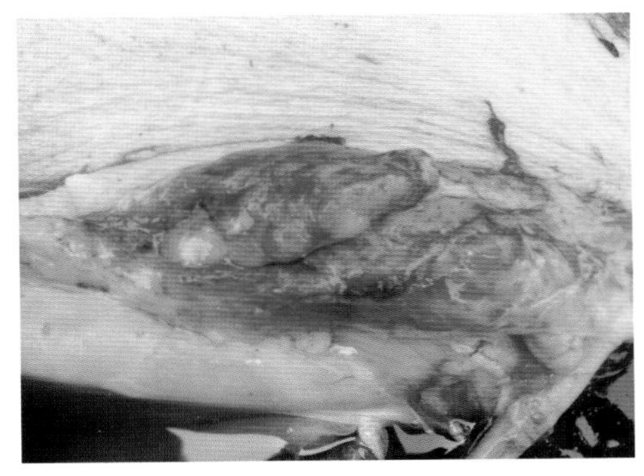

图52-19　病猪腹股沟淋巴结肿胀明显，周边出现水肿、坏死，切面有出血

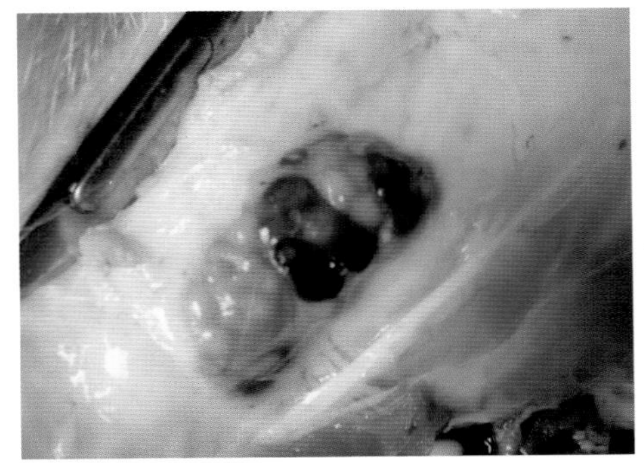

图52-20　病猪腹股沟淋巴结肿胀明显，外观黄红紫白相间，表现多病原混合感染

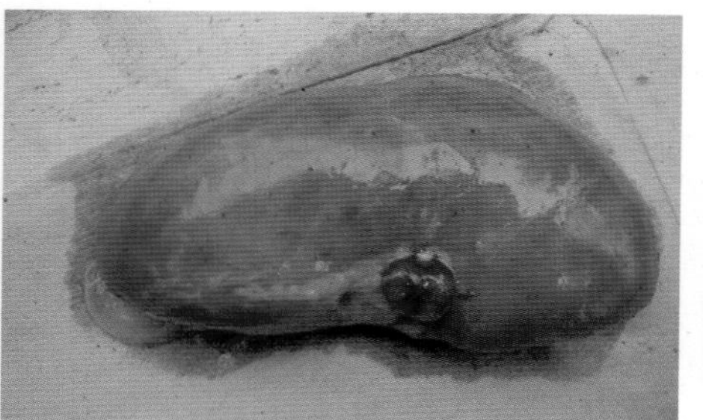

图52-21　肾脏表面有大量出血点，肾门淋巴结出血

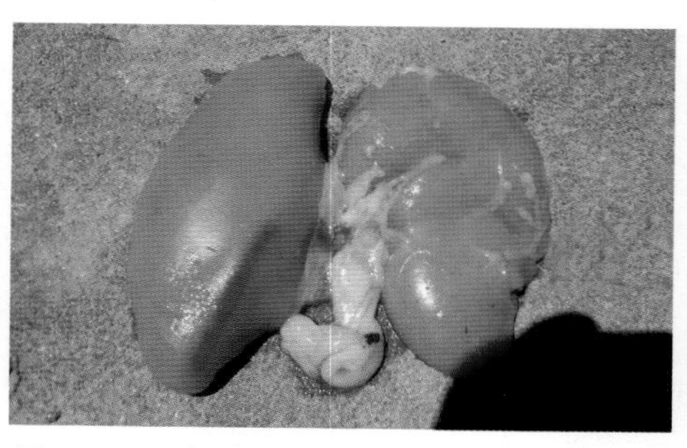

图52-22　肾脏表面有大量出血点、出血斑

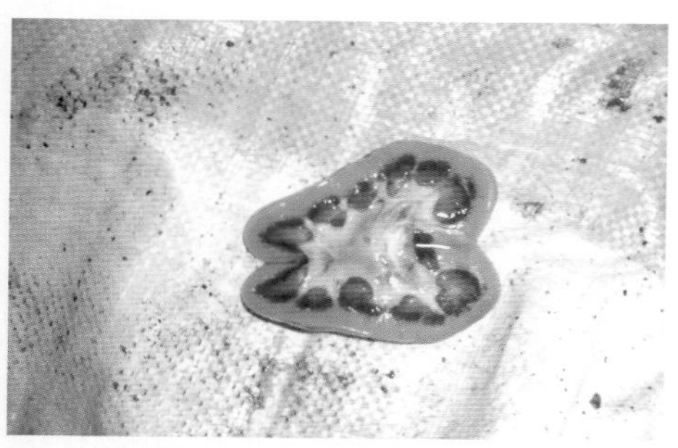

图52-23　肾盂、肾小球出血

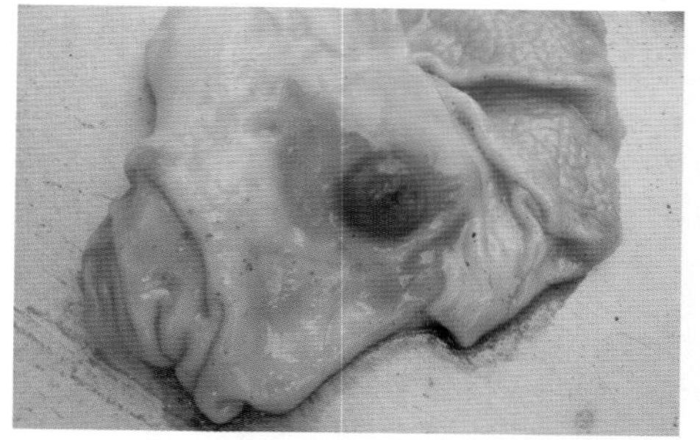

图52-24　胃黏膜有出血点

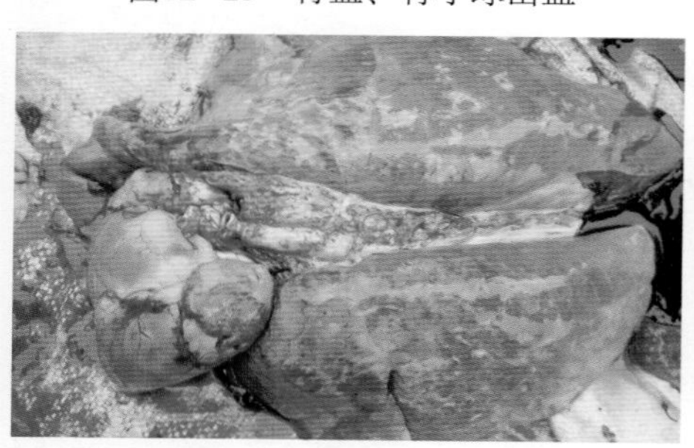

图52-25　肺水肿、 出血

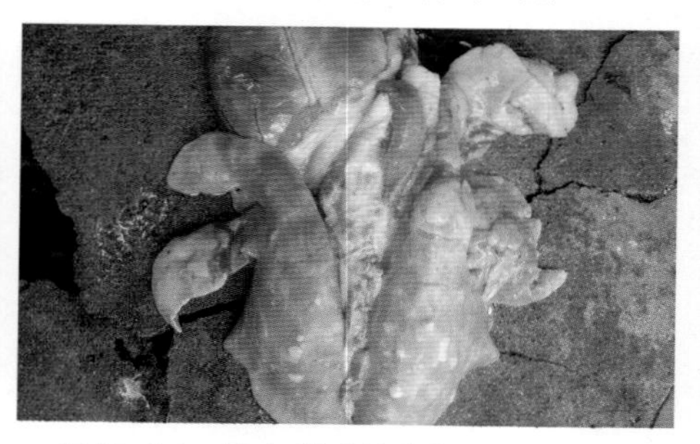

图52-26　肺出现“胰变”、“肉变”

图52-27　保育猪肺出血，呈间质性肺炎

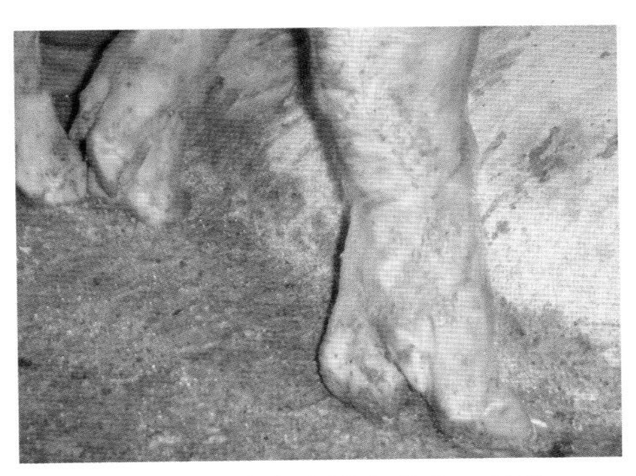

图53-1　种猪蹄部多长出一对蹄

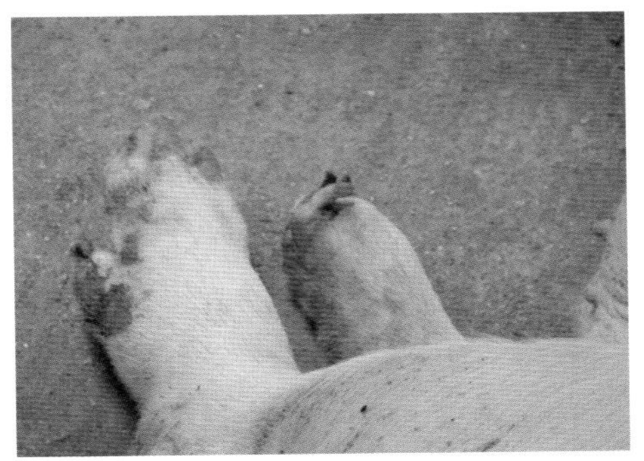

图53-2　右后肢蹄部发育不全

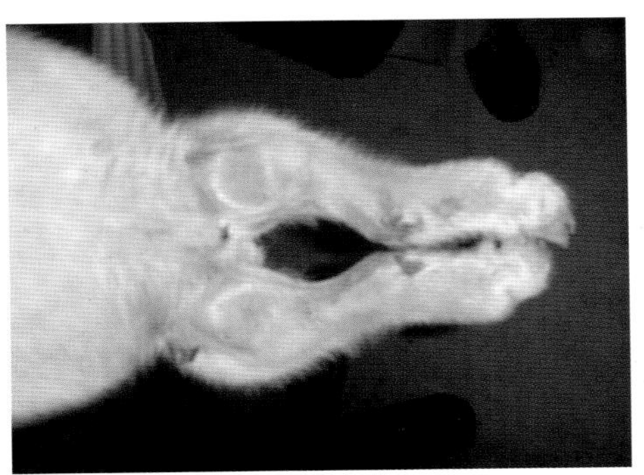

图53-3　后躯、后肢发育不全、畸形

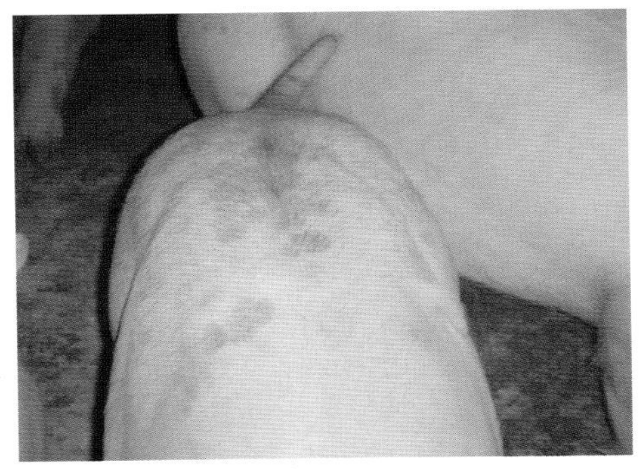

图53-4　猪背部长出尾巴

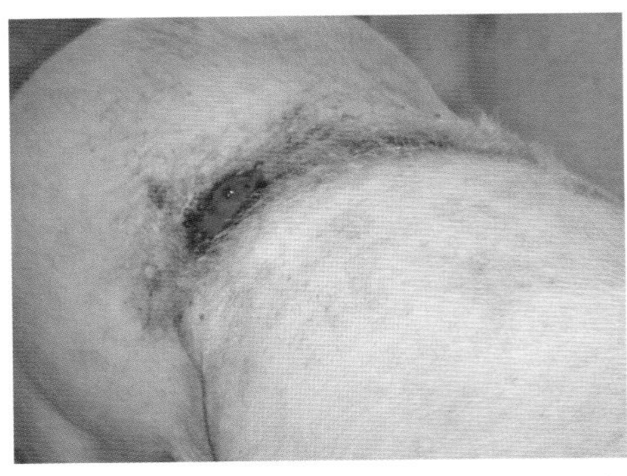

图53-5　猪腰、荐部表皮形成不全、无毛

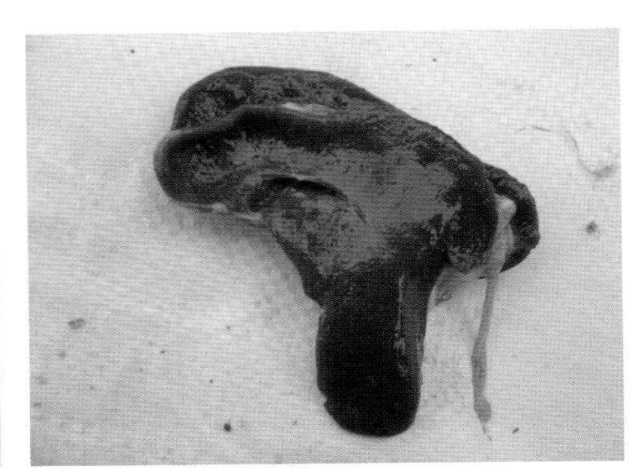

图53-6　猪脾脏发育异常

图54－1　饲养密度太大，导致商品猪休息区不足

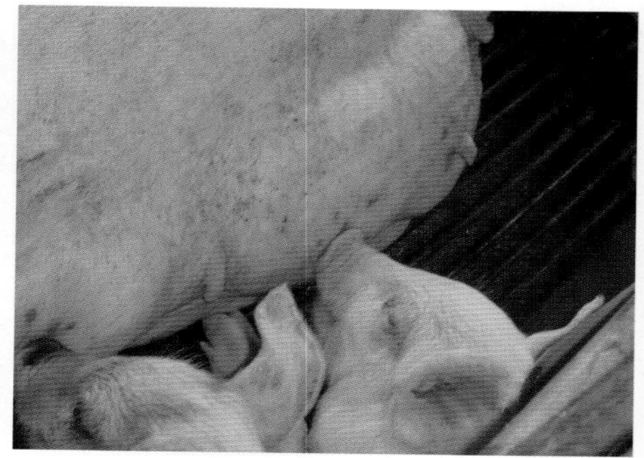
图54－2　产床结构不合理，造成仔猪吃乳困难

图54－3　仔猪没有剪齿，造成母猪乳房损伤

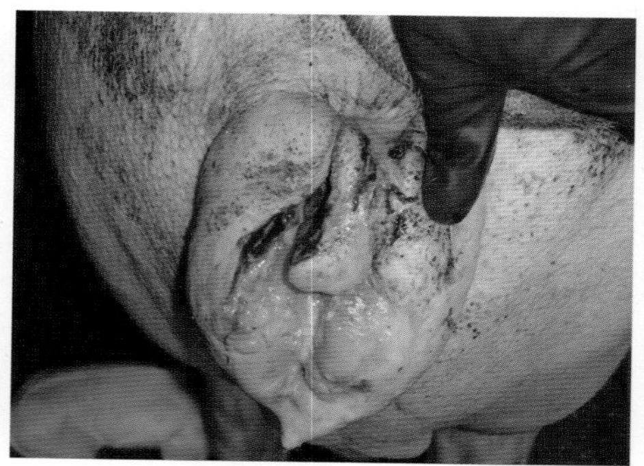
图54－4　母猪外阴部损伤

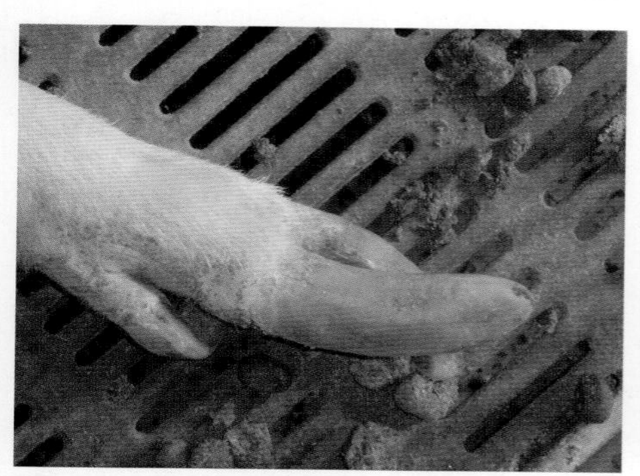
图54－5　妊娠母猪长期缺乏运动，造成蹄甲过长

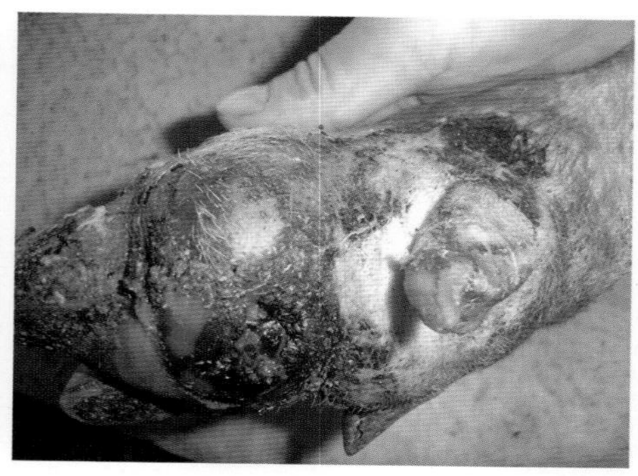
图54－6　母猪蹄部损伤，造成感染

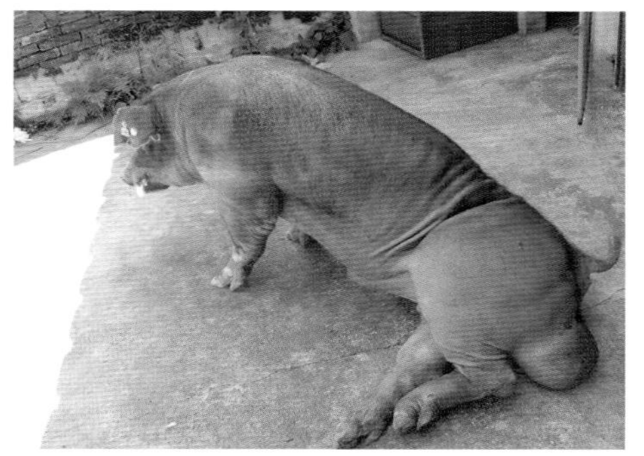

图54-7　公猪脊髓损伤，造成瘫痪

图54-8　商品猪咬伤，导致耳朵坏死

图54-9　将不同日龄的猪饲养在一起，给疾病传播创造机会

图54-10　营养不平衡导致仔猪异食癖

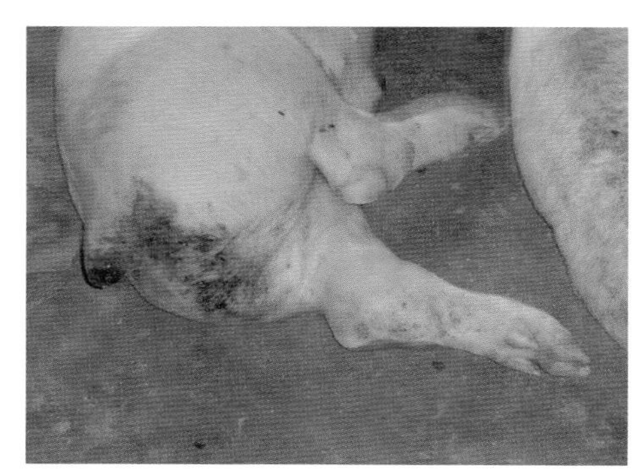

图54-11　逆行感染引起尾巴坏死

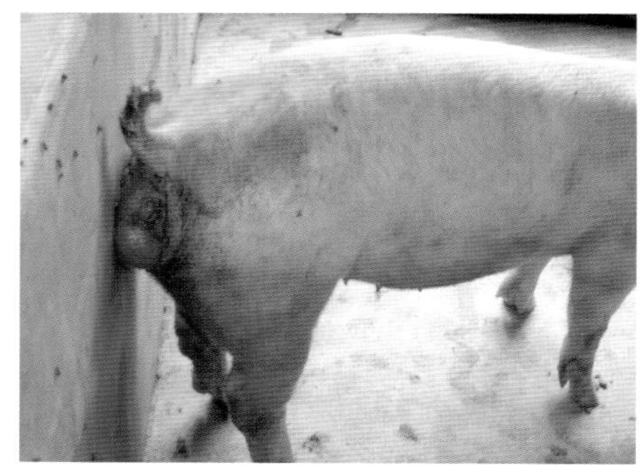

图54-12　猪脱肛

图54-13　猪晒斑

图54-14　消毒剂选用不当导致猪皮肤过敏

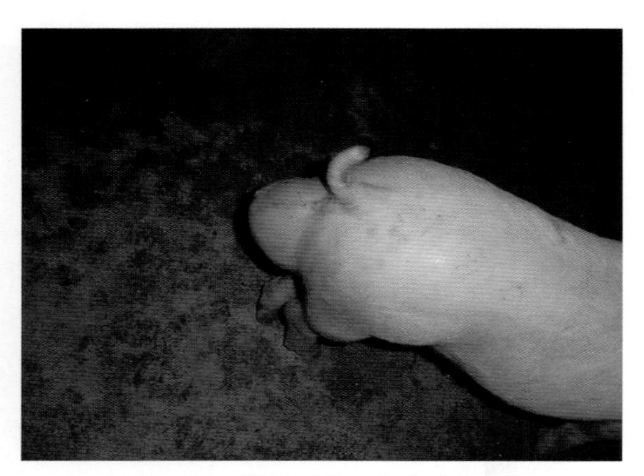

图54-15　阉割不当，造成严重感染

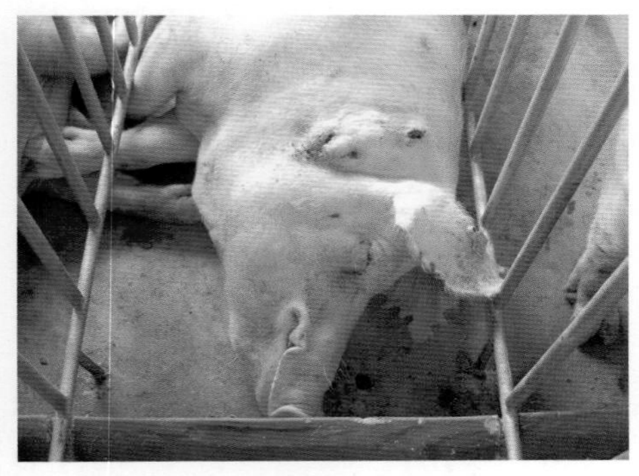

图54-16　不洁的注射，造成注射部位感染

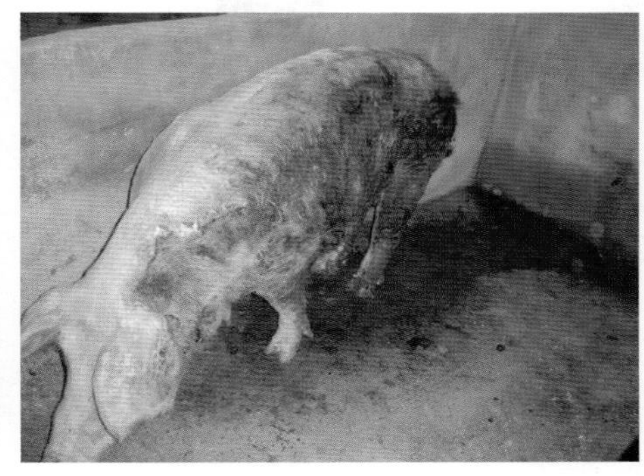

图54-17　管理不当导致母猪大面积烧伤

图54－18　猪舍环境湿度过大，造成皮肤病难于控制

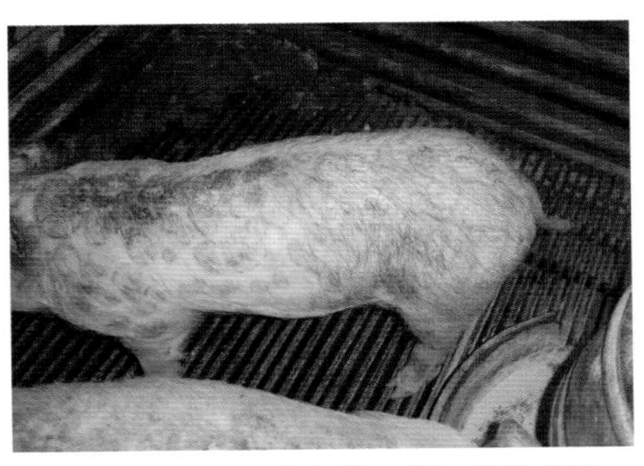

图54－19　猪舍环境太差，增加真菌感染机会

图54－20　技术人员不负责任，造成注射部位感染

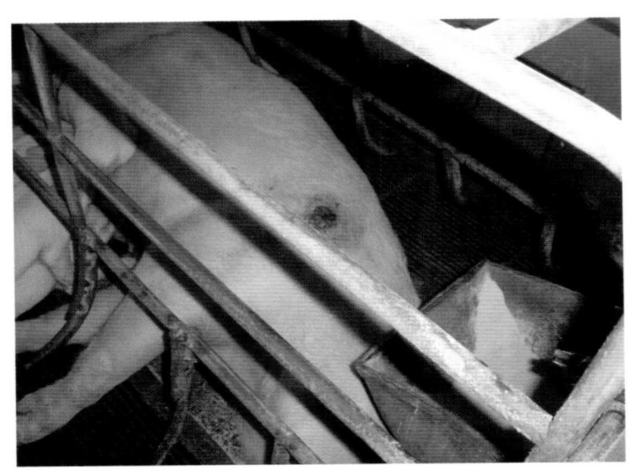

图54－21　限位栏结构不合理、材质不好，造成母猪肩胛部损伤

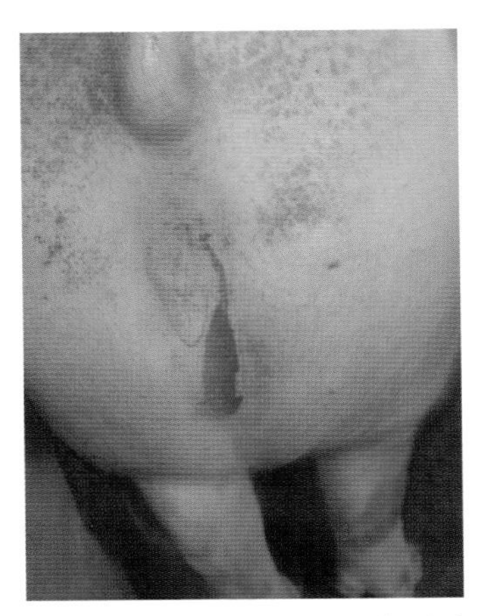

图54－22　母猪外阴部划伤严重

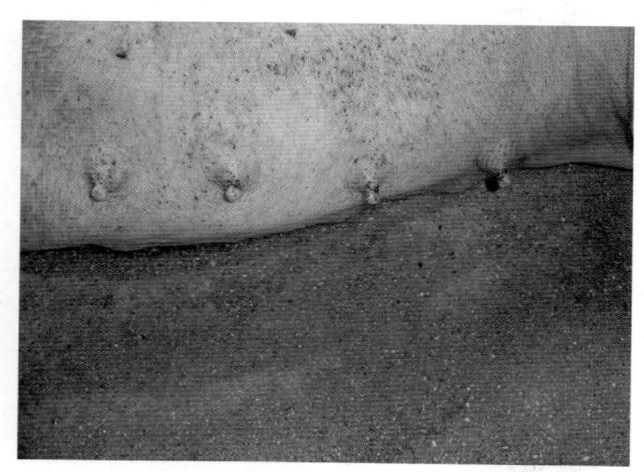

图54-23　猪舍遭受雷击，造成母猪乳头受伤

图54-24　药物使用不当，造成哺乳仔猪肾盂、肾乳头大量药物结晶

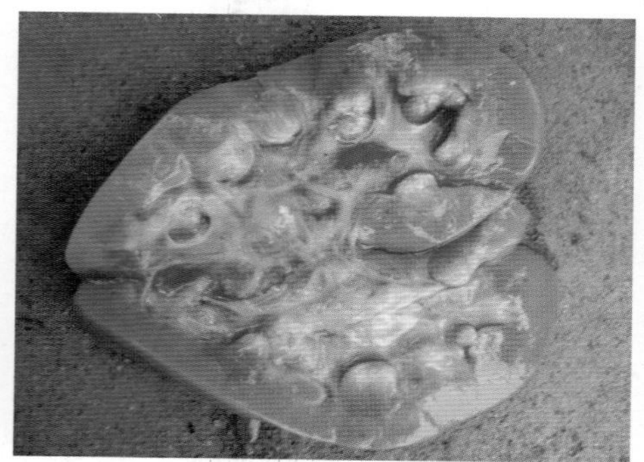

图54-25　商品猪肾脏中留存磺胺类药物结晶

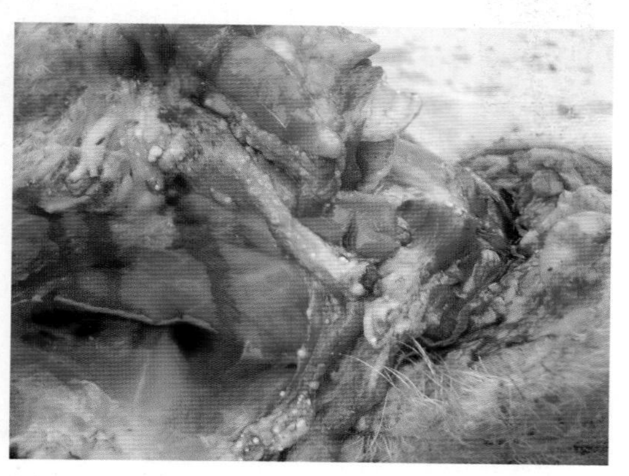

图54-26　药物使用不当，造成颈部肌肉坏死，留存大量未吸收药物